"十二五"国家重点图书出版规划项目

第一次全国水利普查成果丛书

全国水利普查综合报告

《第一次全国水利普查成果丛书》编委会　编

中国水利水电出版社
www.waterpub.com.cn
·北京·

内 容 提 要

本书系《第一次全国水利普查成果丛书》之一，系统全面地介绍了第一次全国水利普查的主要成果，包括普查任务与技术方法、河湖基本情况、水利基础设施情况、水资源开发利用情况、江河治理保护情况、水土流失与治理情况、水利机构人员情况等内容。

本书内容及数据权威、准确、客观，可供水利、农业、国土资源、环境、气象、交通等行业从事规划设计、建设管理、科研生产的各级政府人士、专家、学者和技术人员阅读使用，也可供相关专业大专院校师生及其他社会公众参考使用。

图书在版编目（CIP）数据

全国水利普查综合报告 / 《第一次全国水利普查成果丛书》编委会编. -- 北京 : 中国水利水电出版社, 2017.1
（第一次全国水利普查成果丛书）
ISBN 978-7-5170-4631-8

Ⅰ. ①全… Ⅱ. ①第… Ⅲ. ①水利调查－调查报告－中国 Ⅳ. ①TV211

中国版本图书馆CIP数据核字(2016)第200376号

审图号：GS（2016）2553 号

地图制作：国信司南（北京）地理信息技术有限公司
国家基础地理信息中心

书　　名	第一次全国水利普查成果丛书 **全国水利普查综合报告** QUANGUO SHUILI PUCHA ZONGHE BAOGAO
作　　者	《第一次全国水利普查成果丛书》编委会　编
出版发行	中国水利水电出版社 （北京市海淀区玉渊潭南路 1 号 D 座　100038） 网址：www.waterpub.com.cn E-mail：sales@waterpub.com.cn 电话：（010）68367658（营销中心）
经　　售	北京科水图书销售中心（零售） 电话：（010）88383994、63202643、68545874 全国各地新华书店和相关出版物销售网点
排　　版	中国水利水电出版社微机排版中心
印　　刷	北京博图彩色印刷有限公司
规　　格	184mm×260mm　16 开本　17 印张　315 千字
版　　次	2017 年 1 月第 1 版　2017 年 1 月第 1 次印刷
印　　数	0001—2300 册
定　　价	**110.00** 元

《第一次全国水利普查成果丛书》

编 委 会

本书编委会

主　　编　矫　勇

副 主 编　周学文　庞进武　李原园　黄　河

编写人员　黄火键　吕红波　陈宝中　张象明
孙振刚　汪学全　张　岚　吴　强
蔡　阳　王　瑜　张继昌　杜国志
蔡建元　刘九夫　魏新平　韩振中
姚宛艳　张玉欣　程文辉　张海涛
张宝忠　段中德　徐海洋　徐　震
郭索彦　李智广　刘宪春　陈　民
杨　威　童学卫　徐　波　杨　柠
陈子丹　程益联

前　言

遵照《国务院关于开展第一次全国水利普查的通知》（国发〔2010〕4号）的要求，2010—2012年我国开展了第一次全国水利普查（以下简称“普查”）。普查的标准时点为2011年12月31日，时期资料为2011年度；普查的对象是我国境内（未含香港特别行政区、澳门特别行政区和台湾省）所有河流湖泊、水利工程、水利机构以及重点社会经济取用水户。

第一次全国水利普查是一项重大的国情国力调查，是国家资源环境调查的重要组成部分。普查基于最新的国家基础测绘信息和遥感影像数据，综合运用社会经济调查和资源环境调查的先进技术与方法，系统开展了水利领域的各项具体工作，全面查清了我国河湖水系和水土流失的基本情况，查明了水利基础设施的数量、规模和行业能力状况，摸清了我国水资源开发、利用、治理、保护等方面的情况，掌握了水利行业能力建设的状况，形成了基于空间地理信息系统、客观反映我国水情特点、全面系统描述我国水治理状况的国家基础水信息平台。通过普查，摸清了我国水利家底，填补了重大国情国力信息空白，完善了国家资源环境和基础设施等方面的基础信息体系。普查成果为客观评价我国水情及其演变形势，准确判断水利发展状况，科学分析江河湖泊开发治理和保护状况，客观评价我国的水问题，深入研究我国水安全保障程度等提供了翔实、全面、系统的资料，为社会各界了解我国基本水情特点提供了丰富的信息，为完善治水方略、全面谋划水利改革发展、科学制定国民经济和社会发展规划、推进生态文明建设等工作提供了科学可靠的决策依据。

为实现普查成果共享，更好地方便全社会查阅、使用和应用普查成果，水利部、国家统计局组织编制了《第一次全国水利普查成果丛书》。本套丛书包括《全国水利普查综合报告》《河湖基本情况普查报告》《水利工程基本情况普查报告》《经济社会用水情况调查报告》《河湖开发治理保护情况普查报告》《水土保持情况普查报告》《水利行业能力情况普查报告》《灌区基本情况普查报告》《地下水取水井基本情况普查报告》和《全国水利普查数据汇编》，共10册。

本书是第一次全国水利普查成果的系统集成和综合分析，全面介绍了我国河流湖泊基本情况，水利基础设施情况，水资源开发利用、江河治理保护与管理等情况。全书共分七章：第一章介绍普查的目标任务、技术路线与组织实施情况；第二章介绍我国河流、湖泊数量，分布情况及其主要自然特征；第三章介绍我国水库、堤防、水电站、水闸、泵站等水利基础设施的数量与分布、能力与效益等情况；第四章介绍我国各行业和各地区供用水，以及水资源开发利用等情况；第五章介绍我国江河治理、水源地及入河湖排污口情况；第六章介绍我国水土流失与治理保护情况；第七章介绍我国水利机构与从业人员情况。本书所使用的计量单位，主要采用国际单位制单位和我国法定计量单位，小部分沿用水利统计惯用单位。部分因单位取舍不同而产生的数据合计数或相对数计算误差未进行机械调整。表中“空格”表示缺或无该项数据。

本书在编写过程中得到了许多专家和普查人员的指导与帮助，在此表示衷心的感谢！由于作者水平有限，书中难免存在疏漏，敬请批评指正。

编者

2015年10月

目录

第一章　普查任务与技术方法

水是生命之源、生产之要、生态之基，水利是人类生存、经济社会发展和生态文明建设的基本条件、基础支撑和重要保障。新中国成立以来，党中央、国务院高度重视水利工作，领导全国人民开展了大规模的水利建设，取得了举世瞩目的巨大成就，为促进经济社会可持续发展提供了有力保障。

人多水少、水资源时空分布不均是我国的基本国情水情。随着工业化、城镇化和农业现代化的深入发展，以及全球气候变化影响的加剧，水安全问题已成为我国经济社会可持续发展和生态文明建设的重大战略问题。与此同时，我国江河湖泊自然条件、水土资源状况、水利基础设施状况等也发生了重大变化，水利发展面临着许多新情况、新问题和新要求，已有的水信息资料已不能完全反映我国江河湖泊及其资源环境条件的变化情况，难以适应新时期水利发展改革的需要。为此，由国务院统一安排部署，开展了第一次全国水利普查工作。

第一节　普查目标与任务

一、普查目标

水利普查是一项重大的国情国力调查，是国家资源环境调查的重要组成部分，是国家基础水信息的基准性调查。开展全国水利普查是为了全面查清我国江河湖泊和水利基础设施的基本情况，系统掌握我国江河湖泊开发利用和治理保护情况，真实客观了解我国供用水状况，全面摸清水利行业能力建设情况，建立国家基础水信息平台，为国家经济社会发展提供可靠的基础水信息支撑和保障。

开展全国水利普查，有利于谋划水利长远发展，科学制订水利及经济社会发展与生态环境保护规划；有利于加强水利基础设施建设与管理，保障国家水安全，支撑国家经济社会可持续发展；有利于落实最严格的水资源管理制度，推进水资源合理配置和高效利用；有利于深化水利体制机制改革，增强水利公共服务能力与水平；有利于提高全社会的水患意识和水资源节约保护意识，推进资源节约型、环境友好型社会建设和生态文明建设。

二、普查任务

本次普查的主要任务：一是全面查清我国河流湖泊基本情况，包括江河湖泊的数量、分布以及水文等自然特征；二是全面查清我国水利工程基本情况，包括各类水利工程的种类、数量、分布、规模及能力效益等；三是查清我国经济社会用水，包括水利设施供水规模、供水结构与供水对象，经济社会用水方式、用水结构、用水水平及用水效率等状况；四是全面查清我国江河湖泊开发治理与保护情况，包括河湖取水口、水源地、入河湖排污口的数量、分布及规模，江河湖泊治理的主要措施与治理情况、治理水平与治理程度等；五是查清我国水土流失的类型、分布、强度和水土流失治理保护情况；六是查清我国水利行业能力建设情况，包括从事水资源开发利用、治理保护和监测管理等水利单位的数量与分布、从业人员的数量与结构等；七是完善国家基础水信息标准和调查统计技术体系，健全基础水信息登记管理体系，建立国家基础水信息数据库和地理空间管理系统，构建国家基础水信息数字化平台和应用系统。

三、普查范围与分区

1. 普查范围

根据《国务院关于开展第一次全国水利普查的通知》（国发〔2010〕4号），本次普查范围为中华人民共和国境内（未含香港特别行政区、澳门特别行政区和台湾省）的所有河流湖泊、水利工程、水利机构以及重点经济社会取用水户等。

2. 普查分区

本次普查以县级行政区为组织工作单元。普查数据或表格以县级行政区为基本单元进行填报和汇总。县域内工作单元根据各类普查对象的特点及其分布情况，分别确定最小普查单元。一般情况下，对于较大型的水利基础设施和普查对象，如水库、水电站、堤防等，以县级行政区为最小工作单元进行普查；对于规模以上的普查对象，如水闸、泵站、河湖取水口、入河湖排污口等，以乡镇为最小工作单元；对于规模以下的普查对象，如农村供水、塘坝与窖池工程、取水井等。以村为最小工作单元。普查工作单元以国家统计局2010年发布的《统计用区划代码》和《统计用城乡划分代码》为基础，结合各省实际情况，全国31个省（自治区、直辖市）共划分地级普查区359个，县级普查区3078个，乡镇级普查区44436个，村级普查区698687个。

为使成果能够满足按照水资源分区和行政分区进行协调平衡和汇总的要

求，本次普查根据《全国水资源分区》和最新的 1∶5 万第二代国家基础地理信息数据，统一制定了全国县级行政区套水资源三级区分区地图，并据此进行水资源分区和行政分区的汇总平衡协调。全国共分为 10 个水资源一级分区，80 个水资源二级分区，213 个水资源三级分区，县级行政区套水资源三级区形成的分区单元共 4188 个。全国水资源一级区和二级区的分区情况见表 1－1－1 和附图 B1。

表 1－1－1　　全国水资源分区情况

水资源一级区	水资源二级区
松花江区	额尔古纳河、嫩江、第二松花江、松花江（三岔河口以下）、黑龙江干流、乌苏里江、绥芬河、图们江
辽河区	西辽河、东辽河、辽河干流、浑太河、鸭绿江、东北沿黄渤海诸河
海河区	滦河及冀东沿海、海河北系、海河南系、徒骇马颊河
黄河区	龙羊峡以上、龙羊峡至兰州、兰州至河口镇、河口镇至龙门、龙门至三门峡、三门峡至花园口、花园口以下、内流区
淮河区	淮河上游（王家坝以上）、淮河中游（王家坝至洪泽湖出口）、淮河下游（洪泽湖出口以下）、沂沭泗河、山东半岛沿海诸河
长江区	金沙江石鼓以上、金沙江石鼓以下、岷沱江、嘉陵江、乌江、宜宾至宜昌、洞庭湖水系、汉江、鄱阳湖水系、宜昌至湖口、湖口以下干流、太湖水系
东南诸河区	钱塘江、浙东诸河、浙南诸河、闽东诸河、闽江、闽南诸河、台澎金马诸河
珠江区	南北盘江、红柳江、郁江、西江、北江、东江、珠江三角洲、韩江及粤东诸河、粤西桂南沿海诸河、海南岛及南海各岛诸河
西南诸河区	红河、澜沧江、怒江及伊洛瓦底江、雅鲁藏布江、藏南诸河、藏西诸河
西北诸河区	内蒙古内陆河、河西内陆河、青海湖水系、柴达木盆地、吐哈盆地小河、阿尔泰山南麓诸河、中亚西亚内陆河区、古尔班通古特荒漠区、天山北麓诸河、塔里木河源、昆仑山北麓小河、塔里木河干流、塔里木盆地荒漠区、羌塘高原内陆区

为便于表述我国不同地区的水利情况与特点，除特别说明外，本书所指的北方地区包括松花江区、辽河区、海河区、黄河区、淮河区和西北诸河区 6 个水资源一级区；南方地区包括长江区、东南诸河区、珠江区和西南诸河区 4 个水资源一级区。

3. 普查时点

本次普查时点为 2011 年 12 月 31 日 24 时，时期为 2011 年度。凡 2011 年年末资料，如“2011 年年末单位人员”等数据，均以普查时点数据为准；凡年度资料，如“2011 年供水量”等数据，均以 2011 年 1 月 1 日至 2011 年 12

月 31 日全年数据为准。

第二节 普查对象与内容

本次普查的主要对象为中华人民共和国境内（未含香港特别行政区、澳门特别行政区和台湾省）的所有河流湖泊、水利工程、水利机构以及重点经济社会取用水户等。

一、河湖基本情况普查

河湖基本情况普查主要包括河流与湖泊两类普查对象。

1. 河流

普查流域面积在 50km^2 及以上的河流，查清河流名称、位置、长度、面积等基本特征。其中，对流域面积在 100km^2 及以上的河流进行详查，进一步查清河源与河口位置、河流比降等基本特征；利用《中国水资源及其开发利用调查评价》量算多年平均年降雨量和年径流深等水文特征；查清河流水文站（或水位站）的位置、观测项目、设施状况等；利用已有实测和历史洪水调查资料，查清河流最大洪水发生情况。

2. 湖泊

普查常年水面面积在 1km^2 及以上的湖泊，查清湖泊的名称、位置、水面面积、咸淡水属性等基本特征。其中，对常年水面面积在 10km^2 及以上的湖泊，进一步查清平均水深、容积大小等特征。本次普查还对具有重要生态意义或地域标志性但已干涸的湖泊（如罗布泊）及一些水面面积不足 1km^2 但情况特别的湖泊（如月牙湖），作为特殊湖泊进行了普查。

二、水利工程基本情况普查

水利工程普查主要包含水库、堤防、水电站、水闸、泵站、跨流域调水、农村供水、塘坝与窖池等工程，以及灌区和地下水取水井两个专项普查中包含的灌区、灌溉面积、取水井、地下水水源地等普查对象。

1. 水库工程

普查总库容在 10 万 m^3 及以上的水库工程，查清水库名称、位置、类型、挡水建筑物情况等基本信息，查清水库特征库容、水位等特征指标，工程任务、重要保护对象、供水情况等水库作用与效益指标，以及管理单位和工程管理情况等。

2．堤防工程

重点普查5级及以上堤防工程，查清堤防名称、位置、类型、堤防级别、堤防长度、堤防尺寸、堤顶高程、设计水（高潮）位等基本信息，以及管理单位和工程管理情况等。5级以下堤防工程主要调查其数量及长度。

3．水电站工程

重点普查装机容量在500kW及以上的水电站工程，查清水电站名称、位置、类型、装机容量等基本信息，查清保证出力、年发电量等效益指标，以及管理单位和工程管理情况等。对装机容量在500kW以下的水电站工程主要调查其数量和装机容量。

4．水闸工程

重点普查过闸流量在$5m^3/s$及以上的水闸工程，查清水闸名称、位置、类型、闸孔尺寸、过闸流量等基本信息，以及管理单位和工程管理情况等。对过闸流量在1（含）～$5m^3/s$之间的水闸工程主要调查其数量和过闸流量，过闸流量在$1m^3/s$以下的水闸工程不普查。

5．泵站工程

重点普查装机流量在$1m^3/s$或装机功率在50kW及以上的泵站工程，查清泵站名称、位置、类型、工程任务、装机流量、装机功率、设计扬程等基本信息，以及管理单位和工程管理情况等。对装机流量在$1m^3/s$且装机功率在50kW以下的泵站工程主要调查其数量和规模。

6．跨流域调水工程

重点普查跨流域且跨水资源三级区的调水工程，查清调水工程取水水源、工程范围、引调水方式等基本情况，设计引水流量、年引水量、设计灌溉面积、输水干线总长度等规模指标，以及管理单位情况等。

7．灌区工程

以行政村为单元，全面查清我国灌溉面积及灌区分布、不同水源工程的灌溉面积、2011年实际灌溉面积等情况。全面查清灌区数量、类型、分布，主要灌排工程设施状况等，重点普查灌溉面积在2000亩及以上灌区的范围、灌溉面积、灌区设施以及灌溉管理等情况。其中，灌区设施重点查清灌区中流量在$1m^3/s$及以上的灌溉渠道、灌排结合渠道和流量在$3m^3/s$及以上的排水沟道的长度、类型、衬砌长度及建筑物等设施状况。灌溉面积在50（含）～2000亩的灌区主要查清其数量、灌溉水源类型及灌溉面积等情况。

8．地下水取水井

重点普查管内径在200mm及以上的灌溉机电井和日取水量在$20m^3$及以上的供水机电井（以下简称“规模以上机电井”）的位置、埋深、水泵型号、地下水类型等基本情况，查清地下水取水用途、取水量与管理情况；日取水能力在 5000m^3 及以上的集中式地下水水源地的位置、地下水类型、取水用途、取水量与管理情况。对规模以下机电井和人力井，主要以村为单元调查其数量、取水量及供水效益等总体情况。

9. 农村供水工程

重点普查供水规模在 200m^3/d 及以上或供水人口在 2000 人及以上的集中式供水工程，查清工程位置、工程类型、水源类型、供水方式、供水能力、供水人口和工程管理等情况。供水规模在 200m^3/d 以下且供水人口在 2000 人以下的集中式供水工程和分散式供水工程主要以行政村为单元调查其数量、供水人口等总体情况。

10. 塘坝与窖池

重点普查容积在 500m^3 及以上塘坝的数量、容积、灌溉面积和供水人口等情况；容积在 10m^3 及以上、500m^3 以下的窖池工程，主要以村为单元查清其数量、容积、抗旱补水面积和供水人口等。

三、经济社会用水情况调查

经济社会用水情况调查采取用水大户逐个调查与一般用水户典型调查相结合的方式。普查对象主要包括城乡居民生活和工业、第三产业、农业等各行业用水户，河道外生态环境用水等公共用水户，以及公共供水企业等。

1. 居民生活用水户

以县级行政区为单元，参考城市化水平，采用系统抽样方法，至少抽取 100 个典型居民生活用水户（包含城镇和农村居民用水户）进行典型调查，调查用水人口、用水来源及用水量等指标。

2. 工业用水户

重点调查给定标准以上工业用水大户。对于用水大户以外的其他工业用水户，区分高用水工业和一般用水工业，采用系统抽样方法，抽取典型工业用水户进行调查。主要调查工业总产值、从业人员数量、取水量、用水量、排水量和主要产品用水量等。用水大户标准按企业年用水量 15 万 m^3、10 万 m^3 和 5 万 m^3 三个档次，根据县域内企业年用水量排序，选取第 50 家企业用水量大于等于的档次，作为该县用水大户调查标准，不足 50 家企业或 50 家企业用水量低于最低档次的县，最低标准为 5 万 m^3。

3. 建筑业和第三产业用水户

重点调查年取用水量不小于 5 万 m^3 的第三产业机关及企事业用水大户，其他第三产业用水户采用分层随机系统抽样方法进行抽样调查。建筑业每个县选取 5～10 个建筑业企业进行典型调查。主要调查服务领域、主要社会经济指标、用水量和排水量等。

4. 公共供水企业

对所有城镇供水企业和日供水量超过 1000m^3（或供水人口超过 1 万）的农村供水单位进行调查，主要调查供水企业的水源类型、供水人口、取水量、供水量等。

5. 灌区及规模化畜禽养殖场

重点调查跨县灌区和万亩以上的非跨县灌区。无万亩及以上灌区的县，可适当降低灌区规模标准至 2000～5000 亩；根据当地灌区规模实际情况，选取一定数量典型灌区进行调查，主要调查灌溉面积、取水量及用水量等指标。对规模化畜禽养殖场，重点调查大牲畜大于等于 100 头（匹）、或小牲畜大于等于 500 头（只）、或家禽大于等于 15000 只的规模化畜禽养殖场，主要调查牲畜存栏数和用水量等。小型畜禽养殖场不调查。

四、河湖开发治理保护情况普查

河湖开发治理保护情况普查对象主要包括河湖取水口、地表水饮用水水源地，具有防洪治理任务的河流与湖泊，入河湖排污口及排污量等。

1. 河湖取水口

重点普查江河湖库（指河流上的水库）上取水流量在 0.20m^3/s 及以上的农业取水口和年取水量在 15 万 m^3 及以上其他用途的取水口，查清取水口的基本情况、取水用途及取水量、取水许可及管理等。规模以下取水口主要调查其数量及取水量。

2. 地表水饮用水水源地

普查所有向城镇集中供水的地表水饮用水水源地，以及农村集中供水且供水人口在 1 万人及以上或日供水量在 1000m^3 及以上的地表水饮用水水源地，查清水源地基本情况、供水用途、供水量及保护管理等情况。

3. 河湖治理保护情况

普查流域面积在 100km^2 及以上河流和常年水面面积在 10km^2 及以上湖泊的治理保护情况，查清河流治理及达标情况、湖泊治理情况、河湖水功能区划情况及河湖管理情况等。

4. 入河湖排污口

重点普查入河湖废污水量在 300t/d 及以上或 10 万 t/a 及以上的入河湖排污口，查清入河湖排污口位置、废污水类型、废污水排放量及排污许可等情况。规模以下排污口主要调查其数量。

五、水土保持情况普查

水土保持情况普查对象主要包括土壤侵蚀、侵蚀沟道和主要的水土保持措施等情况。

1. 土壤侵蚀情况

普查我国水力侵蚀、风力侵蚀和冻融侵蚀的区域，查清导致土壤侵蚀的地形、土壤、植被、土地利用、降水、水土保持措施等主要影响因素，评价土壤侵蚀的分布、面积与强度，分析土壤侵蚀的分布规律。

2. 侵蚀沟道情况

普查西北黄土高原和东北黑土区的侵蚀沟道，重点查清侵蚀沟道的位置、类型和数量、面积、长度、沟道纵比等几何特征。

3. 水土保持措施情况

以县级行政区为单元调查水土保持基本农田（指梯田、坝地和其他基本农田）、水土保持林、经济林、种草、封禁治理等各类措施治理情况，以及淤地坝、坡面水系工程、小型蓄水保土等水土保持工程措施建设情况，重点调查黄土高原地区水土保持治沟骨干工程情况。

六、水利行业能力建设情况普查

普查对象为我国境内主要从事水利活动的法人单位，水行政主管部门或其所属单位管理的从事非水利活动的法人单位，乡镇水利管理单位。主要查清水利机关单位、水利事业单位、水利企业单位、社会团体 4 种类型法人单位及乡镇水利管理单位的基本情况，以及主要业务活动情况、人员情况、资产财务状况和信息化等情况。

第三节 普查组织与方法

一、普查组织实施

（一）普查组织机构

第一次全国水利普查属于多目标、跨专业的综合性统计调查。遵照《国务院关于开展第一次全国水利普查的通知》（国发〔2010〕4 号）精神，本次普查按照“全国统一领导、部门分工协作、地方分级负责、各方共同参与”的原则组织实施。

为加强普查的顶层设计和组织协调，国务院成立了以回良玉副总理为组长的领导小组，主要职责是研究决定水利普查的重大事项，制定和协调水利普查有关政策，负责水利普查工作的组织实施。为顺利开展普查工作，在水利部成立了国务院第一次全国水利普查领导小组办公室，承担领导小组的日常工作，具体负责普查工作的组织实施、业务指导和督促检查。为了做好流域和区域普查工作，逐级成立了流域、省、地、县级水利普查领导小组及其办公室。全国各级政府共组建3562个水利普查机构，抽调普查专职工作人员约3万人；落实普查技术承担单位约0.76万个，参加技术人员约4.2万人。在普查过程中，各级普查机构和技术承担单位加强了对普查全过程的组织推动、协调平衡与督导检查。

（二）普查实施过程

1. 前期准备阶段（2010年）

主要开展普查总体方案和实施方案等技术文件制定、普查试点、普查数据处理上报系统开发、普查基础资料收集整理和基础图件编发、普查培训及宣传动员等工作。

为统一规范本次普查的技术要求，统一制定了《第一次全国水利普查总体方案》和《第一次全国水利普查实施方案》（以下简称《普查实施方案》），明确了普查的主要任务和各项工作技术要求。为了明晰普查环节的技术流程，先后制定了《第一次全国水利普查数据处理工作细则》《第一次全国水利普查台账建设技术规定》《第一次全国水利普查数据审核技术规定》等17项相关的技术规定和细则。

为验证《普查实施方案》以及各类普查方法的可行性，选择辽宁、江苏、河南、湖北、广西、重庆、陕西等7个试点省（自治区、直辖市），21个试点地（市），56个试点县（市、区），以及长江、黄河2个流域开展了试点工作，并根据试点工作发现的问题，修改完善了《普查实施方案》。

为建立统一、规范、标准化的水利普查信息平台，提高工作效率，统一组织开发了普查数据处理上报软件和空间数据采集处理系统，按照各级普查机构的管理权限要求分级部署至流域、省级、地级、县级普查区。

为统一工作基础、规范工作单元，加强了普查基础资料的收集整理和全国统一的基础图件编制与发放，编制了24218幅电子工作底图和48149幅纸质工作底图，逐级分发到县级普查区。

为提高普查质量、规范技术要求、提高普查成果审核与汇总效率，本次普查充分利用第二次全国水资源调查评价、水利统计年鉴、中国统计年鉴等资料和成果，整理分析了普查基础背景信息，逐级分发到县级普查区，用于普查数据分析与审核。

为营造全社会关心支持普查的良好氛围，通过报刊、广播、电视、互联网等新闻媒体，以及户外广告、宣传海报、展板、宣传栏、宣传横幅等灵活多样的宣传方式，开展了广泛的普查宣传工作，以引起社会公众对普查工作的关注和重视。

为统一普查的技术要求，形成技术过硬的各级普查队伍，开展了全国范围的大规模普查技术培训工作。培训分为清查登记培训和填表上报培训两个阶段，共举办国家级培训班 68 期，培训约 2 万人次；各级地方普查机构共举办培训班约 2.1 万期，培训约 200 万人次。

2. 清查登记阶段（2011 年）

主要包括开展普查对象清查摸底，建立动态指标台账，获取普查相关的基础数据，以及数据处理软硬件环境建设等工作。

（1）开展普查对象清查。各级普查机构组织近 100 万名普查员、普查指导员和普查工作人员，调查了约 4.4 万个乡级和 70 多万个村级普查区，发放并回收了 208.9 万张清查表，获取了 9900 多万个普查对象的清查数据，基本上摸清了各类普查对象的数量及其分布。

（2）建立动态指标台账。在普查对象清查的基础上，建立了普查动态指标的全国台账对象名录，逐级发放了台账表，开展了河湖取水口取水量，灌区、工业企业、建筑业、第三产业用水户以及公共供水企业的取用水量监测与台账建设工作。全国共确定台账建设对象 560029 个。

（3）全面获取普查数据。全面启动普查表静态指标数据获取和空间数据外业采集与内业标绘工作，开展河流湖泊、各类水利工程、经济社会典型用水户、河湖取水口、入河湖排污口、水土保持、水利行业能力建设等基础指标获取工作，以及西部重要湖泊测量、水土流失调查单元划定等外业采集与内业标绘工作。

（4）数据处理软硬件环境建设。系统部署了各级普查数据处理上报软件和空间数据采集处理系统，标绘重点普查对象的空间位置等，完成了清查名录的审核、录入、抽查、汇总与上报，形成了完整的国家级普查对象清查数据库。

3. 填表上报及成果发布阶段（2012—2013 年）

主要开展正式普查表填报，各级普查数据审核与汇总平衡、综合分析，普查数据事后质量抽查，普查成果审查以及发布等工作。

普查过程中，各级普查机构组织完成了对 9900 多万个普查对象的普查表填报工作。对各类普查数据组织了县、地、省、流域和国家五级审核检查与汇总平衡分析，以及跨专业的综合协调平衡与汇总分析、空间信息多维度分析校验。经过多次的反复核验，最终形成了系统完整的全国水利普查成果。为准确评估普查数据质量，确保普查成果可信、可靠、可用，共组织了 32 支抽查队伍分赴 32 个省级普查区，对 120 个县级普查区中的 16147 个普查对象开展了普查数据质量事后现场抽查检验，全面评估了本次普查的数据质量。2013 年 1 月，普查成果通过了由各方面专家和领导小组 14 家成员单位组成的成果审查会议的审查。2013 年 2 月 25 日，国务院第一次全国水利普查领导小组审议通过了普查成果。经国务院批准，水利部、国家统计局于 2013 年 3 月 26 日向社会发布了《第一次全国水利普查公报》。

二、普查技术路线

（一）总体技术路线

根据本次普查的总体目标，统筹考虑各专项普查任务要求，遵循“先清查、后普查，先登记、后填报，先审核、后汇总”的工作流程（见图 1－3－1），按照“在地原则”，以县级行政区为基本组织工作单元，对不同类型的普查对象因地制宜地分别采取全面调查、抽样调查、典型调查和重点调查等多种调查形式，利用清查登记、档案查阅、现场查勘、DEM（数字高程模型）和 DLG（数字线划图）数据融合提取技术、现代遥感、平衡分析计算等多种调查技术，建立自下而上与自上而下相结合的信息获取、审核、传输、存储、分析一体的普查数据处理信息系统，针对不同调查对象的特点采用针对性的技术方法，以保障普查成果的客观性。

（1）在普查单元划分上，以统一的水资源分区和行政分区为基础，针对不同普查对象的点、线、面形态和空间尺度，分别选取不同的工作组织单元、统计调查单元和统计汇总单元。为满足在国家、流域、省、地和县级行政管理层面分别汇总形成普查成果的统一要求，所有普查对象，无论跨区与否，均以县级行政区为单元进行统一界定或划分；同时，为确保普查对象不重不漏和普查工作责任落实，所有普查数据的现场采集或内业数据的外业复核工作，均按“在地原则”，以县级行政区为基本工作单元进行组织实施。

（2）在统计调查方式上，按照“不重不漏、突出重点、确保高效”的原则，针对不同规模普查对象的重要程度，采取“逐一调查与典型调查相结合、全面调查与抽样调查、详细调查与重点调查相结合”的方式，合理确定普查数据的采集目标和重点；针对各类普查对象的特点和统计要求，合理选择全面调查、抽样调查、典型调查或重点调查方式，确保客观真实地获得反映各类普查对象总体数量特征的统计数据。

（3）在数据采集方法上，按照“内业分析与外业调查相结合”的原则，合

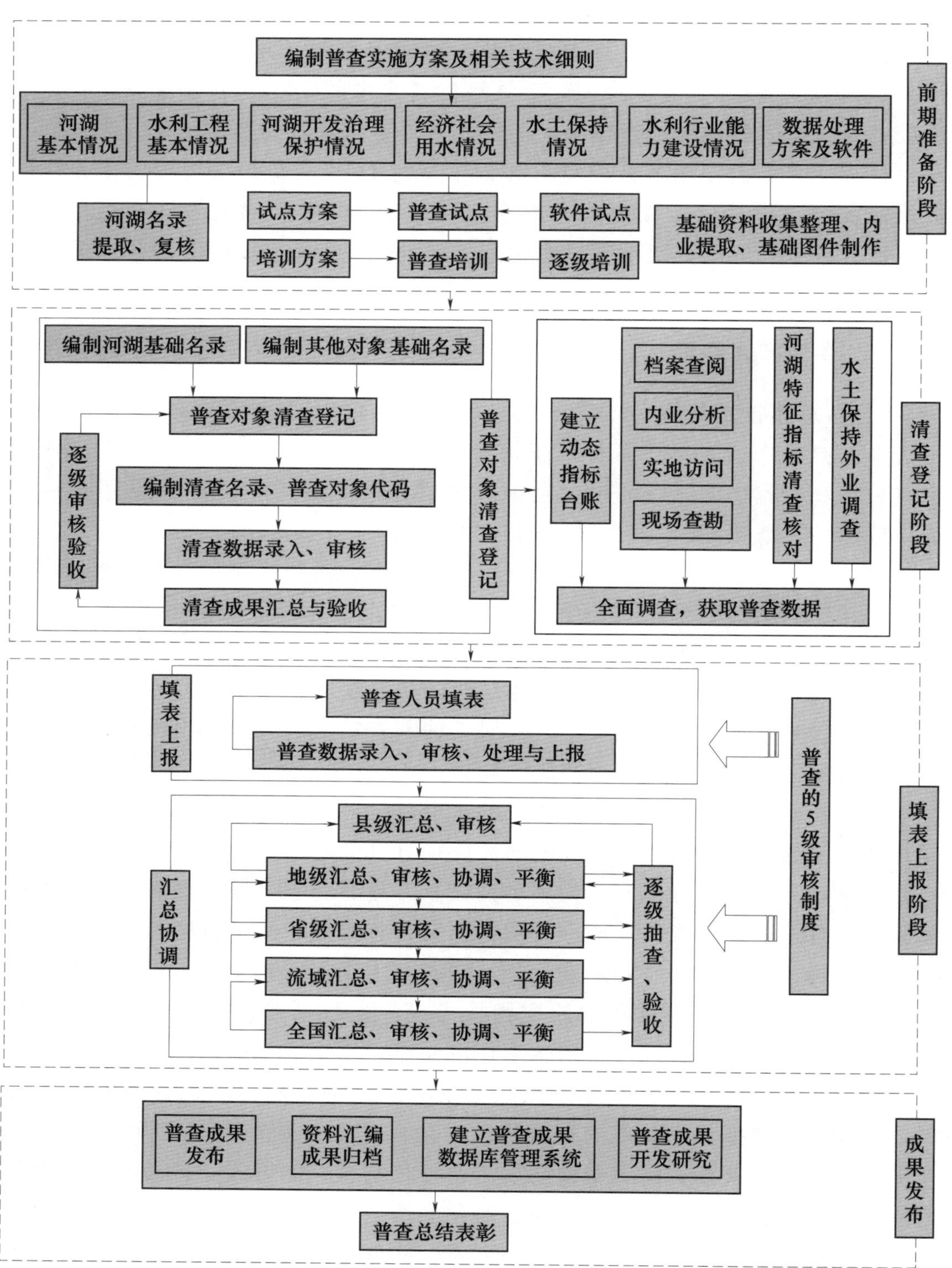

图 1－3－1　第一次全国水利普查主要工作流程

理确定普查数据的采集渠道和方法，充分利用已有资料基础和遥感遥测、空间分析、模型计算等先进技术手段，针对各类水利普查对象及其静态数据的采集特点，尽可能通过内业分析提取相关普查对象的静态信息；对于必须通过现场采集或复核的静态数据和动态数据，在满足现场数据采集或核实的可靠性、可操作性要求的同时，按照实测、查阅、访问和分析计算的优先顺序，科学选择数据采集的技术方法，合理编制现场调查或复核确认的工作方案与流程。

(4) 在普查数据处理上，按照“统一平台、网络直报、远程监控、逐级上报、超级汇总、集中处理、专业把关”的原则，根据数据采集、报送、审核、订正、汇总、分析等方面的数据处理要求，制定统一的数据处理细则和工作方案；按照“国家—流域—省—地—县”5级普查机构开展普查数据录入、转换、传输、存储、计算等工作需要，开发了统一的数据采集与处理平台；根据普查成果形成要求，结合普查成果数字化处理和加工提炼分析需要，开发了普查成果查询及服务系统，形成统一的全国水利普查数据“一个平台”“一个库”和“一张图”。

(5) 在平衡协调汇总分析上，按照“尊重基础数据，遵循水的自然规律和普查对象之间的物理联系”的原则，流域平衡与区域平衡相结合，不同专业之间相衔接，属性数据与空间数据相结合，历史资料与普查资料相比对，进行多级、多次、多维的协调平衡检验，确保普查数据真实、可信、可靠。

(二) 主要技术方法

根据不同的普查对象及任务和内容要求，按照各类学科特点，分别采取以下技术方法开展普查：

(1) 河湖基本情况普查采取内业提取数据、外业实地调查复核的方法。利用1∶5万DEM、DLG、DOM（文件对象模型）数据和分辨率为2.5m、20m的影像数据，分析提取河流湖泊的基本特征参数，提出河湖清查图、河湖特征清查表。流域机构和各级普查机构对河湖清查图和特征清查表进行野外调查与核对，同时填报水文站水位站、实测和调查最大洪水普查表，并逐级上报汇总，形成河湖基本特征、河流水系特征及湖泊的形态特征成果。

(2) 水利工程基本情况、河湖开发治理保护情况、灌区、地下水取水井、水土保持措施和行业能力建设情况普查，通过档案查阅、现场查勘、遥感影像解译、普查对象访问等方法，按照“在地原则”，以县级行政区为基本工作单元，对普查对象进行清查、登记和建档，编制普查对象名录，确定普查表的填报单位，对规模以上的普查对象逐项填报，规模以下的普查对象区分不同情况汇总填报，逐级进行审核、汇总和平衡。

(3) 经济社会用水情况调查按照“在地原则”，以县级行政区为基本工作单元，区分不同用水户情况，采用不同的统计方法确定调查对象名录。采取用水大户逐个调查与一般用水户典型（或抽样）调查相结合的方式，分析计算不同用水行业的用水指标。根据流域和区域经济社会主要指标，分析计算流域和区域城乡居民生活用水、农业和工业等国民经济各行业生产用水和河道外生态用水状况，逐级进行审核、汇总和协调平衡分析。

（4）土壤侵蚀普查，通过基础资料分析、DEM 信息提取、遥感和野外调查等技术手段的综合运用，获取气象、土壤、地形、植被、土地利用、水土保持措施等主要侵蚀影响因子，利用土壤侵蚀模型定量评价侵蚀强度，综合分析水力侵蚀、风力侵蚀、冻融侵蚀区域的分布、面积与强度。侵蚀沟道普查，充分利用已有的基础资料，利用遥感影像与 DEM 提取侵蚀沟道基本信息，通过野外调查进行复核、完善，逐级审核和汇总。水土保持措施普查以县级行政区为基本工作单元，采集各项措施的普查数据，并逐级进行审核和汇总。

三、主要工作流程

本次普查的主要工作流程包括对象清查、数据采集、数据审核和数据汇总 4 个环节。

1. 对象清查

对象清查是普查的重要基础性工作。通过清查各类普查对象的名称、位置、规模等基本信息，确定普查对象总体规模，落实普查登记责任，确保普查对象不重不漏。

对象清查按“在地原则”，以县级行政区为基本工作单元开展工作。根据各类普查对象的特点划分县级、乡级和村级普查分区，结合普查工作底图，依据“清查初始名录”，采取走访登记、档案查阅、现场访问等方式逐一清查，甄别调查对象，判断其是否属于本次普查的范围，填写清查表。以县级行政区为单元进行清查数据录入、汇总，确定普查对象的填表单位和调查方式，落实普查登记责任。逐级进行清查数据汇总、审核、归并、协调，形成完整的普查对象名录库。

2. 数据采集

数据采集按照“谁管理，谁采集，谁填表”的原则，依据普查对象名录，由普查对象的管理单位采集数据并填写普查表。

（1）静态指标数据采集。静态指标数据一般采取内业与外业相结合的方式进行采集，采集方式包括档案查阅、实地访问、现场测量、遥感解译、综合分析等。

档案查阅：通过查阅普查对象的规划设计报告、主管部门批复文件、运行管理文件以及其他相关档案或资料，获取普查数据。本次普查大部分静态指标采用档案查阅方式获取。

实地访问：通过实地走访普查对象，查看普查对象实际状况，现场查看普查对象或询问管理人员，获取普查数据。

现场测量：通过现场测量获取某些无法采取档案查阅、实地访问等方式获得的重要指标。如地理坐标、水闸闸孔总净宽、塘坝库容（简单测量）、水井井口内径、井深等。

遥感解译：采取计算机自动提取与人工判读相结合的方法，通过对遥感影像几何特征和物理特性的识别，提取普查对象的空间位置、形态和可测量特征等参数。

综合分析：通过以上方法依然不能获取的少数静态指标，如遇取水井兼有多种取水用途，或多井共用同一取水许可证时，应结合实地访问综合分析确定取水井主要取水用途和单井年许可取水量。

（2）动态指标数据采集。动态指标数据采取直接计量、间接计量、调查推算、分析计算、档案查阅等方式获取。

直接计量：对于安装了水表等水量计量设施的普查对象，逐个对象直接计量。

间接计量：对于未安装水量计量设施，但能计量耗电量、耗油量、开机时数等指标的普查对象，通过率定的相应参数计算取水量。

调查推算：对于不能采用直接计量或间接计量获取水量的普查对象，通过分类调查典型对象获取单位取用水指标，推算取用水量。

分析计算：对于不能进行计量和已经取得基础调查指标的普查内容和指标，通过实际调查取得的公式和物理关系，计算需要计算的指标。

档案查阅：通过查阅工程管理单位详细运行记录档案，获取 2011 年水库供水量、水电站发电量等动态指标。

3. 数据审核

数据审核包括对象清查数据审核、台账数据审核和普查数据审核，审核方式包括内业审核和外业抽查审核。内业审核重点审核数据的全面性、完整性、规范性、一致性、合理性；外业抽查审核主要通过事中质量抽查和事后质量抽查，重点审核数据的准确性、真实性。各级水利普查机构根据质量控制要求，对普查数据进行逐级审核把关。

对象清查数据审核主要对清查表和清查汇总表进行审核，保障普查对象的“不重不漏”，建立全面、完整、规范的普查对象名录库。

台账数据审核主要对台账表的记录数据进行审核，重点审核台账数据的真实性。由于台账数据获取周期较长（2011年1—12月），对台账建设采取3次大规模的事中质量抽查审核，并对台账建设存在问题较多的地区采取重点督察和技术指导，保障了台账数据质量。

普查数据审核主要对普查表和普查数据汇总表进行审核。采取人工审核与计算机审核相结合、基础数据审核与汇总数据审核相结合、分专业审核与跨专业详审相结合、平面数据与空间数据相结合的方式，对数据逐级把关。组织开展大规模的事中质量抽查，对重点地区开展现场技术指导工作，保障了普查数据质量。

4. 数据汇总

普查数据汇总分为行政分区汇总、水资源分区汇总、按河流水系汇总和重点区域汇总等。行政分区汇总以县级普查区为基本汇总单元，汇总形成县级、地级、省级及全国普查成果。在行政分区汇总中，按自然地理状况和经济社会条件，按照东中西部地区❶的划分对普查成果进行了汇总。水资源分区汇总以县级行政区套水资源三级区数据为基础，逐级汇总形成水资源三级区、二级区及一级区成果。按河流水系汇总，以流域面积在$50km^2$及以上河流为基本单元，基于流域水系的树状结构进行流域汇总和河流河道的汇总。此外，还根据《全国主体功能区划》，梳理了我国重要经济区、粮食主产区、重要能源基地等重点区域范围，对普查成果进行了重点区域汇总。限于篇幅，本书主要介绍省级行政区和水资源一级区成果。

❶ 东部地区包括北京、天津、河北、辽宁、山东、上海、江苏、浙江、福建、广东、海南共11省（直辖市）；中部地区包括安徽、江西、湖北、湖南、山西、吉林、黑龙江、河南8省；西部地区包括广西、内蒙古、四川、重庆、贵州、云南、西藏、陕西、甘肃、青海、宁夏、新疆（含兵团）12省（自治区、直辖市）。

第二章　河湖基本情况

河流湖泊是水资源的载体，是生态环境的重要组成部分。本章重点介绍我国河流湖泊的数量、分布情况及其主要自然地理特征与水资源等基本情况。

第一节　普查方法与口径

一、普查方法

本次河湖基本情况普查综合采用基础资料分析准备、内业数据分析提取、外业实地调查复核的方法进行普查。

（1）基础资料分析准备。主要利用1∶5万第二代国家基础地理信息数据，含数字线划地图（DLG，地形图的数字化数据）、数字高程模型（DEM，间距25m的网格高程点）数据和数字正射影像（DOM）数据，近期（2007—2009年）2.5m分辨率和资源卫星遥感影像数据，水文测站的经纬度数据和湖泊水下地形测量数据等资料，生成综合数字流域水系，包括水系预处理、DEM数据与水系融合、综合数字流域水系提取和根据影像数据进行合理性检查等，为内业数据提取奠定基础。

（2）内业数据分析提取。在GIS、RS等计算机软件平台的支撑下，利用1∶5万DEM、DLG数据开展河流流域边界、数字河流水系的提取工作，利用资源卫星遥感影像数据（2003年12月至2009年12月，分辨率20m）开展湖泊水面边界的提取工作，并利用近期2.5m分辨率遥感影像、外业调查资料以及与河湖基本情况普查有关的已有资料开展河湖基本情况的内业清查普查与复核工作。

（3）外业实地调查复核。在内业综合分析提取河流湖泊基础数据的基础上，通过各流域和省级普查机构的野外调查复核与资料查证，进一步核对流域（区域）边界、河流干支流关系、河口河源位置、湖泊边界等。

二、统计口径

1. 河流统计口径

河流是指陆地表面宣泄水流的通道，是溪、川、江、河等的总称。本次普查根据河流的地形特征，按照河流流域边界能否清晰界定，把我国河流分为山地河流、平原河流和山地平原混合河流❶ 3 类。普查对象为流域面积在 50km² 及以上的河流。

本次普查河流数量❷按照干支流逐级递推统计等方法进行统计。即：在按河流干支关系对河流进行分级（如一级支流、二级支流等）的基础上，根据河流集水面积、河长等河流属性进行分级逐类递推，穷尽所有河流。河流数量统计，针对山地河流、平原河流和山地平原混合河流采用不同的统计方法。

山地河流按标准干支流逐级递推统计法进行统计。即：先统计大于给定标准（如 50km²）的干流，从河口到河源只统计 1 次，再统计流入干流大于给定标准的支流（称“一级支流”），然后统计流入一级支流大于给定标准的支流（称“二级支流”）；逐级统计所有大于给定标准的各级支流。详见图 2－1－1。

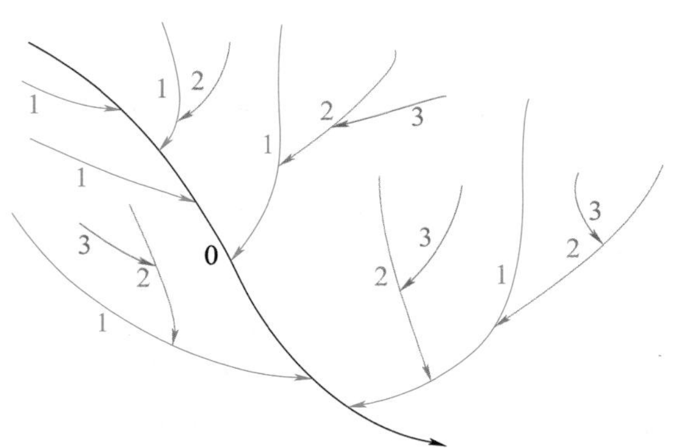

图 2－1－1　河流干支流逐级递推统计方法示意图

0—干流；1——一级支流；2—二级支流；3—三级支流

平原河流按河流名称和平原区域河流总数控制的方法进行统计。区域河流总数为能清晰界定的平原区域边界总面积与 50km² 的比值。山地平原混合河流采用山地河流或平原河流统计方法中的一种，一条混合河流分为山地段和平原段，流域面积按流域边界可清晰界定的山地段面积进行统计。

2. 湖泊统计口径

湖泊是湖盆及其承纳的水体。湖盆是地表相对封闭且可蓄水的天然地形。本次主要普查常年有水且水面面积在 1km² 及以上的天然湖泊。湖泊常年水面面积是指 2003 年 12 月至 2009 年 12 月期间多时相资源卫星影像数据识别的所有水面面积序列的中值，并根据相关调查与实测资料综合确定。

---

❶　山地河流：流域边界能清晰界定；平原河流：区域内多条河流的流域边界能清晰界定，但单条河流的流域边界难以清晰界定；山地平原混合河流：河流上游段的流域边界能清晰界定，下游段的流域边界不能清晰界定。

❷　一条河流的流域面积虽然包含了该河流各级支流的流域面积，但河流干流及其各级支流的数量是分别统计的。如流域面积 179.6 万 km² 的长江流域，50km² 及以上河流 10741 条，其中 100km² 及以上河流 5276 条，1000km² 及以上河流 464 条，1 万 km² 及以上的河流 45 条；流域面积 15 万 km² 及以上的河流有 3 条（长江、嘉陵江和汉江），3 条河流不重复统计，但干支流之间的流域面积相互叠套。此外有些河流的不同河段有不同的名称，本次普查只作为一条河流统计。

湖泊水面面积的提取主要依据资源卫星遥感影像数据和国家基础地理数据（1∶5 万 DOM、DLG 湖泊边界数据），利用遥感（RS）和地理信息系统（GIS）软件进行内业数据分析提取，再进行野外实地调查复核。首先对 2003 年 12 月至 2009 年 12 月期间多时相资源卫星影像数据进行湖泊水面边界提取，然后根据湖泊水面面积系列确定普查选用的湖泊水面面积中值，再对相应时相的遥感影像利用 1∶5 万的 DOM 数据进行精校正，最后再次提取湖泊的水面边界，并据此计算普查的湖泊水面面积。

第二节 河 流 基 本 情 况

一、河流数量

按照本次普查的统计口径，全国流域面积在 $50km^2$ 及以上的河流共 45203 条，其中，外流河流 35958 条，约占普查河流总数的 79.5%，涉及的流域面积约占国土总面积的 2/3；内流河流 9245 条，约占普查河流总数的 20.5%，涉及的流域总面积[1]约占国土总面积的 1/3。山地河流 40503 条（含山地平原混合河流 82 条），占普查河流总数的 89.6%；平原河流 4700 条，占普查河流总数的 10.4%。

在流域面积 $50km^2$ 及以上的河流中，流域面积 $100km^2$ 及以上、$1000km^2$ 及以上、$3000km^2$ 及以上、1 万 km^2 及以上的河流条数分别为 22909 条、2221 条、719 条和 228 条。

在流域面积 $50km^2$ 及以上的河流中，流域面积 $3000km^2$ 以下的河流（习惯称“中小河流”）数量为 44484 条，占河流总数的 98.4%；流域面积 $200km^2$ 以下的河流数量为 34528 条，占河流总数的 76.4%；流域面积 $100km^2$ 以下的河流数量达 22294 条，占河流总数的 49.3%。不同流域面积标准和不同流域面积区间的河流数量分别见表 2-2-1 和表 2-2-2。

我国河流数量多寡与流域面积标准存在双对数直线关系，即在双对数坐标系中流域面积标准越大，河流数量越小，并且流域面积标准与相应河流数量成反比关系。如流域面积标准 $1000km^2$ 和 $100km^2$ 变化的比例为 10 倍，相应河流数量（2221 条和 22909 条）变化比例约为 1/10。河流数量与流域面积标准的关系见图 2-2-1。

[1] 内流河流域总面积包含无流区面积。

表 2－2－1　不同流域面积标准的河流数量

流域面积/km²	数量/条	比例/%
50 及以上	45203	100.0
100 及以上	22909	50.7
1000 及以上	2221	4.9
3000 及以上	719	1.6
1 万及以上	228	0.5

表 2－2－2　不同流域面积区间的河流数量

流域面积/km²	数量/条	比例/%
50（含）～100	22294	49.3
100（含）～200	12234	27.1
200（含）～1000	8454	18.7
1000（含）～3000	1502	3.3
3000（含）～1 万	491	1.1

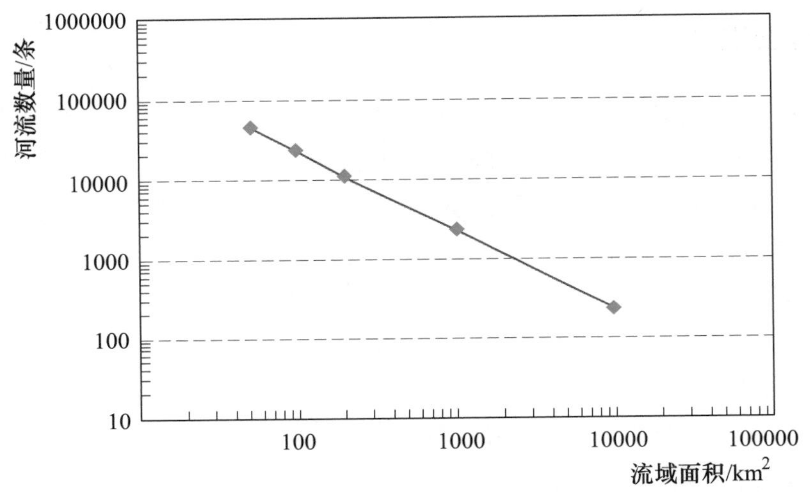

图 2－2－1　河流数量与流域面积标准关系图

二、河流分布

我国河流总体上呈现东部多、西部少，南方多、北方少的特点。在水资源一级区中，淮河区河流密度最大，西北诸河区河流密度最小。

(一) 水资源一级区

1. 流域面积 50km² 及以上河流分布

长江区和西北诸河区流域面积在 50km² 及以上的河流条数分别为 10741 条和 9515 条，分别占全国 50km² 及以上河流总数的 23.8%和 21.0%。东南诸河区和辽河区条数较少，分别为 1301 条和 1457 条，分别占全国 50km² 及以上河流总数的 2.9%和 3.2%。

全国流域面积在 50km² 及以上河流的平均河流密度[1]为 48 条/万 km²。淮河区、海河区和东南诸河区河流密度较大，每万平方千米的河流数分别为 75 条、70 条和 63 条；西北诸河区河流密度最小，每万平方千米的河流数只有 29 条。水资源一级区河流数量与密度见表 2-2-3。水资源一级区流域面积 50km² 及以上河流数量与密度见图 2-2-2。全国流域面积 1 万 km² 及以上河流分布情况见附图 B2。

表 2-2-3　水资源一级区河流数量与密度

水资源一级区	50km² 及以上河流		100km² 及以上河流		1000km² 及以上河流	1 万 km² 及以上河流
	数量/条	密度/(条/万 km²)	数量/条	密度/(条/万 km²)	数量/条	数量/条
全国	45203	48	22909	24	2221	228
松花江区	5110	55	2428	26	224	36
辽河区	1457	46	791	25	87	13
海河区	2214	70	892	28	59	8
黄河区	4157	51	2061	25	199	17
淮河区	2483	75	1266	38	86	7
长江区	10741	60	5276	29	464	45
东南诸河区	1301	63	694	34	53	7
珠江区	3345	58	1685	29	169	12
西南诸河区	4880	56	2328	27	248	27
西北诸河区	9515	29	5488	17	632	56

2. 流域面积 100km² 及以上河流分布

全国流域面积 100km² 及以上河流数量为 22909 条，平均河流密度为 24 条/万 km²。在 10 个水资源一级区中，河流条数超过 5000 条的有西北诸河区和长江区，分别为 5488 条和 5276 条。水资源一级区流域面积 100km² 及以上河流数量与密度见图 2-2-3。

3. 流域面积 1000km² 及以上河流分布

全国流域面积 1000km² 及以上河流条数为 2221 条，其中西北诸河区条数为 632 条，长江区、西南诸河区、松花江区、黄河区和珠江区分别为 464 条、248 条、224 条、199 条和 169 条；辽河区、淮河区、海河区和东南诸河区分别为 87 条、86 条、59 条和 53 条。

[1] 河流密度计算中，水资源一级区和省级行政区面积包含了无流区面积。

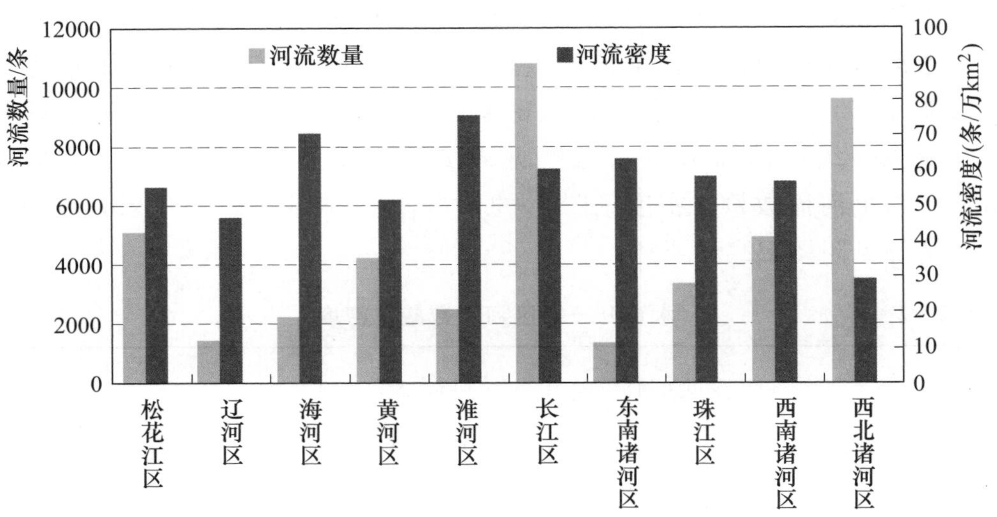

图 2-2-2 水资源一级区流域面积 $50km^2$ 及以上河流数量与密度

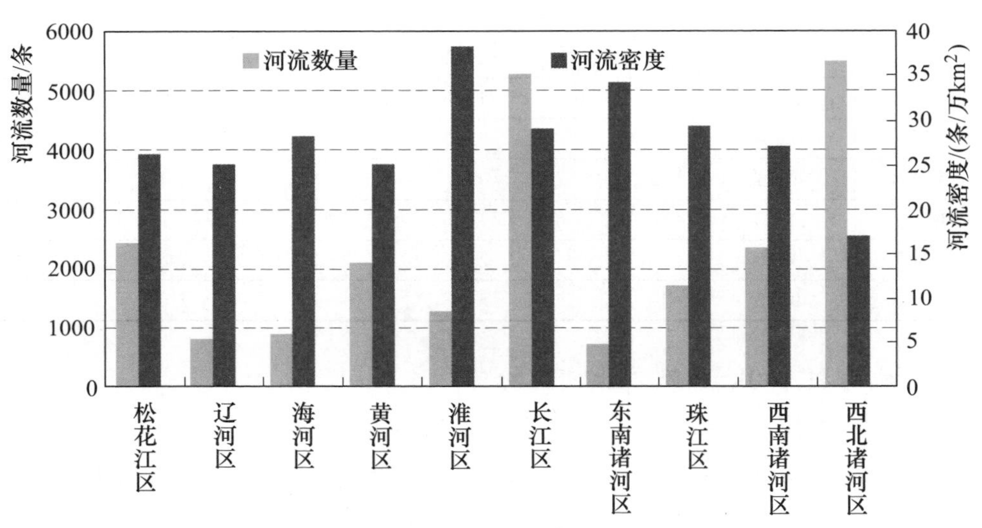

图 2-2-3 水资源一级区流域面积 $100km^2$ 及以上河流数量与密度

4. 流域面积 1 万 km^2 及以上河流分布

全国流域面积 1 万 km^2 及以上河流条数为 228 条，其中西北诸河区为 56 条，长江区、松花江区和西南诸河区分别为 45 条、36 条和 27 条，海河区、淮河区和东南诸河区分别为 8 条、7 条和 7 条。

（二）省级行政区

从流域面积 $50km^2$ 及以上河流分布情况看，西藏、内蒙古、青海、新疆河流条数分别为 6418 条、4087 条、3518 条和 3484 条。河流密度较大的省级行政区有天津、上海和江苏，河流密度分别为 163 条/万 km²、163 条/万 km² 和 143 条/万 km²；河流密度较小的省级行政区有内蒙古和甘肃，分别为 36 条/万 km² 和 38 条/万 km²，最小的为新疆，仅为 21 条/万 km²。省级行政区流域面积 50km² 及以上河流数量与密度见图 2-2-4 及附表 A1。

流域面积 100km² 及以上河流数量，西藏、内蒙古、新疆、青海等省（自治区）分别为 3361 条、2408 条、1994 条和 1791 条。河流密度较大的省级行政区为江苏、浙江和北京，河流密度分别为 68 条/万 km²、46 条/万 km² 和 43 条/万 km²；河流密度最小的为新疆，仅为 12 条/万 km²。省级行政区流域面积 100km² 及以上河流数量与密度见图 2-2-5 及附表 A1。

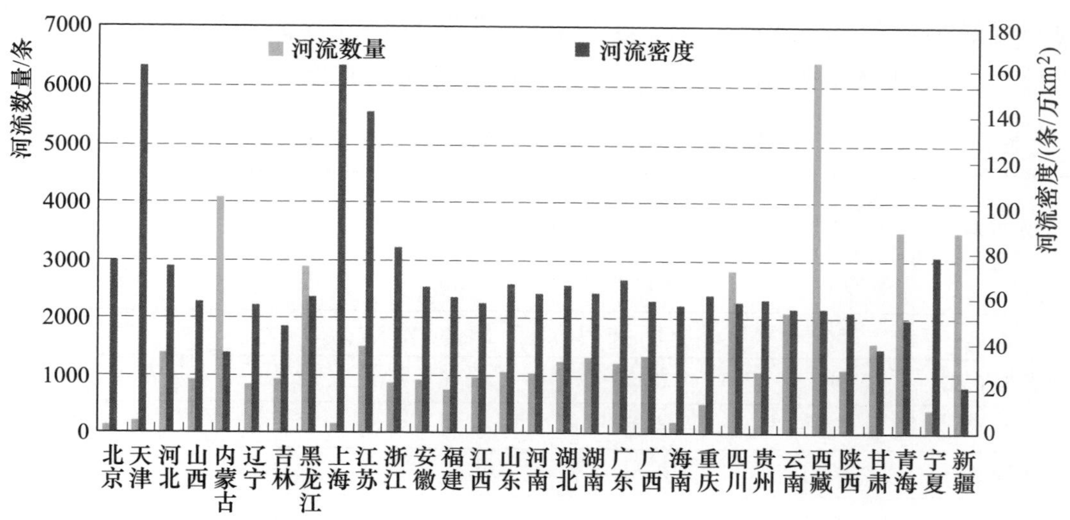

图 2-2-4　省级行政区流域面积 50km² 及以上河流数量与密度

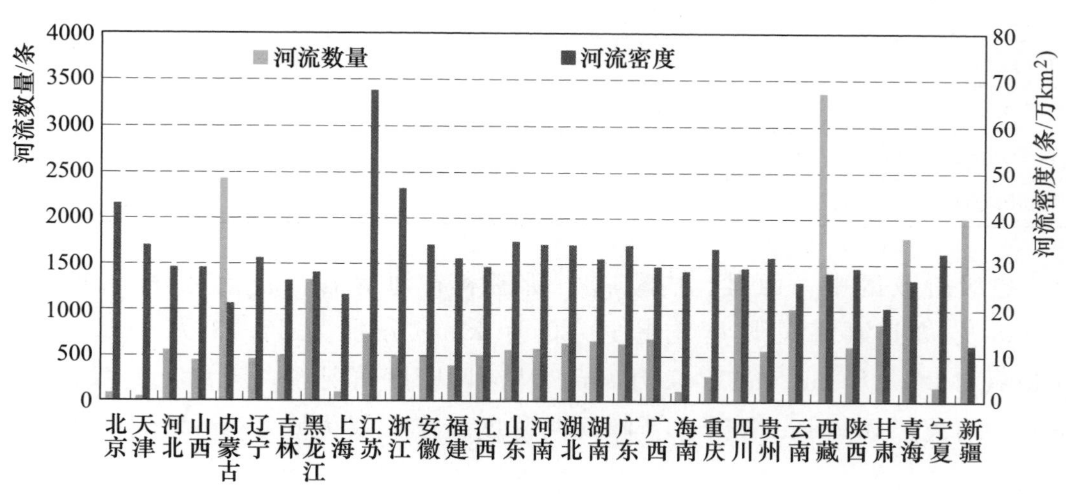

图 2-2-5　省级行政区流域面积 100km² 及以上河流数量与密度

三、河流长度

全国流域面积 50km² 及以上河流合计总长度为 150.85 万 km，100km² 及以上河流总长度为 111.46 万 km，1000km² 及以上河流总长度为 38.66 万 km，3000km² 及以上河流总长度为 23.01 万 km，1 万 km² 及以上河流总长度为 13.26 万 km。

水资源一级区中，长江区流域面积 50km² 及以上河流总长度为 35.80 万 km，西北诸河区为 34.00 万 km，东南诸河区为 4.23 万 km。全国平均河网密度[1]为 0.16km/km²，淮河区河网密度最大，为 0.23km/km²；西北诸河区河网密度最小，为 0.10km/km²。水资源一级区不同流域面积河流总长度见表 2-2-4，流域面积 50km² 及以上河流总长度与河网密度见图 2-2-6。

表 2-2-4　　水资源一级区不同流域面积河流总长度

水资源一级区	总河长/万 km				50km² 及以上河网密度/(km/km²)
	50km² 及以上	100km² 及以上	1000km² 及以上	1 万 km² 及以上	
全国	150.85	111.46	38.66	13.26	0.16
松花江区	16.93	12.35	4.76	2.09	0.18
辽河区	5.49	4.30	1.70	0.68	0.17
海河区	6.91	4.62	1.15	0.45	0.22
黄河区	14.27	10.31	3.55	1.33	0.18
淮河区	7.69	5.50	1.41	0.29	0.23
长江区	35.80	26.01	8.86	3.09	0.20
东南诸河区	4.23	3.12	0.91	0.28	0.21
珠江区	11.38	8.31	2.91	0.79	0.20
西南诸河区	14.15	10.26	4.02	1.50	0.16
西北诸河区	34.00	26.68	9.39	2.76	0.10

省级行政区中，西藏、内蒙古、新疆和青海等省（自治区），流域面积 50km² 及以上河流总长度均超过 10 万 km，分别为 17.73 万 km、14.48 万 km、13.90 万 km 和 11.41 万 km。从河网密度情况看，天津、上海和江苏较大，均大于 0.30km/km²；新疆河网密度最小，仅为 0.09km/km²；低于全

[1] 河网密度计算中，水资源一级区和省级行政区面积包含了无流区面积。

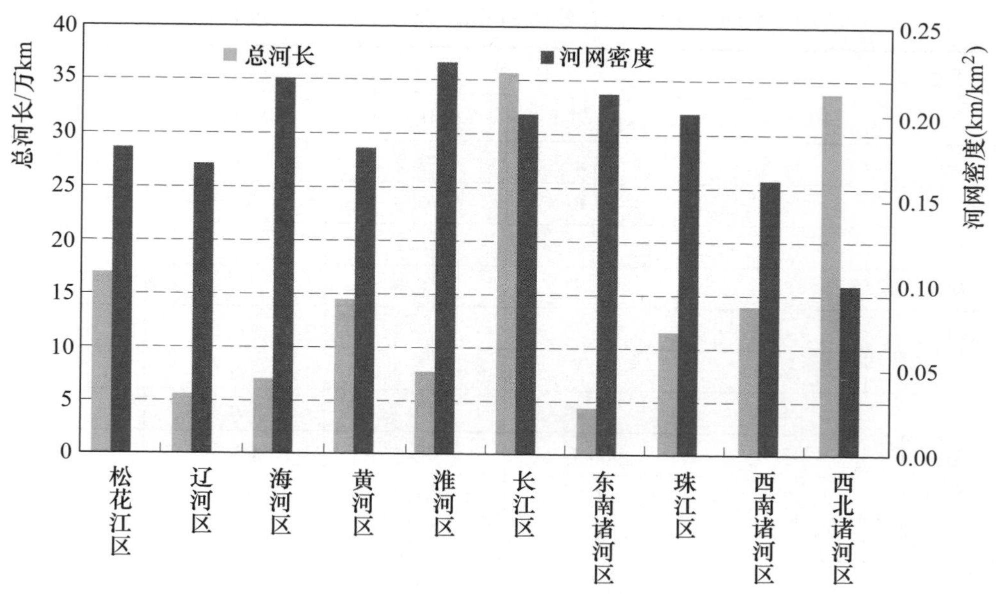

图 2-2-6 水资源一级区流域面积 $50km^2$ 及以上河流总长度与河网密度

国平均值的省（自治区）还有西藏、甘肃和内蒙古，分别为 $0.15km/km^2$、$0.13km/km^2$ 和 $0.13km/km^2$。省级行政区流域面积 $50km^2$ 及以上河流总长度与河网密度见图 2-2-7 和附表 A1。

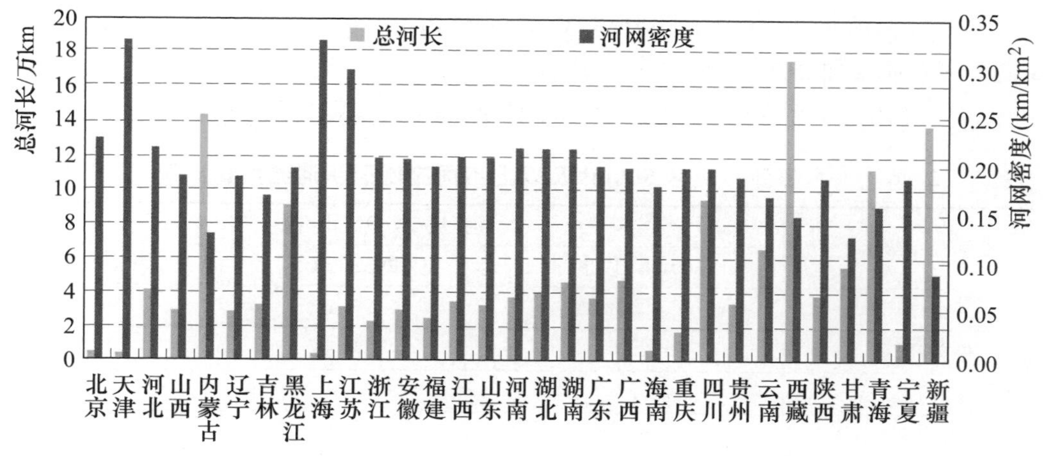

图 2-2-7 省级行政区流域面积 $50km^2$ 及以上河流总长度与河网密度

全国流域面积在 $50km^2$ 及以上的河流中，河流长度小于 10km 的河流数量约占 3.9%，河流长度小于 15km 的河流数量约占 18.5%，河流长度小于 20km 的河流数量约占 41.3%，河流长度小于 30km 的河流数量约占 69.9%，河流长度小于 50km 的河流占 87.9%。水资源一级区流域面积 $50km^2$ 及以上不同长度的河流数量比例见表 2-2-5。

表 2－2－5　水资源一级区流域面积 $50km^2$ 及以上不同长度河流数量比例　%

水资源一级区	河流数量比例				
	10km 以下	15km 以下	20km 以下	30km 以下	50km 以下
全国	3.9	18.5	41.3	69.9	87.9
松花江区	4.0	19.8	46.6	73.9	89.4
辽河区	0.5	11.7	36.2	65.1	86.1
海河区	7.5	25.6	48.5	72.2	89.4
黄河区	1.9	11.7	34.5	67.3	88.0
淮河区	9.0	24.8	45.3	70.7	88.5
长江区	4.4	18.2	40.7	69.9	87.9
东南诸河区	5.2	14.9	37.1	69.6	88.1
珠江区	3.7	14.8	36.6	68.7	87.4
西南诸河区	4.7	28.8	54.4	78.5	91.3
西北诸河区	1.9	15.1	35.7	64.8	85.1

四、流域面积

在全国流域面积 $50km^2$ 及以上的河流中，流域面积小于 $100km^2$ 的河流占 49.3％，流域面积小于 $200km^2$ 的河流占 76.4％，流域面积小于 $500km^2$ 的河流占 90.4％，流域面积小于 $3000km^2$ 的河流占 98.4％。水资源一级区 $50km^2$ 及以上不同流域面积的河流数量比例见表 2－2－6。我国河流长度较长、流域面积较大，以及各水资源一级区中具有代表性的主要河流见附表 A2。

表 2－2－6　水资源一级区 $50km^2$ 及以上不同流域面积河流数量比例　%

水资源一级区	河流数量比例		
	$100km^2$ 以下	$200km^2$ 以下	$500km^2$ 以下
全国	49.3	76.4	90.4
松花江区	52.5	79.1	91.6
辽河区	45.7	72.3	88.5
海河区	59.7	86.5	94.8
黄河区	50.4	75.2	90.2
淮河区	49.0	84.2	93.6
长江区	50.9	78.6	91.3
东南诸河区	46.7	78.3	91.9
珠江区	49.6	76.7	90.2
西南诸河区	52.3	76.4	90.6
西北诸河区	42.3	68.8	86.8

五、河流比降

河流比降是河流的重要特征之一。本次普查利用 1∶5 万国家基础地理信息数据，通过加密的 DEM 数据计算了流域面积 100km^2 及以上河流的比降。

在全国流域面积 100km^2 及以上的河流中，平均比降小于 1‰的河流条数约占 7%，平均比降小于 5‰的河流约占 33%，平均比降小于 10‰的河流约占 57%，平均比降小于 20‰的河流约占 79%，平均比降小于 30‰的河流约占 88%。水资源一级区中，西南诸河区河流总体比降最大，有 37.7%的河流比降超过 30‰；淮河区河流总体比降最小，有 93.3%的河流平均比降低于 5‰；松花江区、珠江区和辽河区河流总体比降也较低。水资源一级区流域面积 100km^2 及以上不同比降的河流数量比例见表 2-2-7。

表 2-2-7　水资源一级区流域面积 100km^2 及以上不同比降河流数量比例

%

水资源一级区	河流数量比例				
	1‰以下	5‰以下	10‰以下	20‰以下	30‰以下
全国	6.8	33.1	57.4	78.9	87.6
松花江区	9.1	59.4	91.3	99.7	100
辽河区	13.9	56.5	86.8	99.6	100
海河区	6.8	30.1	58.7	92.0	98.3
黄河区	3.0	19.1	52.6	84.8	94.7
淮河区	60.9	93.3	98.8	100	100
长江区	7.1	37.2	56.8	75.4	84.0
东南诸河区	2.7	37.2	68.4	94.9	99.3
珠江区	9.6	51.9	77.8	94.8	98.2
西南诸河区	0.3	5.5	18.2	43.3	62.3
西北诸河区	0.7	18.4	45.7	72.8	84.7

六、年降水深

本次普查利用第二次全国水资源调查评价 1956—2000 年全国多年平均年

降水深等值线图数据，通过等值线加密并栅格化后逐条分析计算了流域面积 100km^2 及以上河流的流域多年平均年降水深。

全国流域面积 100km^2 及以上河流中，多年平均年降水深在 400mm 以下（半湿润半干旱分界）的河流比例（占 100km^2 及以上河流总数的比例，下同）为 33.1%，800mm 及以上（湿润半湿润分界）的河流比例为 34.9%。水资源一级区按多年平均年降水深统计的流域面积 100km^2 及以上河流数量比例见表 2-2-8。

表 2-2-8 水资源一级区按多年平均年降水深统计的流域面积 100km^2 及以上河流数量比例

水资源一级区	多年平均年降水深/mm	河流数量比例/%		
		400mm 以下	400（含）～800mm	800mm 及以上
全国	649.8	33.1	32.0	34.9
松花江区	504.8	12.6	85.8	1.6
辽河区	545.2	26.7	57.2	16.1
海河区	534.8	9.8	90.1	0.2
黄河区	445.8	34.1	64.5	1.4
淮河区	838.5	0	50.3	49.7
长江区	1086.6	6.0	17.8	76.1
东南诸河区	1787.5	0	0	100.0
珠江区	1549.7	0	0	100.0
西南诸河区	1088.2	25.9	33.7	40.5
西北诸河区	161.2	88.7	10.2	1.0

注 表中多年平均年降水深采用第二次全国水资源调查评价成果。

七、年径流深

本次普查利用第二次全国水资源调查评价 1956—2000 年全国多年平均年径流深等值线图数据，通过等值线加密并栅格化后计算了流域面积 100km^2 及以上河流的流域多年平均年径流深。

全国流域面积 100km^2 及以上河流中，多年平均年径流深在 50mm 以下的河流比例为 28.6%，200mm 及以上的河流比例为 47.2%。水资源一级区按多年平均年径流深统计的流域面积 100km^2 及以上河流数量比例见表 2-2-9。

表 2-2-9 水资源一级区按多年平均年径流深统计的流域面积 $100km^2$ 及以上河流数量比例

水资源一级区	多年平均年径流深/mm	河流数量比例/%		
		50mm 以下	50（含）～200mm	200mm 及以上
全国	288.1	28.6	24.2	47.2
松花江区	138.6	15.0	53.2	31.8
辽河区	129.9	36.3	36.3	27.5
海河区	67.5	35.2	59.1	5.8
黄河区	76.4	50.8	36.6	12.6
淮河区	205.1	0	53.4	46.6
长江区	552.9	3.3	7.6	89.2
东南诸河区	1086.1	0	0	100
珠江区	815.7	0	0.9	99.1
西南诸河区	684.2	8.6	22.5	68.9
西北诸河区	34.9	69.8	22.8	7.3

注 表中多年平均年径流深采用第二次全国水资源调查评价成果。

第三节 湖泊基本情况

一、湖泊数量

本次普查全国常年水面面积 $1km^2$ 及以上的湖泊共 2865 个，其中，常年水面面积 $10km^2$ 及以上的湖泊 696 个，常年水面面积 $100km^2$ 及以上的湖泊 129 个，常年水面面积 $500km^2$ 及以上的湖泊 24 个，常年水面面积 $1000km^2$ 及以上的湖泊 10 个；在普查的湖泊中，跨国界（境）湖泊 6 个。

二、湖泊分布

我国湖泊主要分布在西北诸河区、长江区、松花江区和西南诸河区等 4 个水资源一级区，共有常年水面面积 $1km^2$ 及以上湖泊 2559 个，占全国 $1km^2$ 及以上湖泊总数的 89.3%，相应湖泊数量分别为 1069 个、805 个、496 个和 189 个，湖泊密度❶分别为 3.4 个/万 km^2、4.5 个/万 km^2、5.4 个/万 km^2 和

❶ 湖泊密度指每 1 万 km^2 内的常年水面面积在 $1km^2$ 及以上的湖泊数量。

1.9个/万 km^2，松花江区和长江区湖泊密度最大。其他水资源一级区湖泊分布相对较少，其中珠江区、海河区和东南诸河区每万 km^2 湖泊数量均小于1个。水资源一级区常年水面面积 $1km^2$ 及以上湖泊数量与密度见表2-3-1及图2-3-1，全国常年水面面积 $100km^2$ 及以上湖泊分布见附图B3。

表2-3-1 水资源一级区常年水面面积 $1km^2$ 及以上湖泊数量与密度

水资源一级区	湖泊数量/个					$1km^2$ 及以上湖泊密度/(个/万 km^2)
	$1km^2$ 及以上	$10km^2$ 及以上	$100km^2$ 及以上	$500km^2$ 及以上	$1000km^2$ 及以上	
全国	2865	696	129	24	10	3.0
松花江区	496	68	7	2	2	5.4
辽河区	58	1	0	0	0	1.8
海河区	9	3	1	0	0	0.3
黄河区	144	23	3	2	0	1.8
淮河区	68	27	8	3	2	2.1
长江区	805	142	21	4	3	4.5
东南诸河区	9	0	0	0	0	0.4
珠江区	18	7	1	0	0	0.3
西南诸河区	189	27	6	1	0	1.9
西北诸河区	1069	398	82	12	3	3.4

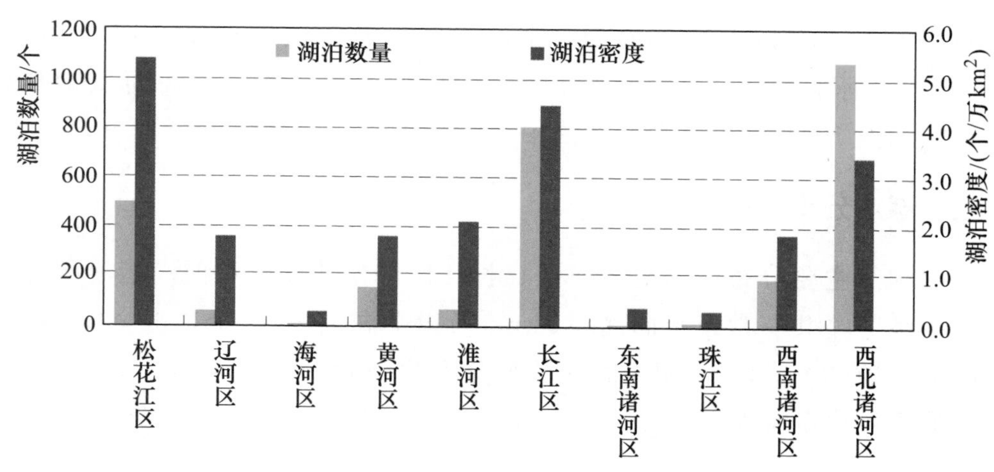

图2-3-1 水资源一级区常年水面面积 $1km^2$ 及以上湖泊数量与密度

从省级行政区常年水面面积 $1km^2$ 及以上湖泊分布看，西藏、内蒙古、黑龙江、湖北、青海的湖泊较多，5 省（自治区）湖泊数量均超过 200 个，其中西藏最多，为 808 个，内蒙古次之，为 428 个。省级行政区常年水面面积 $1km^2$ 及以上湖泊数量见表 2-3-2 和图 2-3-2。

表 2-3-2 省级行政区常年水面面积 $1km^2$ 及以上湖泊数量 单位：个

省级行政区	湖泊数量	省级行政区	湖泊数量
全国	2865	河南	6
北京	1	湖北	224
天津	1	湖南	156
河北	23	广东	7
山西	6	广西	1
内蒙古	428	海南	0
辽宁	2	重庆	0
吉林	152	四川	29
黑龙江	253	贵州	1
上海	14	云南	29
江苏	99	西藏	808
浙江	57	陕西	5
安徽	128	甘肃	7
福建	1	青海	242
江西	86	宁夏	15
山东	8	新疆	116

注 由于存在 40 个跨省界湖泊重复统计，省级行政区湖泊数量合计值为 2905 个，高于全国常年水面面积 $1km^2$ 及以上湖泊数（2865 个）。

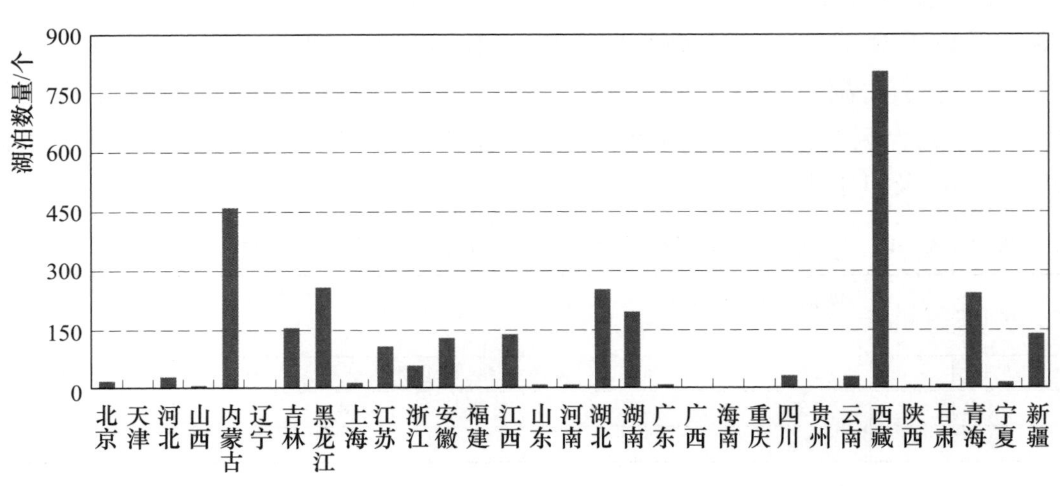

图 2-3-2 省级行政区常年水面面积 $1km^2$ 及以上湖泊数量

三、湖泊面积

本次普查我国境内常年水面面积 $1km^2$ 及以上的湖泊水面总面积 7.80 万 km^2 [未含跨国界（境）湖泊国外部分水面面积]，湖泊水域面积率（占国土面积比例）为 0.8%。水资源一级区常年水面面积 $1km^2$ 及以上湖泊数量及总水面面积见表 2-3-3。

表 2-3-3　水资源一级区常年水面面积 $1km^2$ 及以上湖泊数量及总水面面积

水资源一级区	湖泊数量/个	总水面面积/km^2	水资源一级区	湖泊数量/个	总水面面积/km^2
全国	2865	78007.1	长江区	805	17615.7
松花江区	496	6319.4	东南诸河区	9	19.5
辽河区	58	171.7	珠江区	18	407
海河区	9	277.7	西南诸河区	189	3236.2
黄河区	144	2082.3	西北诸河区	1069	42963.9
淮河区	68	4913.7			

从水资源一级区 $1km^2$ 及以上湖泊总水面面积统计情况看，西北诸河区总水面面积最大，达 $42963.9km^2$，约占全国总数的 55.1%。其次分别为长江区、松花江区、淮河区、西南诸河区、黄河区、珠江区、海河区、辽河区。东南诸河区最小，仅 $19.5km^2$。从各水资源一级区湖泊水域面积率看，淮河区、西北诸河区、长江区和松花江区较大，分别为 1.5%、1.3%、1.0%和 0.7%，东南诸河区、辽河区、海河区和珠江区较小，均小于 0.1%。

四、湖泊类型

按湖泊的咸淡水属性（淡水、咸水和盐湖）分类，全国常年水面面积 $1km^2$ 及以上湖泊中，淡水湖、咸水湖和盐湖数量分别为 1594 个、945 个和 166 个，分别占湖泊总数的 55.6%、33.0%和 5.8%。另有 160 个湖泊因地处西部高原无人区等原因，目前尚无资料，难以界定咸淡水属性。全国常年水面面积 $1km^2$ 及以上湖泊咸淡水属性情况见表 2-3-4。

表 2-3-4　全国常年水面面积 $1km^2$ 及以上湖泊咸淡水属性

湖泊类型	湖泊数量/个	占湖泊总数比例/%	湖泊类型	湖泊数量/个	占湖泊总数比例/%
全国	2865	100	盐湖	166	5.8
淡水湖	1594	55.6	未分类(缺乏资料)	160	5.6
咸水湖	945	33.0			

我国共有常年水面面积 $500km^2$ 及以上的湖泊 24 个，湖泊属性情况见附表 A3。

第三章　水利基础设施情况

本章重点介绍水利基础设施的普查方法与主要成果，包括水库、堤防、水电站、水闸、泵站、灌区、取水设施、农村供水工程、塘坝与窖池等9类工程的数量、规模、功能和效益情况。

第一节　普查方法与口径

一、普查方法

水利工程基本情况普查主要通过档案查阅、实地访问、现场查勘等方式，按照“在地原则”，对普查对象进行清查登记，填报清查表，编制普查对象名录，确定普查表的填报单位；对各类工程普查对象进行调查，获取各类普查数据，包括普查对象的静态指标和动态指标，其中对规模以上的普查对象根据普查表进行详查，对规模以下的普查对象简化指标调查，填报普查表；逐级进行普查数据审核、汇总、平衡、上报，形成全国水利工程基本情况普查成果。

本次普查对于量大面广、规模较小的工程如塘坝和窖池等不单独进行清查，清查与普查工作一次完成。对水库、堤防、水电站、灌区等工程，以县级行政区为最小普查单元；对水闸、泵站、取水口以乡（镇）为最小普查单元，对农村供水工程、塘坝、窖池、取水井等以行政村为最小普查单元。

工程静态指标主要通过档案查阅、实地访问、现场测量等方法进行数据采集。工程动态指标如2011年水库供水量、水电站发电量、河湖取水口取水量、机电井取水量、农村供水工程实际供水量和实际供水人口等，主要通过计量、调查推算、分析计算等方式获取。对于安装计量设施的普查对象，直接查询获取动态数据；对于未安装计量设施，但能计量耗电量、耗油量、运行时间等指标的普查对象，通过率定的相应参数推算取水量；对于不能采用直接计量或间接计量获取的普查指标，通过分类调查典型对象获取单位指标，综合推算确定。

二、普查口径

本次水利工程普查对象包括已建和在建的水利工程，各类水利工程普查口径如下。

1. 水库

水库是指总库容10万m^3及以上，在河道、山谷或低洼地带修建挡水坝或堤堰形成的具有拦洪蓄水和调节水流功能的蓄水工程。本次普查的水库分为山区水库和平原水库，不包含地下水库。总库容1亿m^3及以上的水库为大型水库，其中，总库容10亿m^3及以上的水库为大（1）型水库，总库容1亿（含）～10亿m^3的水库为大（2）型水库；总库容0.1亿（含）～1亿m^3的水库为中型水库；总库容0.001亿（含）～0.1亿m^3的水库为小型水库，其中，总库容0.01亿（含）～0.1亿m^3的水库为小（1）型水库，总库容0.001亿（含）～0.01亿m^3的水库为小（2）型水库。

2. 堤防

堤防是指沿江、河、湖、海等岸边或行洪区、分蓄洪区、围垦区边缘修筑的挡水建筑物。本次普查的堤防分为河（江）堤、湖堤、海堤、围（圩、圈）堤，不含生产堤、渠堤和排涝堤。按照堤防级别分为规模以上堤防和规模以下堤防进行普查，5级及以上的堤防为规模以上堤防，5级以下的堤防为规模以下堤防。防洪标准100年及以上的堤防为1级堤防；防洪标准50（含）～100年的堤防为2级堤防；防洪标准30（含）～50年的堤防为3级堤防；防洪标准20（含）～30年的堤防为4级堤防；防洪标准10（含）～20年的堤防为5级堤防；防洪标准10年以下的堤防为5级以下堤防。

3. 水电站

水电站是指为开发利用江河湖泊水能资源，将水能转换为电能而修建的工程建筑物和机械、电气设备以及金属结构的综合体。本次普查的水电站分为闸坝式水电站、引水式水电站、混合式水电站和抽水蓄能电站，不包含潮汐电站。按照装机容量分为规模以上水电站和规模以下水电站进行普查，装机容量500kW及以上的水电站为规模以上水电站，装机容量500kW以下的水电站为规模以下水电站。装机容量30万kW及以上的水电站为大型水电站，其中，装机容量120万kW及以上的水电站为大（1）型水电站，装机容量30万（含）～120万kW的水电站为大（2）型水电站；装机容量5万（含）～30万kW的水电站为中型水电站；装机容量5万kW以下的水电站为小型水电站，其中，装机容量1万（含）～5万kW的水电站为小（1）型水电站，装机容量1万kW以下的水电站为小（2）型水电站。

4. 水闸

水闸是指建在河道、湖泊、渠道、海堤上或水库岸边，具有挡水和泄（引）水功能，调节水位、控制流量的低水头水工建筑物。本次普查的水闸分为引（进）水闸、节制闸、排（退）水闸、分（泄）洪闸和挡潮闸，不含船闸、工作闸及挡水坝枢纽上的泄洪闸和冲沙闸。按照过闸流量分为规模以上水闸和规模以下水闸，过闸流量 $5m^3/s$ 及以上的水闸为规模以上水闸，过闸流量 1（含）～$5m^3/s$ 的水闸为规模以下水闸，过闸流量 $1m^3/s$ 以下的水闸不普查。过闸流量 $1000m^3/s$ 及以上的水闸为大型水闸，其中，过闸流量 $5000m^3/s$ 及以上的水闸为大（1）型水闸，过闸流量 1000（含）～ $5000m^3/s$ 的水闸为大（2）型水闸；过闸流量 100（含）～$1000m^3/s$ 的水闸为中型水闸；过闸流量 $100m^3/s$ 以下的水闸为小型水闸，其中，过闸流量 20（含）～$100m^3/s$ 的水闸为小（1）型水闸，过闸流量 $20m^3/s$ 以下的水闸为小（2）型水闸。

5. 泵站

泵站是由泵和其他机电设备、泵房以及进出水建筑物组成，建在河道、湖泊、渠道上或水库岸边，可以将低处的水提升到所需的高度，用于排水、灌溉、城镇生活和工业供水等的水利工程。本次普查的泵站分为供水泵站、排水泵站和供排结合泵站，包含引泉泵站。按照装机流量和装机功率分为规模以上泵站和规模以下泵站，装机流量 $1m^3/s$ 及以上或装机功率 50kW 及以上的泵站为规模以上泵站，装机流量 $1m^3/s$ 以下且装机功率 50kW 以下的泵站为规模以下泵站。装机流量 $50m^3/s$ 及以上或装机功率 1 万 kW 及以上的泵站为大型泵站，其中，装机流量 $200m^3/s$ 及以上或装机功率 3 万 kW 及以上的泵站为大（1）型泵站，装机流量 50（含）～$200m^3/s$ 或装机功率 1 万（含）～3 万 kW 的泵站为大（2）型泵站；装机流量 10（含）～$50m^3/s$ 或装机功率 0.1 万（含）～1 万 kW 的泵站为中型泵站；装机流量 $10m^3/s$ 以下且装机功率 0.1 万 kW 以下的泵站为小型泵站，其中，装机流量 2（含）～$10m^3/s$ 或装机功率 0.01 万（含）～0.1 万 kW 的泵站为小（1）型泵站，装机流量 $2m^3/s$ 以下且装机功率 0.01 万 kW 以下的泵站为小（2）型泵站。

6. 灌区

灌区是指总灌溉面积在 50 亩及以上由单一水源或多水源联合调度供水且水源有保障，有统一的管理主体，由灌溉排水工程系统控制的区域。灌溉面积是指在现有水源和工程条件下，在一般来水年份能够进行正常灌溉的面积。普查灌溉面积 50 亩及以上的所有灌区，包括国家、集体、企业、个人所建灌区，不包括由于水源条件或灌溉系统发生变化等原因造成灌溉功能丧失，或连续超过 5 年没有使用的灌区及灌溉工程。普查我国耕地、园地、林地、草地等土地上的灌溉面积，不含城市绿化带及铁路、公路、公用设施等征地范围内的林木灌溉面积以及苇田面积等。设计灌溉面积 30 万亩及以上的灌区为大型灌区；设计灌溉面积 1 万（含）～30 万亩的灌区为中型灌区；设计灌溉面积 1 万亩以下的灌区为小型灌区。

7. 河湖取水口

河湖取水口是指利用取水工程从河流（含河流上的水库）、湖泊上取水，向河道外供水的取水口。普查江河湖库上的所有取水口，不含渠道上的取水口、独立坑塘上的取水口、注入式平原水库的取水口，以及移动泵机（或泵船）取水口等。按照取水流量和取水量分为规模以上取水口和规模以下取水口进行普查，农业取水流量 $0.20m^3/s$ 及以上和其他用途年取水量 15 万 m^3 及以上的河湖取水口为规模以上取水口，农业取水流量 $0.20m^3/s$ 以下和其他用途年取水量 15 万 m^3 以下的河湖取水口为规模以下取水口。

8. 地下水取水井

地下水取水井包括机电井和人力井。机电井是指以电动机、柴油机等动力机械带动水泵抽取地下水的水井。人力井是指以人力或畜力提取地下水的水井。普查未报废的地下水取水井，不含排水井（如矿区疏排水井、工程降水井等）、专用回灌井、专用观测井、地下水地源热泵系统水井，以及地下水截潜流工程（包括坎儿井、截流坝等）。按照井口井管内径和日取水量分为规模以上机电井和规模以下机电井进行普查，井口井管内径 200mm 及以上的灌溉机电井和日取水量 $20m^3$ 及以上的供水机电井为规模以上机电井，井口井管内径 200mm 以下的灌溉机电井和日取水量 $20m^3$ 以下的供水机电井为规模以下机电井。

9. 农村供水工程

农村供水工程是指向广大农村的镇区、村庄等居民点和分散农户供给生活和生产等用水，以满足村镇居民和企事业单位日常用水需要为主的供水工程，包括集中式供水工程和分散式供水工程。集中式供水指以村镇为单位，从水源集中取水、输水、净水，通过输配水管网送到用户或者集中供水点的供水系统，包括自建设施供水。本次农村供水工程普查定义集中式供水工程为集中供水人口在 20 人及以上，且有输配水管网的供水工程；分散式供水工程指除集中式供水工程以外的，无配水管网，以单户或联户为单元的供水工程。范围包括普查县城（不含县城城区）以下的乡镇、村庄、学校，以及国有农（林）场、新疆生产建设兵团团场和连队的供水工程。本次普查的集中式供水工程分为城镇管网延伸工程、联村工程和单村工程 3 种类型；分散式供水工程分为分散供水井工程、引泉供水工程和雨水集蓄供水工程 3 种类型。

10. 塘坝与窖池

塘坝工程是指在地面开挖修建或在洼地上形成的拦截和贮存当地地表径流，用于农业灌溉、农村供水的蓄水设施。窖池工程是指采取防渗措施拦蓄、收集天然来水，用于农业灌溉、农村供水的蓄水工程，一般包括水窖、水窑、水池、水柜等形式。本次普查容积 500m^3 及以上的塘坝工程、容积 10（含）～500m^3 的窖池工程，包括进行农业灌溉或农村供水的鱼塘及荷塘，不包含因水毁、淤积等原因而报废的塘坝和窖池。

第二节　水　　库

一、水库数量与分布

（一）水库数量

全国共有总库容 10 万 m^3 及以上水库 97985 座（其中已建水库 97229 座，在建水库 756 座），总库容 9323.77 亿 m^3（已建水库总库容 8104.35 亿 m^3，在建水库总库容 1219.42 亿 m^3），其中，兴利库容 4699.01 亿 m^3，防洪库容 1778.01 亿 m^3。按水库规模分，大型水库 756 座，总库容 7499.34 亿 m^3；中型水库 3941 座，总库容 1121.23 亿 m^3；小型水库 93288 座，总库容 703.20 亿 m^3。全国不同规模水库数量与库容见表 3－2－1，全国不同规模水库数量比例及总库容比例分别见图 3－2－1 和图 3－2－2。

表 3－2－1　　全国不同规模水库数量与库容

水库规模		水库数量/座	总库容/亿 m^3	兴利库容/亿 m^3	防洪库容/亿 m^3
合计		97985	9323.77	4699.01	1778.01
大型	小计	756	7499.34	3602.35	1490.27
	大（1）	127	5665.07	2749.02	1196.07
	大（2）	629	1834.27	853.33	294.20
中型		3941	1121.23	648.3	190.59
小型	小计	93288	703.20	448.35	97.16
	小（1）	17947	496.35	310.08	72.22
	小（2）	75341	206.85	138.27	24.94

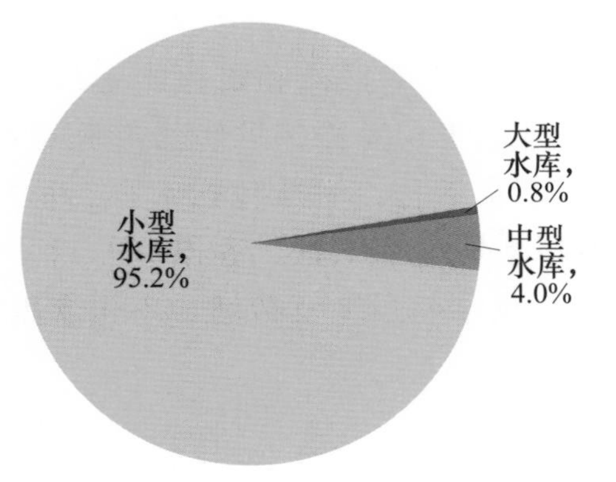

图3-2-1　全国不同规模水库数量比例

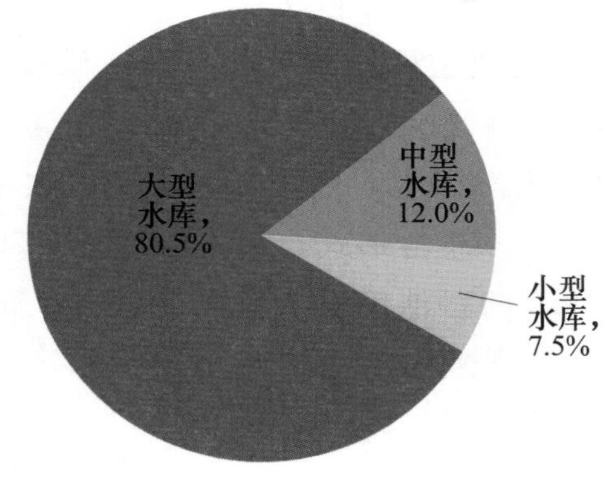

图3-2-2　全国不同规模水库总库容比例

按水库所处地形分，全国共有山丘水库70536座，总库容8588.25亿m^3，分别占全国水库数量和总库容的72.0%和92.1%；平原水库27449座，总库容735.52亿m^3，分别占全国水库数量和总库容的28.0%和7.9%。

按水库主要挡水建筑物类型分，全国主要挡水建筑物为挡水坝的水库（以下简称“有坝水库”）共97671座，总库容9248.26亿m^3，分别占全国水库数量和总库容的99.7%和99.2%；主要挡水建筑物为挡水闸的水库共314座，总库容75.51亿m^3，分别占全国水库数量和总库容的0.3%和0.8%。在全国有坝水库中，共有高坝水库❶506座，总库容5309.40亿m^3，分别占全国有坝水库数量和总库容的0.5%和57.4%；中坝水库5979座，总库容2203.75亿m^3，分别占全国有坝水库数量和总库容的6.1%和23.8%；低坝水库91186座，总库容1735.11亿m^3，分别占全国有坝水库数量和总库容的93.4%和18.8%。

按水库主坝建筑材料❷分，全国共有土石坝水库88900座，总库容4157.04亿m^3，分别占全国有坝水库数量和总库容的91.0%和44.9%；浆砌石坝水库5972座，总库容304.23亿m^3，分别占6.1%和3.3%；混凝土坝水库2440座，总库容4719.14亿m^3，分别占2.5%和51.0%。按水库主坝坝型结构分，全国共有重力坝水库4364座，总库容4055.92亿m^3，分别占全国有坝水库数量和总库容的4.5%和43.9%；拱坝水库3954座，总库容872.39亿

❶　高坝水库：主坝坝高≥70m的水库；中坝水库：30m≤主坝坝高<70m的水库；低坝水库：主坝坝高<30m的水库。

❷　按《普查实施方案》，水库大坝坝型包括两种分类方式，一种是按建筑材料分类，可分为混凝土坝、碾压混凝土坝、土坝、浆砌石坝和堆石坝等；另一种是按结构分类，可分为重力坝、拱坝、均质坝、支墩坝、均质坝、心墙坝、斜墙坝和面板坝等。

m^3，分别占4.0%和9.4%；均质坝水库66335座，总库容1549.66亿m^3，分别占67.9%和16.8%；心墙坝水库20400座，总库容1617.21亿m^3，分别占20.9%和17.5%。

从水库建设年代看，20世纪50—70年代，水库数量由新中国成立以前已建的348座，增加到77975座，总库容由271.63亿m^3增加到3672.54亿m^3，分别占全国水库数量和总库容的79.6%和39.4%；20世纪90年代，共建成水库5482座，总库容960.52亿m^3，分别占全国水库数量和总库容的5.6%和10.3%。2000年至普查时点（2011年12月31日），所建水库多为以发电、防洪为主的大中型综合利用水库，共建设水库6742座（其中在建水库756座），总库容3793.43亿m^3（其中在建水库总库容1219.42亿m^3），分别占全国水库数量和总库容的6.9%和40.7%。

（二）水库分布

1. 区域分布

我国水库数量分布呈现南方多、北方少，中部地区多、东西部地区少的特点。从水资源一级区分布情况看，长江区和珠江区水库数量为51655座和16588座，分别占全国水库数量的52.7%和16.9%；辽河区和西北诸河区水库数量为1276座和1026座，分别占1.3%和1.0%。长江区和珠江区水库总库容为3608.69亿m^3和1507.85亿m^3，分别占全国水库总库容的38.7%和16.2%；海河区和西北诸河区水库总库容为332.7亿m^3和229.33亿m^3，分别占3.6%和2.5%。长江区和珠江区大型水库数量为283座和119座，分别占全国大型水库数量的37.4%和15.7%；海河区和西南诸河区大型水库为36座和29座，分别占4.8%和3.8%。水资源一级区不同规模水库数量与库容见表3-2-2，全国大型水库分布见附图B4。

表3-2-2　　水资源一级区不同规模水库数量与库容

水资源一级区	数量/座	总库容/亿m^3	防洪库容/亿m^3	兴利库容/亿m^3
全国	97985	9323.77	1778.01	4699.01
北方地区	19791	3042.63	669.48	1480.98
南方地区	78194	6281.14	1108.53	3218.03
松花江区	2710	572.24	128.42	302.24
辽河区	1276	494.44	60.80	233.07
海河区	1854	332.70	93.32	159.22
黄河区	3339	906.34	251.98	446.52
淮河区	9586	507.58	107.32	183.24

续表

水资源一级区	数量/座	总库容/亿 m^3	防洪库容/亿 m^3	兴利库容/亿 m^3
长江区	51655	3608.69	763.84	1857.77
其中：太湖流域	447	19.14	6.13	9.16
东南诸河区	7581	608.34	73.83	323.69
珠江区	16588	1507.85	226.30	732.21
西南诸河区	2370	556.27	44.57	304.36
西北诸河区	1026	229.33	27.62	156.68

从省级行政区分布情况看，水库主要分布在湖南、江西、广东、四川、湖北、山东和云南7省，其水库数量占全国水库总数量的61.7%，分别为14.4%、11.0%、8.6%、8.3%、6.6%、6.6%和6.2%；水库总库容较大的是湖北❶、云南、广西、四川、湖南、贵州和广东7省（自治区），占全国水库总库容的51.9%，分别为13.5%、8.1%、7.7%、7.0%、5.7%、5.0%和4.9%。大型水库主要分布在湖北、广西、四川、湖南、云南、广东、山东和辽宁8省（自治区），占全国大型水库数量的51.2%，分别为10.2%、8.1%、6.6%、6.2%、5.2%、5.2%、4.9%和4.8%；中小型水库主要分布在湖南、江西、广东、四川、山东和湖北6省，占全国中小型水库数量的55.6%，分别为14.5%、11.1%、8.6%、8.3%、6.6%和6.6%。省级行政区水库数量与总库容见附表A4，省级行政区水库数量与总库容分别见图3-2-3和图3-2-4。

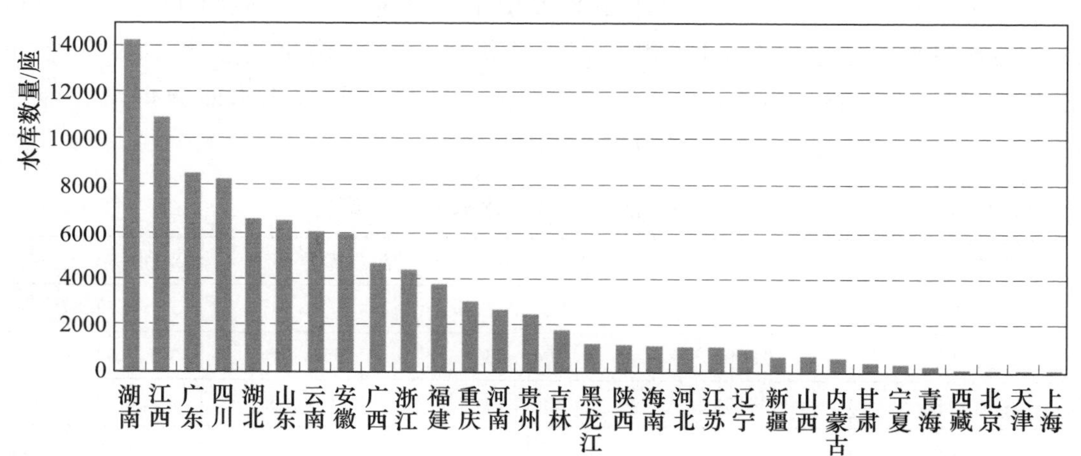

图3-2-3 省级行政区水库数量

❶ 根据《普查实施方案》，对于跨界的水利工程，由工程基层管理单位所在的县级普查机构负责填报普查表，分省汇总时则计入该县级普查机构所在的省级行政区。如三峡水库虽地跨湖北和重庆，但由于基层管理单位在湖北省宜昌市夷陵区，汇总时将三峡水库计入湖北省。

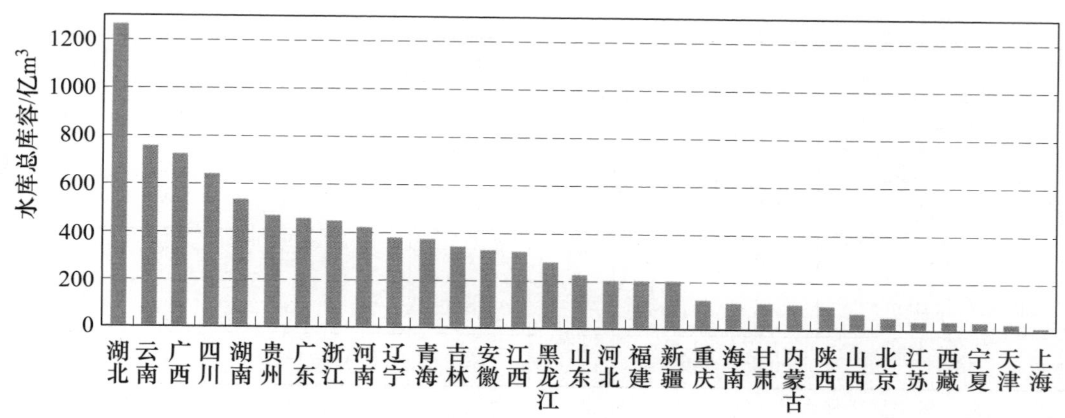

图3-2-4　省级行政区水库总库容

2. 河流分布

在我国流域面积50km²及以上的河流中，建有水库的河流共11025条，占全国河流数量的24.4%，共建有水库96529座，总库容9260.23亿m³。

在建有水库的河流中，流域面积1000km²以下的河流上共有水库59204座，总库容1792.41亿m³，分别占我国河流水库数量和总库容的61.3%和19.4%；流域面积1000（含）～10000km²的河流上共有水库24999座，总库容1893.49亿m³，分别占我国河流水库数量和总库容的25.9%和20.4%；流域面积1万（含）～10万km²的河流上共有水库10240座，总库容2558.55亿m³，分别占我国河流水库数量和总库容的10.6%和27.6%；流域面积10万km²及以上的河流共有水库2086座，总库容3015.78亿m³，分别占我国河流上水库数量和总库容的2.2%和32.6%。全国不同流域面积河流上的水库数量与总库容见表3-2-3，全国不同流域面积河流上的水库数量与总库容见图3-2-5。

表3-2-3　　全国不同流域面积河流上的水库数量与总库容

流域面积/km²	合计		大型水库		中型水库		小型水库	
	数量/座	总库容/亿m³	数量/座	总库容/亿m³	数量/座	总库容/亿m³	数量/座	总库容/亿m³
一、1000以下	59204	1792.41	194	723.09	2431	632.99	56579	436.34
（1）200以下	30016	931.34	55	440.50	1142	258.70	28819	232.14
（2）200（含）～1000	29188	861.07	139	282.58	1289	374.29	27760	204.20
二、1000（含）～1万	24999	1893.49	263	1417.31	970	302.82	23766	173.37
（1）1000（含）～3000	14066	740.44	128	478.24	531	162.00	13407	100.21

续表

流域面积/km^2	合计		大型水库		中型水库		小型水库	
	数量/座	总库容/亿 m^3	数量/座	总库容/亿 m^3	数量/座	总库容/亿 m^3	数量/座	总库容/亿 m^3
（2）3000（含）～1万	10933	1153.05	135	939.07	439	140.82	10359	73.16
三、1万（含）～10万	10240	2558.55	204	2338.58	433	147.85	9603	72.12
四、10万及以上	2086	3015.78	91	2973.91	80	29.25	1915	12.63
合 计	96529	9260.23	752	7452.88	3914	1112.90	91863	694.45

注　本次普查河流上水库工程的统计汇总规定，对位于流域面积 50km^2 以下河流上的水库工程，其普查数据汇入流域面积 50km^2 及以上的最小一级河流中，因此，在大江大河干流汇总数据中，包含了直接汇入干流的流域面积 50km^2 以下河流上的小型工程。

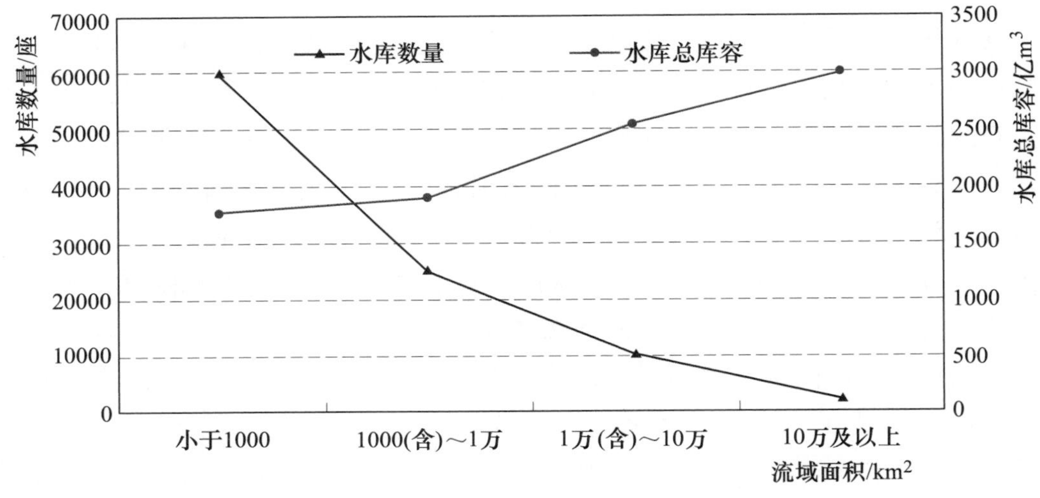

图 3-2-5　全国不同流域面积河流上的水库数量与总库容

二、水库功能与作用

水库功能与作用主要包括防洪、发电、供水、灌溉、航运和养殖等。水库一般都具有两种及以上功能。对于这种情况，在普查“水库工程任务”时，允许重复统计。因此，区域不同功能的水库数量、总库容、兴利库容和防洪库容的合计值一般大于该区域的水库数量、总库容、兴利库容和防洪库容。

在全国 97985 座水库中，具有 2 项及以上功能的水库共 83372 座，总库容 7715.40 亿 m^3，分别占全国水库数量和总库容的 85.1%和 82.7%；仅具有 1 项功能的水库共 14613 座，总库容 1608.37 亿 m^3，分别占全国水库数量和总库容的14.9%和17.3%。

全国有防洪任务的水库共49849座，总库容7011.20亿m^3，分别占全国水库数量和总库容的50.9%和75.2%，其中已建水库49573座，总库容6119.39亿m^3，防洪库容1600.97亿m^3。有发电任务的水库共7520座，总库容7179.19亿m^3，分别占全国水库数量和总库容的7.7%和77.0%，其中已建水库7204座，总库容6129.13m^3，兴利库容3109.65亿m^3。有供水任务的水库共69446座，总库容4303.55亿m^3，分别占全国水库数量和总库容的70.9%和46.2%，其中已建水库69087座，总库容4082.21亿m^3，兴利库容2103.85亿m^3。有灌溉任务的水库共88350座，总库容4163.59亿m^3，分别占全国水库数量和总库容的90.2%和44.7%，其中已建水库87975座，总库容3973.58亿m^3，兴利库容2036.03亿m^3。全国不同功能的水库数量与特征库容[1]见表3-2-4。

表3-2-4　全国不同功能的水库数量与特征库容

不同功能水库	数量/座	总库容/亿m^3	兴利库容/亿m^3	防洪库容/亿m^3
有防洪任务的水库	49849	7011.20	3522.06	1778.01
有发电任务的水库	7520	7179.19	3577.69	1384.69
有供水任务的水库	69446	4303.55	2199.03	930.76
有灌溉任务的水库	88350	4163.59	2129.37	890.45
有航运任务的水库	202	2316.16	1013.80	592.15
有养殖任务的水库	30579	2768.72	1462.66	538.38

从水资源一级区看，长江区、淮河区和珠江区有防洪任务的水库数量占全国有防洪任务的水库比例较大，分别为56.2%、14.3%和10.7%；长江区、东南诸河区和珠江区有发电任务的水库数量比例较大，分别为38.0%、27.5%和24.3%；长江区、珠江区和淮河区有供水任务的水库数量比例较大，分别为62.1%、13.0%和9.0%；长江区和珠江区有灌溉任务的水库数量比例较大，分别为55.7%和17.0%。

已建水库中，长江区、黄河区和珠江区有防洪任务水库的防洪库容占全国的防洪库容比例较大，分别为40.3%、15.4%和13.6%；长江区、珠江区和黄河区有发电任务水库的兴利库容占全国的比例较大，分别为39.2%、14.7%

[1] 特征库容：是相应于水库特征水位以下或两特征水位之间的水库容积，包括死库容、兴利库容、防洪库容、调洪库容、重叠库容、总库容等。

表 3－2－5　　水资源一级区不同功能的水库数量与特征库容

水资源一级区	不同功能水库																	
	有防洪任务的水库			有发电任务的水库			有供水任务的水库			有灌溉任务的水库			有航运任务的水库			有养殖任务的水库		
	数量/座	总库容/亿 m^3	已建水库防洪库容/亿 m^3	数量/座	总库容/亿 m^3	已建水库兴利库容/亿 m^3	数量/座	总库容/亿 m^3	已建水库兴利库容/亿 m^3	数量/座	总库容/亿 m^3	已建水库兴利库容/亿 m^3	数量/座	总库容/亿 m^3	已建水库兴利库容/亿 m^3	数量/座	总库容/亿 m^3	已建水库兴利库容/亿 m^3
全国	49849	7011.20	1600.97	7520	7179.19	3109.65	69446	4303.55	2103.85	88350	4163.59	2036.03	202	2316.16	847.31	30579	2768.72	1436.23
北方地区	14046	2643.73	654.95	643	2045.59	1008.06	10841	1670.16	772.01	16237	1752.11	764.53	16	309.71	181.97	6150	1560.85	826.83
南方地区	35803	4367.47	946.02	6877	5133.60	2101.59	58605	2633.39	1331.84	72113	2411.48	1271.50	186	2006.45	665.34	24429	1207.88	609.40
松花江区	1882	471.53	126.42	97	422.61	224.37	1225	226.70	121.33	2146	280.05	147.60	2	195.98	121.32	1721	482.28	255.80
辽河区	1072	440.20	60.19	102	405.41	193.95	553	278.97	116.20	903	233.48	95.65	1	34.60	8.20	647	379.84	175.20
海河区	1563	301.88	92.62	71	176.42	97.57	1082	310.52	146.54	1416	258.09	116.71	2	0.93	0.47	207	83.58	23.67
黄河区	2076	804.19	246.67	125	717.64	350.18	1297	424.91	168.59	2178	367.79	157.27	1	57.00	41.50	656	386.96	259.15
淮河区	7115	476.92	105.46	164	214.19	89.82	6223	346.73	161.94	8722	482.45	169.33	10	21.21	10.48	2817	200.64	92.23
长江区	28027	2731.84	645.10	2854	3023.12	1219.04	43143	1576.60	810.12	49205	1482.59	792.01	123	1372.44	590.29	20420	923.02	478.41
其中：太湖流域	319	17.48	5.50	25	10.41	3.80	262	14.40	7.15	419	14.27	6.24	1	0.01	0	52	5.32	1.68
东南诸河区	2183	496.93	73.38	2071	544.01	277.54	4263	190.93	113.18	5702	167.27	103.78	13	62.18	22.72	1219	73.72	44.34
珠江区	5354	834.57	218.39	1827	1059.28	456.95	9025	806.38	379.91	14979	702.92	348.40	48	323.41	52.34	2749	200.27	80.66
西南诸河区	239	304.13	9.16	125	507.19	148.06	2174	59.48	28.63	2227	58.69	27.31	2	248.42	0	41	10.87	5.98
西北诸河区	338	149.01	23.60	84	109.32	52.18	461	82.34	57.41	872	130.26	77.96	0	0	0	102	27.54	20.79

和11.3%；长江区和珠江区有供水任务水库的兴利库容占全国的比例较大，分别为38.5%和18.1%；长江区、珠江区和淮河区有灌溉任务水库的兴利库容占全国的比例较大，分别为35.6%、16.9%和11.6%。水资源一级区不同功能的水库数量与特征库容见表3-2-5。

从省级行政区看，有防洪任务的水库主要分布在湖南、四川、江西和山东4省，分别占全国有防洪任务水库数量的20.2%、12.9%、12.0%和11.6%；有发电任务的水库主要分布在福建、广东、浙江和湖南4省，分别占全国有发电任务水库数量的17.9%、14.3%、12.3%和9.8%；有供水任务的水库主要分布在湖南、江西、四川、云南和湖北5省，分别占全国有供水任务水库数量的19.2%、13.0%、9.0%、8.1%和7.8%；有灌溉任务的水库主要分布在湖南、江西、四川、广东和湖北5省，分别占全国有灌溉任务水库数量的15.5%、11.9%、8.6%、8.4%和7.0%。湖北、河南、广西、湖南和广东5省（自治区）有防洪任务的水库防洪库容占全国的比例较大，分别为22.3%、10.0%、7.7%、6.3%和5.4%；湖北、贵州、青海、湖南、浙江和广东6省有发电任务的水库兴利库容占全国的比例较大，分别为17.0%、7.0%、6.9%、6.8%、6.5%和5.8%；湖北、广东、江西、湖南、河南和广西6省（自治区）有供水任务的水库兴利库容占全国的比例较大，分别为15.4%、8.7%、6.6%、6.3%、6.0%和5.2%；湖北、江西、广东、湖南、广西、河南和黑龙江7省（自治区）有灌溉任务的水库兴利库容占全国的比例较大，分别为15.1%、7.2%、6.6%、6.4%、6.3%、6.1%和5.3%。省级行政区不同功能的水库数量与特征库容见附表A5。省级行政区不同功能的已建水库防洪库容与兴利库容分别见图3-2-6～图3-2-9。

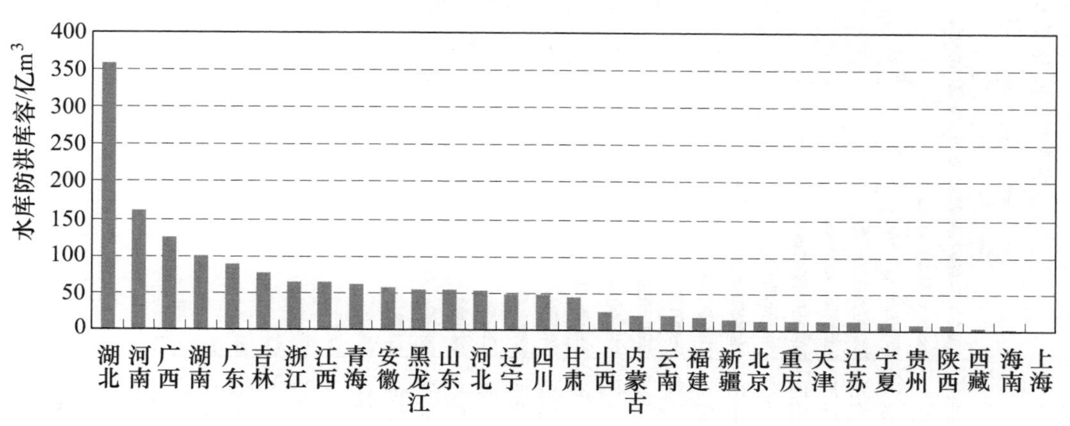

图3-2-6 省级行政区有防洪任务的已建水库防洪库容

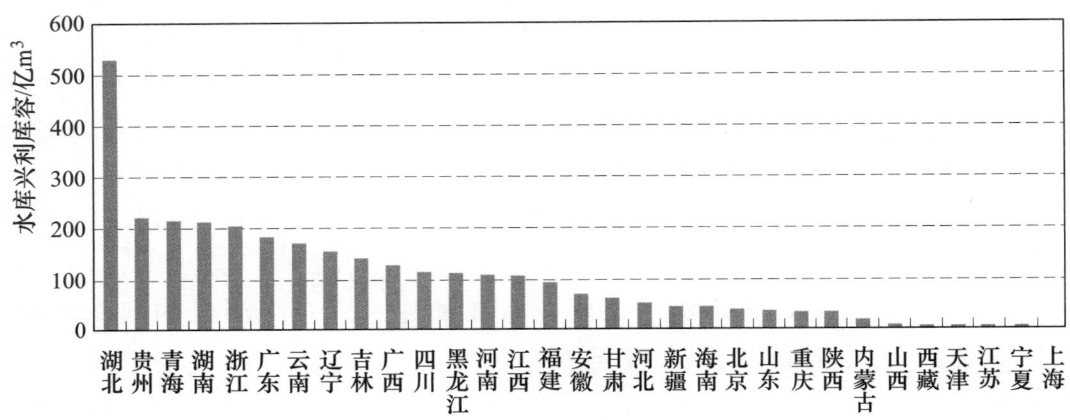

图 3-2-7　省级行政区有发电任务的已建水库兴利库容

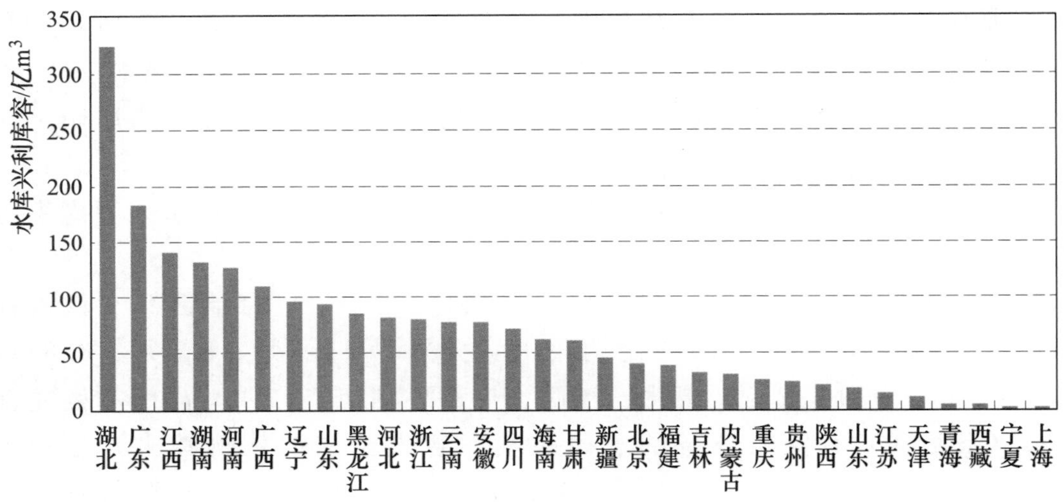

图 3-2-8　省级行政区有供水任务的已建水库兴利库容

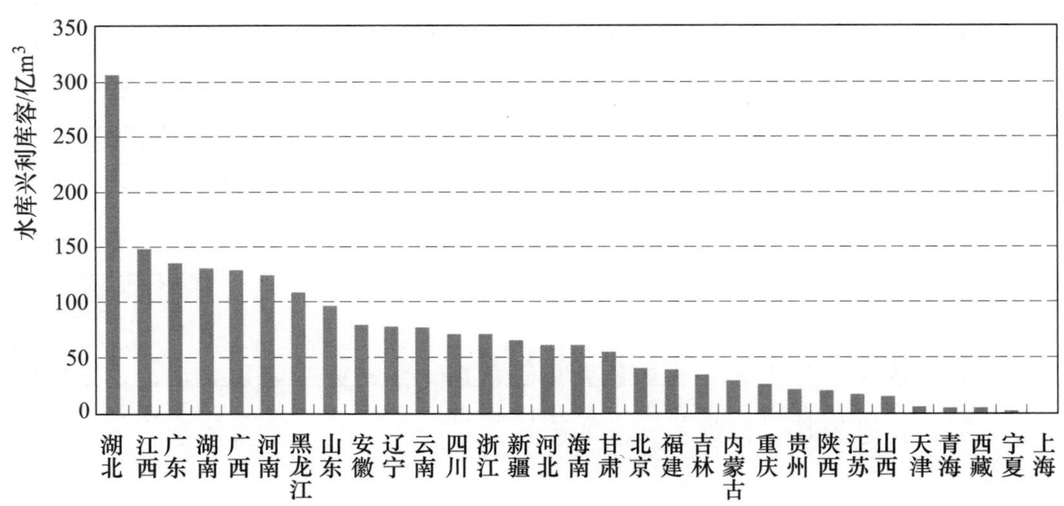

图 3-2-9　省级行政区有灌溉任务的已建水库兴利库容

三、水库调控能力

水库调控能力是指区域（或流域）内水库对上游来水的调节和控制能力，采用区域（或流域）水库总库容占其多年平均地表水资源量的比例或水库兴利库容占其多年平均地表水资源量的比例来表示。

全国共有10万m^3及以上的水库97985座，总库容共9323.77亿m^3，占全国地表水资源量的34.9%；兴利库容共4699亿m^3，占全国地表水资源量的17.6%。从不同规模水库总库容和兴利库容所占比例看，大型水库总库容和兴利库容占全国地表水资源量的28.1%和13.5%，起主要调控作用。

水资源一级区中，黄河区水库的调控能力较强，水库总库容占多年平均径流量的比例达149.3%；西北诸河区和西南诸河区水库调控能力较低，均不到20%；水库总库容较大的长江区和珠江区，其水库的调控能力分别为36.6%和32.0%。从水库兴利库容占多年平均径流量的比例看，黄河区、海河区和辽河区水库调控能力在50%以上，其他各区水库调控能力均不到30%，尤其是西南诸河区和西北诸河区水库调控能力在15%以下。总体看来，我国北方地区的水库调控能力高于南方地区。水资源一级区水库调控能力见表3-2-6，水资源一级区水库调控能力见图3-2-10。

表3-2-6　　水资源一级区水库调控能力

水资源一级区	数量/座	总库容/亿m^3		总库容占多年平均地表水资源量比例/%	兴利库容/亿m^3		兴利库容占多年平均地表水资源量比例/%
		合计	大型水库		合计	大型水库	
全国	97985	9323.78	7499.34	34.9	4699	3602.38	17.6
北方地区	19791	3042.63	2494.73	69.5	1480.97	1193.32	33.8
南方地区	78194	6281.15	5004.61	28.1	3218.03	2409.06	14.4
松花江区	2710	572.24	475.52	44.2	302.24	250.71	23.3
辽河区	1276	494.44	439.58	121.2	233.07	207.39	57.1
海河区	1854	332.7	271.44	154.0	159.22	125.88	73.7
黄河区	3339	906.34	788.39	149.3	446.52	400.25	73.5
淮河区	9586	507.58	370.55	75.0	183.24	107.38	27.1
长江区	51655	3608.69	2882.24	36.6	1857.77	1399.59	18.8
其中：太湖流域	447	19.14	11.36	12.0	9.16	4.52	5.7

续表

水资源一级区	数量/座	总库容/亿 m^3		总库容占多年平均地表水资源量比例/%	兴利库容/亿 m^3		兴利库容占多年平均地表水资源量比例/%
		合计	大型水库		合计	大型水库	
东南诸河区	7581	608.34	464.52	30.6	323.69	233.67	16.3
珠江区	16588	1507.85	1149.78	32.0	732.21	503.87	15.6
西南诸河区	2370	556.27	508.07	9.6	304.36	271.93	5.3
西北诸河区	1026	229.33	149.25	19.5	156.68	101.71	13.3

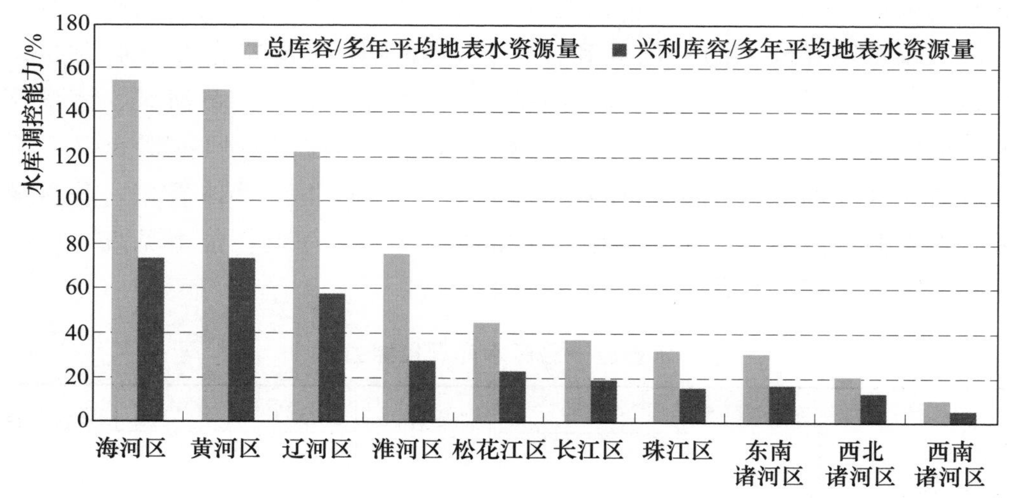

图 3-2-10 水资源一级区水库调控能力

第三节 堤 防

一、堤防级别

全国堤防总长度为 413713km，其中 5 级及以上堤防长度为 275531km（其中已建堤防长度 267568km，在建堤防长度 7963km），占全国堤防总长度的 66.6%；5 级以下的堤防长度为 138182km，占全国堤防总长度的 33.4%。

在全国 5 级及以上堤防中，1、2 级堤防长度占全国 5 级及以上堤防长度的 13.8%；3 级堤防长度占 11.9%；4、5 级堤防长度占 74.3%。全国 5 级及以上堤防长度见表 3-3-1，全国 1、2 级堤防分布见附图 B5。

表 3-3-1　全国 5 级及以上堤防长度

堤防级别	长度/km	比例/%	堤防级别	长度/km	比例/%
合计	275531	100	3 级	32671	11.9
1 级	10792	3.9	4 级	95524	34.6
2 级	27267	9.9	5 级	109277	39.7

从建设年代看，5 级及以上的堤防中，新中国成立以前建成的堤防 12580km，占全国 5 级及以上堤防长度的 4.6%；20 世纪 50—70 年代共建成堤防 132185km，占全国 5 级及以上堤防长度的 48%；20 世纪 80—90 年代，共建成堤防 55811km，占全国 5 级及以上堤防长度的 20.2%；2000 年以后共建设堤防 74954km，占全国 5 级及以上堤防长度的 27.2%。

我国 5 级及以上堤防分布呈现东中部地区多、西部地区少的特点。从省级行政区分布看，江苏、山东、广东、安徽、河南、湖北和浙江 7 省堤防分布较多，其堤防长度分别占全国的 18.0%、8.4%、8.0%、7.6%、6.7%、6.3% 和 6.3%。其中，1、2 级堤防主要分布在江苏、山东、湖北、河北、安徽和广东 6 省，其堤防长度分别占全国 1、2 级堤防长度的 13.6%、12.3%、8.6%、7.2%、7.2%和 7.0%；3 级堤防主要分布在江苏、广东、湖北、安徽、浙江和湖南 6 省，其堤防长度分别占全国 3 级堤防长度的 15.8%、15.3%、8.3%、8.0%、6.9%和 6.6%；4、5 级堤防主要分布在江苏、山东、河南、安徽、广东和浙江 6 省，其堤防长度分别占全国 4、5 级堤防长度的 19.1%、8.3%、8.1%、7.7%、7.1%和 6.9%。江苏、山东、广东、安徽、河南、湖北等省多位于大江大河中下游（或临海）地区，区域内河湖水系发达、人口众多，堤防建设相对较多，堤防级别也相对较高；位于大江大河上游和山谷区域的广西、云南、贵州、青海、宁夏、西藏等省（自治区），人口相对较少，堤防建设相对较少，堤防级别相对较低。省级行政区不同级别堤防长度见附表 A6。

二、堤防类型

堤防一般分为河（江）堤、湖堤、海堤和围（圩、圈）堤 4 种类型。在全国 5 级及以上堤防中，共有河（江）堤 229378km，占全国 5 级及以上堤防长度的 83.3%；湖堤 5631km，占 2%；海堤 10124km，占 3.7%；围（圩、圈）堤 30398km，占 11.0%。全国 5 级及以上不同类型堤防长度比例见图 3-3-1。

从省级行政区分布看，河（江）堤主要分布在江苏、山东、河南、安徽、广东和湖北 6 省，其长度分别占全国河（江）堤长度的 11.5%、9.7%、

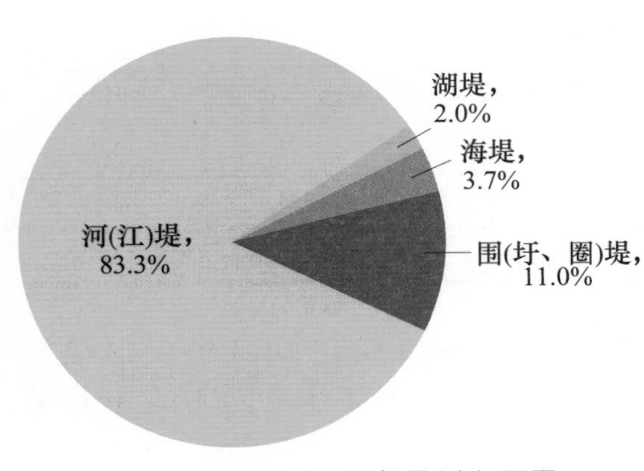

图 3-3-1　全国 5 级及以上不同类型堤防长度比例

8.0%、7.8%、7.6%和 6.6%；湖堤主要分布在水系发达、湖泊众多的湖北、江苏和安徽 3 省，其长度分别占全国湖堤长度的 22.6%、21.7%和 17.4%；海堤主要分布在沿海地区浙江、广东和福建 3 省，其长度分别占全国海堤长度的 26.6%、24.9%和 13.7%；江苏省的围（圩、圈）堤较多，其长度占全国围（圩、圈）堤长度的 68.9%。省级行政区不同类型堤防长度见附表 A7。

三、堤防达标情况

全国 5 级及以上堤防达标率为 61.6%。其中，1、2 级堤防达标率相对较高，均在 74%以上；3 级及以下堤防达标率为 60%左右。总体看来，级别较高的堤防达标率较高。全国 5 级及以上堤防达标长度与达标率见表 3-3-2。

表 3-3-2　　全国 5 级及以上堤防达标长度与达标率

堤防级别	达标长度/km	比例/%	堤防级别	达标长度/km	比例/%
合计	169773	61.6	3 级	21263	65.1
1 级	8801	81.6	4 级	58077	60.8
2 级	20390	74.8	5 级	61242	56

从省级行政区堤防达标情况看，宁夏、北京、贵州、青海、海南和四川 6 省（自治区、直辖市），达标率均在 85%以上；湖北、湖南、黑龙江、天津、河

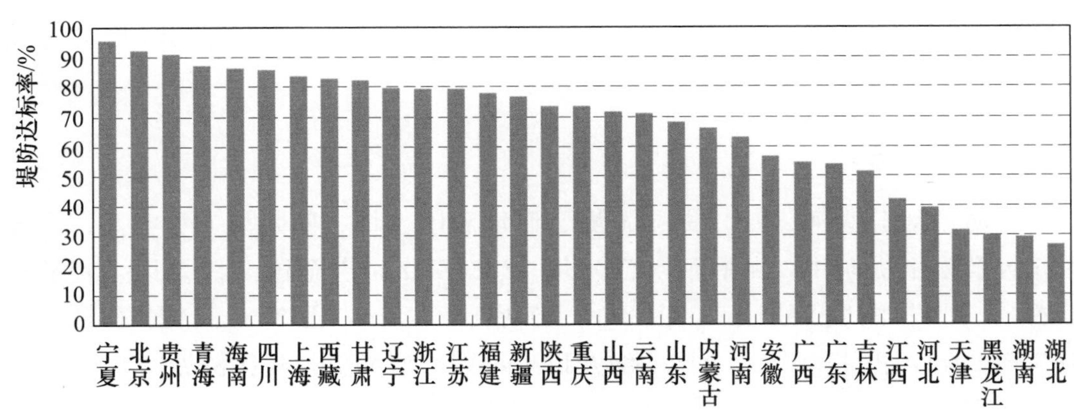

图 3-3-2　省级行政区 5 级及以上堤防达标率

北和江西 6 省（直辖市），达标率在 50%以下。省级行政区 5 级及以上堤防达标率见图 3-3-2。

第四节　水　电　站

一、水电站数量与规模

全国共有水电站 46696 座，装机容量 33286.2 万 kW。其中，装机容量 500kW 及以上水电站 22179 座（已建水电站 20855 座，在建水电站 1324 座），装机容量 32728.1 万 kW（已建水电站装机容量 21735.8 万 kW，在建水电站装机容量 10992.3 万 kW），分别占全国水电站数量和装机容量的 47.5%和 98.3%；装机容量小于 500kW 的水电站 24517 座，装机容量 558.2 万 kW，分别占全国水电站数量和装机容量的 52.5%和 1.7%。

装机容量 500kW 及以上的水电站中，大、中型水电站数量较少，仅占全国的 2.8%，但装机容量却占全国的 79.1%；小型水电站数量较多，但装机容量较小，仅占全国的 20.9%。全国 500kW 及以上不同规模水电站数量与装机容量见表 3-4-1，全国 500kW 及以上不同规模水电站数量比例及装机容量比例分别见图 3-4-1 和图 3-4-2。

表 3-4-1　全国 500kW 及以上不同规模水电站数量与装机容量

水电站规模		数量/座	装机容量/万 kW	水电站规模		数量/座	装机容量/万 kW
合计		22179	32728.1	中型		477	5242.0
大型	小计	142	20664.0	小型	小计	21560	6822.1
	大（1）	56	15485.5		小（1）	1684	3461.4
	大（2）	86	5178.5		小（2）	19876	3360.7

按水电站开发方式分，全国 500kW 及以上的水电站中，共有闸坝式水电站[1] 3310 座，装机容量 18086.6 万 kW，分别占全国水电站数量和装机容量的

[1] 闸坝式水电站：指拦河筑坝或建闸，以集中天然河道的落差，在坝的上游形成水库，对天然径流进行再分配发电的水电站；引水式水电站：指上游引水渠首建低堰，以集中水量，通过无压引水道引水至电站前池，以集中落差，通过压力管道至电站发电的水电站；混合式水电站：指前两种方式结合，即修筑大坝形成有调节径流能力的水库，再通过有压输水道至下游建厂发电的水电站；抽水蓄能电站：指用水泵将低水池或河流中的水抽至高水池蓄存起来，需要时用高水池存蓄的水通过水轮机发电，水回至低水池，循环运用的水电站。

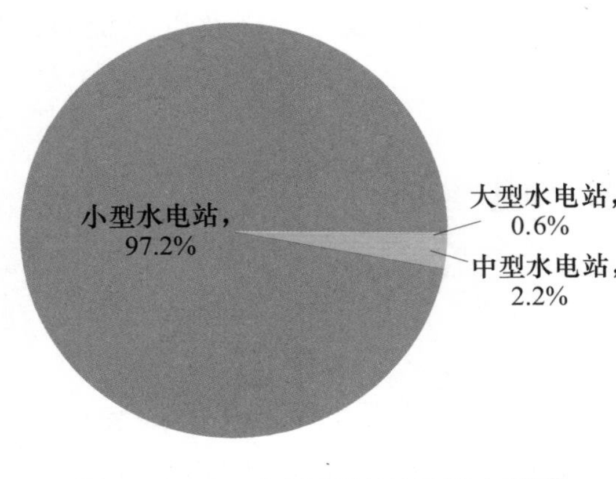

图 3-4-1　全国 500kW 及以上不同规模水电站数量比例

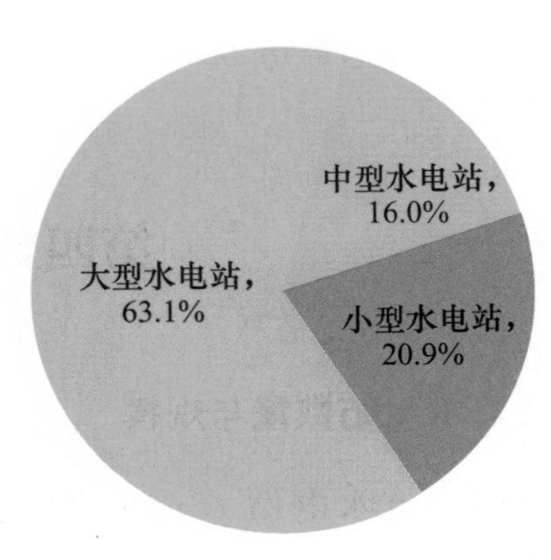

图 3-4-2　全国 500kW 及以上不同规模水电站装机容量比例

14.9%和 55.3%；引水式水电站 16403 座，装机容量 8198 万 kW，分别占全国水电站数量和装机容量的 74.0%和 25.1%；混合式水电站 2438 座，装机容量 3911 万 kW，分别占全国水电站数量和装机容量的 11.0%和 11.9%；抽水蓄能电站 28 座，装机容量 2532.5 万 kW，分别占全国水电站数量和装机容量的 0.1%和 7.7%。

按水电站的额定水头分，全国 500kW 及以上的水电站中，共有高水头电站❶ 3258 座，装机容量 6866.5 万 kW，分别占全国水电站数量和装机容量的 14.7%和 21.0%；中水头电站 10293 座，装机容量 20306.2 万 kW，分别占全国水电站数量和装机容量的 46.4%和 62.1%；低水头电站 8628 座，装机容量 5535.3 万 kW，分别占全国水电站数量和装机容量的 38.9%和 16.9%。

从建设年代看，新中国成立前建成的水电站有 13 座，装机容量 140.3 万 kW，分别占全国 500kW 及以上水电站数量和装机容量的 0.1%和 0.4%；20 世纪 50—70 年代水电站数量增加了 2608 座，装机容量增加了 1913.3 万 kW，分别占全国 500kW 及以上水电站数量和装机容量的 11.8%和 5.8%；2000 年后，共建设水电站 13182 座，新增装机容量 26147.4 万 kW，分别占全国 500kW 及以上水电站数量和装机容量的 59.4%和 79.9%。

二、水电站分布

500kW 及以上的水电站数量和装机容量均呈现南方地区多、北方地区少的特点。水资源一级区中，长江区和珠江区的水电站数量分别占全国 500kW

---

❶ 高水头电站：额定水头≥200m 的水电站；中水头电站：40m≤额定水头<200m 的水电站；低水头电站：额定水头<40m 的水电站。

及以上水电站数量的44.8%和25.4%，装机容量分别占全国水电站装机容量的57.5%和12.5%；松花江区、辽河区和海河区的水电站数量分别占全国500kW及以上水电站数量的0.8%、1.0%和1.1%，装机容量分别占全国水电站装机容量的1.6%、1.0%和1.7%。长江区、珠江区和黄河区的大型水电站较多，分别占全国大型水电站数量的50.7%、13.4%和13.4%。水资源一级区不同规模水电站数量与装机容量见表3-4-2，全国大型水电站分布见附图B6。

表3-4-2　水资源一级区不同规模水电站数量与装机容量

水资源一级区	合计		大型水电站		中型水电站		小型水电站	
	数量/座	装机容量/万kW	数量/座	装机容量/万kW	数量/座	装机容量/万kW	数量/座	装机容量/万kW
全国	22179	32728.0	142	20664.0	477	5242.0	21560	6822.1
北方地区	1913	4960.1	31	3221.4	79	975.8	1803	762.8
南方地区	20266	27767.9	111	17442.5	398	4266.2	19757	6059.3
松花江区	181	536.1	3	335.3	8	114.6	170	86.3
辽河区	217	313.0	2	151.5	8	102.0	207	59.6
海河区	245	546.3	4	420.0	4	61.2	237	65.1
黄河区	569	2758.2	19	2201.8	23	305.8	527	250.6
淮河区	207	66.7	0	0	2	13.0	205	53.7
长江区	9934	18823.8	72	12795.5	262	2844.8	9600	3183.5
其中：太湖流域	41	445.0	3	430.0	1	10.0	37	5.0
东南诸河区	3637	1847.1	10	683.5	27	243.8	3600	919.8
珠江区	5623	4098.0	19	2194.0	63	644.0	5541	1260.0
西南诸河区	1072	2999.1	10	1769.5	46	533.6	1016	696.0
西北诸河区	494	739.7	3	112.9	34	379.2	457	247.5

从省级行政区看，500kW及以上的水电站主要分布在广东、四川、福建、湖南和云南5省，其水电站数量分别占全国的15.3%、12.3%、11.1%、10.1%和7.2%。大型水电站主要分布在山区河流较多的四川、云南、贵州、湖北、青海和广西6省（自治区），其大型水电站数量占全国大型水电站数量的57.7%。四川、云南和湖北3省的水电站装机容量较大，分别占全国的23.0%、17.4%和11.2%，共计51.6%。省级行政区不同规模水电站数量与装机容量见附表A8，省级行政区水电站数量与装机容量分别见图3-4-3和图3-4-4。

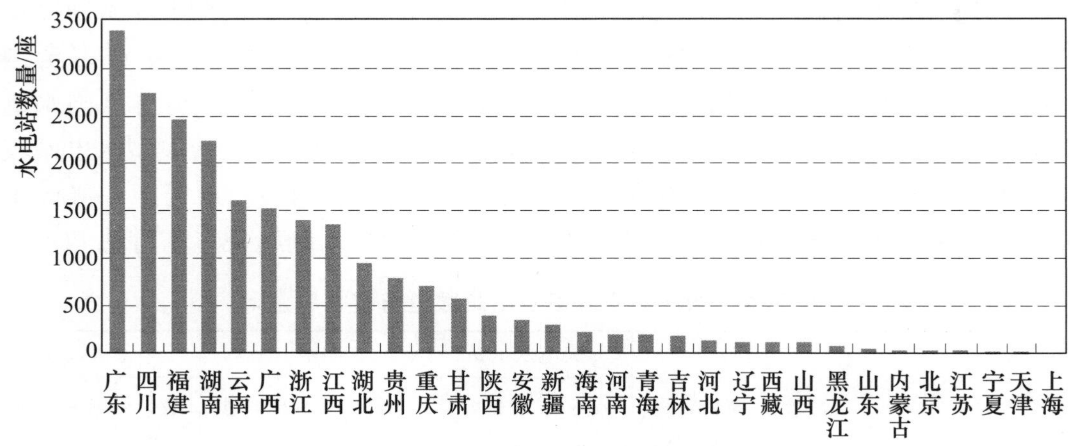

图 3-4-3　省级行政区水电站数量

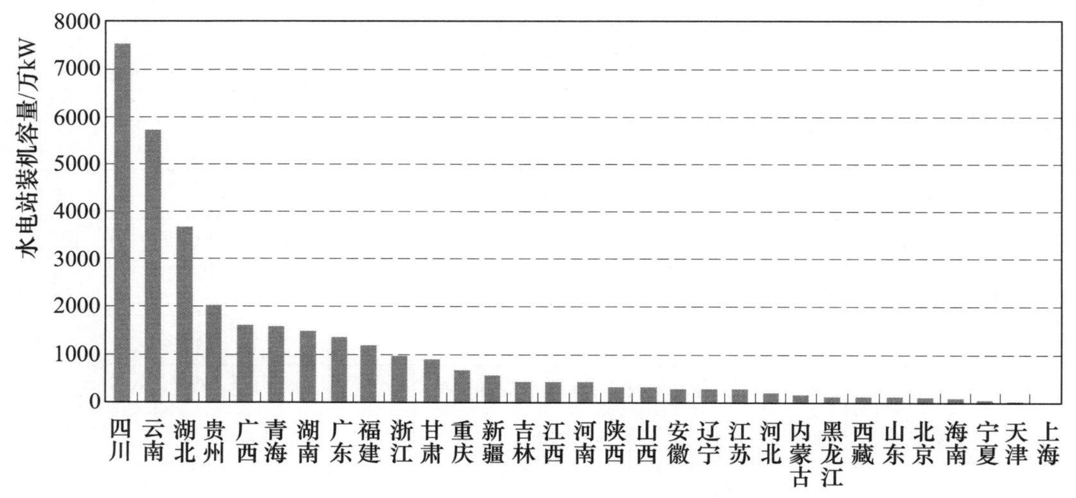

图 3-4-4　省级行政区水电站装机容量

三、2011 年发电量

我国 500kW 及以上的水电站多年平均发电量[1]为 11566.35 亿 kW·h，2011 年发电量为 6572.96 亿 kW·h。其中，已建水电站多年平均发电量为 7544.08 亿 kW·h，2011 年发电量为 6239.99 亿 kW·h，占全国 2011 年发电量的 94.9%；在建水电站 2011 年发电量为 332.97 亿 kW·h，占全国 2011 年发电量的 5.1%。

从水电站的开发方式看，闸坝式水电站的多年平均发电量和 2011 年发电

[1] 指设计多年平均发电量。

量均较大，分别占全国水电站多年平均发电量和 2011 年发电量的 58.5%和 56.4%；引水式水电站次之，其多年平均发电量和 2011 年发电量分别占全国的 26.9%和 26.8%。全国 500kW 及以上不同开发方式水电站年发电量见表 3-4-3。全国 500kW 及以上不同开发方式水电站多年平均发电量比例和 2011 年发电量比例分别见图 3-4-5 和图 3-4-6。

表 3-4-3 全国 500kW 及以上不同开发方式水电站年发电量 单位：亿 kW·h

水电站开发方式	多年平均发电量			2011 年发电量
	合计	已建水电站	在建水电站	
合计	11566.35	7544.08	4022.27	6572.96
闸坝式	6765.91	4222.03	2543.88	3708.91
引水式	3112.03	2077.84	1034.19	1761.32
混合式	1418.03	1050.82	367.21	969.31
抽水蓄能	270.38	193.39	76.99	133.42

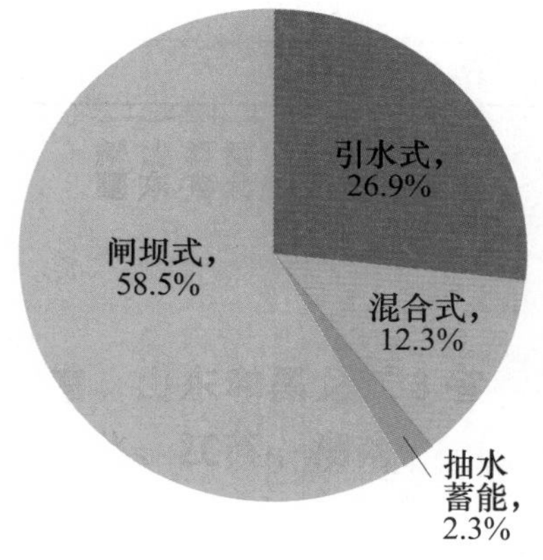

图 3-4-5 全国 500kW 及以上不同开发方式水电站多年平均发电量比例

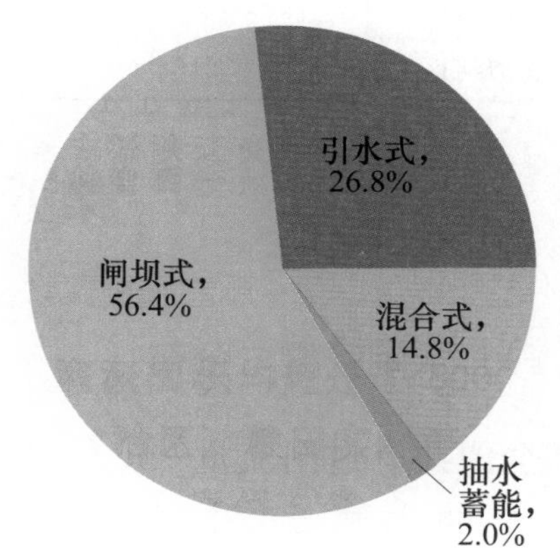

图 3-4-6 全国 500kW 及以上不同开发方式水电站 2011 年发电量比例

从我国水电站 2011 年发电量分布看，南方地区高于北方地区，西部地区高于东中部地区。水资源一级区中，长江区、珠江区、西南诸河区和黄河区 2011 年发电量较大，分别占全国 2011 年发电量的 53.8%、13.8%、11.9%和 10.2%；省级行政区中，四川、湖北和云南 3 省 2011 年发电量较大，分别占全国 2011 年发电量的 19.9%、17.9%和 14.7%。水资源一级区 500kW 及以上水电站年发电量见表3-4-4。省级行政区 500kW 及以上水电站年发电量见附表 A9。

表 3-4-4　　水资源一级区 500kW 及以上水电站年发电量　　单位：亿 kW·h

水资源一级区	多年平均发电量			2011 年发电量
	合计	已建水电站	在建水电站	
全国	11566.37	7544.09	4022.28	6572.97
北方地区	1296.80	878.30	418.50	1012.12
南方地区	10269.57	6665.79	3603.78	5560.85
松花江区	93.32	79.65	13.67	75.45
辽河区	85.40	65.32	20.08	64.17
海河区	44.57	25.80	18.77	25.28
黄河区	827.97	544.19	283.78	671.85
淮河区	13.44	13.14	0.31	10.88
长江区	7209.73	4126.30	3083.43	3533.01
其中：太湖流域	33.84	33.84	0	30.06
东南诸河区	482.38	477.02	5.36	371.46
珠江区	1347.31	1246.04	101.27	876.26
西南诸河区	1230.16	816.43	413.72	780.12
西北诸河区	232.08	150.20	81.89	164.49

第五节　水　　闸

一、水闸数量与分布

全国共有过闸流量 $1m^3/s$ 及以上的水闸 268370 座。其中，过闸流量 $5m^3/s$ 及以上的水闸 97022 座（已建水闸 96228 座，在建水闸 794 座），占全国 $1m^3/s$ 及以上水闸数量的 36.2%；过闸流量 1（含）～$5m^3/s$ 的水闸 171348 座，占全国 $1m^3/s$ 及以上水闸数量的 63.8%。

在全国 $5m^3/s$ 及以上的水闸中，大型水闸 860 座、中型水闸 6334 座和小型水闸 89828 座，分别占全国的 0.9%、6.5%和 92.6%。全国 $5m^3/s$ 及以上不同规模水闸数量见表 3-5-1，

表 3-5-1　全国 $5m^3/s$ 及以上不同规模水闸数量

水闸规模		数量/座	比例/%
合计		97022	100
大型	小计	860	0.9
	大（1）	133	0.1
	大（2）	727	0.8
中型		6334	6.5
小型	小计	89828	92.6
	小（1）	22387	23.1
	小（2）	67441	69.5

全国大型水闸分布见附图 B7。

从建设年代看，$5m^3/s$ 及以上的水闸中，新中国成立前建成的水闸 505 座，占全国水闸数量的 0.5%；20 世纪 50—70 年代建成的水闸 39552 座，占全国水闸数量的 40.8%；20 世纪 80—90 年代建成的水闸 30740 座，占全国水闸数量的 31.7%；2000 年以后建设的水闸 26225 座，占全国水闸数量的 27%。

我国水闸数量分布呈现南方地区多、北方地区少，东中部地区多、西部地区少的特点。水资源一级区中，长江区、淮河区和珠江区水闸数量较多，分别占全国 $5m^3/s$ 及以上水闸数量的 39.4%、20.9% 和 11.3%；大型水闸主要分布在长江区、珠江区和淮河区，分别占全国大型水闸数量的 30.8%、23.8% 和 19.1%。省级行政区中，江苏、湖南、浙江、广东和湖北 5 省的水闸数量较多，分别占全国 $5m^3/s$ 及以上水闸数量的 18.0%、12.4%、8.8%、8.6% 和 7.0%；大型水闸主要分布在湖南、广东、山东、安徽和福建 5 省，分别占全国大型水闸数量的 17.6%、17.0%、10.0%、6.6% 和 5.9%。水资源一级区 $5m^3/s$ 及以上不同规模水闸数量见表 3-5-2，省级行政区不同规模水闸数量见附表 A10，省级行政区水闸数量见图 3-5-1。

表 3-5-2　水资源一级区 $5m^3/s$ 及以上不同规模水闸数量　单位：座

水资源一级区	合计	大型水闸	中型水闸	小型水闸
全国	97022	860	6334	89828
北方地区	40257	320	2711	37226
南方地区	56765	540	3623	52602
松花江区	1889	15	176	1698
辽河区	2055	38	292	1725
海河区	6802	53	526	6223
黄河区	3179	23	164	2992
淮河区	20321	164	1252	18905
长江区	38196	265	2051	35880
其中：太湖流域	9805	0	147	9658
东南诸河区	7337	69	572	6696
珠江区	10989	205	965	9819
西南诸河区	243	1	35	207
西北诸河区	6011	27	301	5683

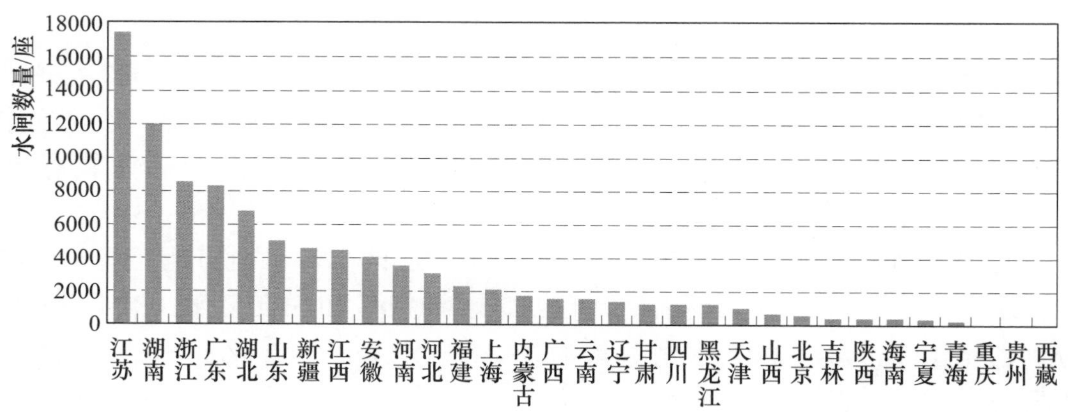

图 3－5－1　省级行政区水闸数量

二、水闸类型与分布

根据水闸的用途和作用，可分为引（进）水闸、节制闸、排（退）水闸、分（泄）洪闸和挡潮闸 5 种类型。

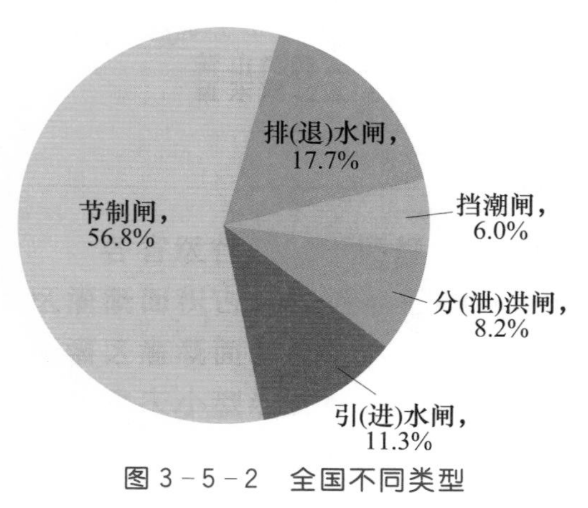

图 3－5－2　全国不同类型水闸数量比例

在全国 $5m^3/s$ 及以上的水闸中，共有引（进）水闸 10968 座，占全国水闸数量的 11.3%；节制闸 55133 座，占全国水闸数量的 56.8%；排（退）水闸 17197 座，占全国水闸数量的 17.7%；分（泄）洪闸 7920 座，占全国水闸数量的 8.2%；挡潮闸 5804 座，占全国水闸数量的 6.0%。全国不同类型水闸数量比例见图 3－5－2。

从水资源一级区分布情况看，引（进）水闸主要分布在长江区和淮河区，分别占全国引（进）水闸数量的 33.0%和 17.5%；节制闸主要分布在长江区和淮河区，分别占全国节制闸数量的 45.6%和 25.6%；排（退）水闸主要分布在长江区和珠江区，分别占全国排（退）水闸数量的 31.6%和 23.4%；分（泄）洪闸主要分布在长江区和珠江区，分别占全国分（泄）洪闸数量的 45.5%和 14.9%；挡潮闸主要分布在珠江区和东南诸河区，分别占全国挡潮闸数量的 44.5%和 41.6%。水资源一级区不同类型水闸主要指标见表 3－5－3。

表 3-5-3　　水资源一级区不同类型水闸主要指标

水资源一级区	引（进）水闸		节制闸		排（退）水闸		分（泄）洪闸		挡潮闸	
	数量/座	过闸流量/(万 m³/s)	数量/座	过闸流量/(万 m³/s)	数量/座	过闸流量/(万 m³/s)	数量/座	过闸流量/(万 m³/s)	数量/座	过闸流量/(万 m³/s)
全国	10968	29.0	55133	347.4	17197	47.9	7920	111.9	5804	43.9
北方地区	6313	15.7	24811	136.8	6221	13.6	2479	39.8	433	9.1
南方地区	4655	13.4	30322	210.6	10976	34.3	5441	72.1	5371	34.7
松花江区	404	0.8	701	5.8	477	0.8	307	3.8	0	0
辽河区	435	2.4	988	16.9	278	0.7	288	3.3	66	0.4
海河区	1234	2.9	3763	25.9	1237	2.3	506	5.6	62	1.9
黄河区	828	2.0	1607	7.0	521	1.4	193	4.1	30	0.2
淮河区	1924	3.0	14118	75.4	3430	7.8	574	14.3	275	6.6
长江区	3621	8.0	25161	137.1	5433	13.2	3607	40.5	374	2.2
东南诸河区	308	0.6	2469	27.7	1514	5.9	633	8.5	2413	15.3
珠江区	705	4.7	2499	44.8	4020	15.3	1181	23.2	2584	17.2
西南诸河区	21	0	193	1.0	9	0.02	20	0.1	0	0
西北诸河区	1488	4.5	3634	5.7	278	0.7	611	8.7	0	0

从省级行政区分布情况看，引（进）水闸主要分布在湖北、江苏、新疆、山东和湖南 5 省（自治区），分别占全国引（进）水闸数量的 12.1%、11.7%、11.4%、8.0%和 7.9%；节制闸主要分布在江苏、湖南和浙江 3 省，分别占全国节制闸数量的 26.3%、16.7%和 9.0%；排（退）水闸主要分布在广东、湖北、安徽、浙江和河南 5 省，分别占全国排（退）水闸数量的 20.1%、11.0%、8.3%、8.2%和 7.2%；分（泄）洪闸主要分布在湖南、江西、广东、湖北和安徽 5 省，分别占全国分（泄）洪闸数量的 12.8%、11.9%、10.3%、8.1%和 7.0%；挡潮闸主要分布在广东和浙江 2 省，分别占全国挡潮闸数量的 37.3%和 29.5%。省级行政区不同类型水闸数量见附表 A10。

三、水闸引水能力

我国建在江河、湖泊和水库岸边的引（进）水闸［以下简称“河流引（进）水闸”］共 3635 座，占全国引（进）水闸数量的 33.1%，过闸流量合计

106601m^3/s，引水能力[1] 3841.4 亿 m^3。

从水闸数量和规模看，小型河流引（进）水闸数量较多，总引水能力较大，分别占全国河流引（进）水闸数量和引水能力的 95.8%和 78.4%；大中型河流引（进）水闸数量较少，总引水能力较小，分别占全国河流引（进）水闸数量和引水能力的 4.2%和 21.6%。全国不同规模河流引（进）水闸主要指标见表 3-5-4，全国不同规模河流引（进）水闸数量比例与引水能力比例分别见图 3-5-3 和图 3-5-4。

表 3-5-4　　全国不同规模河流引（进）水闸主要指标

水闸规模	数量/座	过闸流量/(m^3/s)	引水能力/亿 m^3
合计	3635	106601	3841.4
大型	11	22784	108.2
中型	141	32342	723.3
小型	3483	51475	3009.9

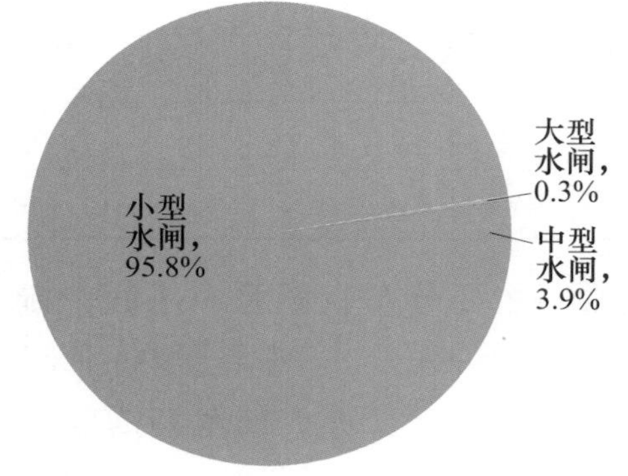

图 3-5-3　全国不同规模河流引（进）水闸数量比例

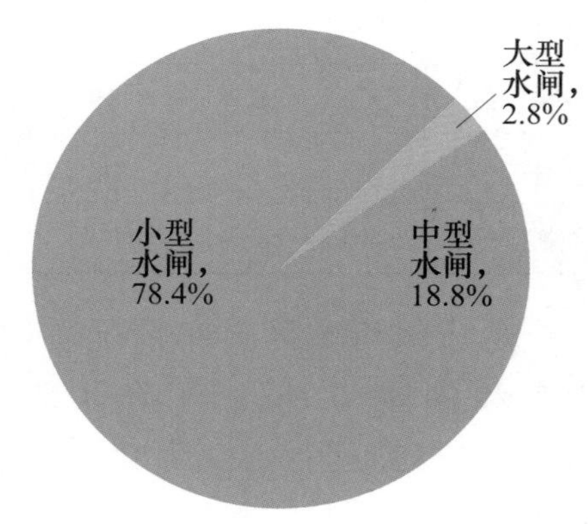

图 3-5-4　全国不同规模河流引（进）水闸引水能力比例

从河流引（进）水闸的引水能力分布看，北方地区略高于南方地区。水资源一级区中，长江区、西北诸河区、淮河区和黄河区的河流引（进）水闸引水能力较大，分别占全国规模以上河流引（进）水闸引水能力的 36.5%、18.1%、11.1%和 10.2%；辽河区、东南诸河区和西南诸河区的河流引（进）水闸引水能力较小，分别占全国的 2.2%、1.3%和 0.2%。水资源一级区河流引（进）水闸主要指标见表 3-5-5。

[1] 引水能力采用引水闸设计年引水量表示。

表 3-5-5　　水资源一级区河流引（进）水闸主要指标

水资源一级区	数量/座	过闸流量/(m^3/s)	引水能力/亿 m^3	水资源一级区	数量/座	过闸流量/(m^3/s)	引水能力/亿 m^3
全国	3635	106601	3841.4	淮河区	489	9112	427.0
北方地区	1948	68196	2117.5	长江区	1378	21798	1403.7
南方地区	1687	38404	1723.9	东南诸河区	54	1178	50.1
松花江区	169	4591	241.9	珠江区	247	15279	263.4
辽河区	174	15335	83.2	西南诸河区	8	149	6.8
海河区	453	11092	278.0	西北诸河区	416	20388	694.2
黄河区	247	7678	393.3				

第六节　泵　　站

一、泵站数量与分布

全国共有泵站 424293 处，其中装机流量 $1m^3/s$ 及以上或装机功率 50kW 及以上的泵站 88970 处（已建泵站 88272 处，在建泵站 698 处），占全国泵站数量的 21.0%；装机流量 $1m^3/s$ 以下且装机功率 50kW 以下的泵站 335323 处，占全国泵站总数的 79.0%。

在全国装机流量 $1m^3/s$ 及以上或装机功率 50kW 及以上的泵站中，共有大型泵站 299 处、中型泵站 3714 处和小型泵站 84957 处，分别占全国的 0.33%、4.17%和 95.5%。全国不同规模泵站数量见表 3-6-1，全国大型泵站分布见附图 B8。

从建设年代看，在全国装机流量 $1m^3/s$ 及以上或装机功率 50kW 及以上的泵站中，新中国成立以前建成的泵站 56 处，占全国的 0.1%；20 世纪 60—90 年代建成的泵站 60896 处，占全国的 68.4%；2000 年以后建设的泵站 27046 处，占全国的 30.4%。

表 3-6-1　全国不同规模泵站数量

泵站规模		数量/处	比例/%
合计		88970	100
大型	小计	299	0.33
	大（1）	23	0.03
	大（2）	276	0.3
中型		3714	4.17
小型	小计	84957	95.5
	小（1）	37482	42.1
	小（2）	47475	53.4

我国泵站数量分布呈南方地区多、北方地区少，东中部地区多、西部地区少的特点。水资源一级区中，

长江区、淮河区和珠江区泵站数量较多，分别占全国装机流量 $1m^3/s$ 及以上或装机功率 50kW 及以上泵站数量的 49.6%、19.5%和 9.1%；大型泵站也主要分布在长江区、淮河区和珠江区，分别占全国大型泵站数量的 36.8%、18.7%和 17.1%。省级行政区中，江苏、湖北、安徽、湖南和四川 5 省的泵站数量较多，分别占全国装机流量 $1m^3/s$ 及以上或装机功率 50kW 及以上泵站数量的 20.0%、11.5%、8.3%、8.1%和 6.2%；大型泵站主要分布在江苏、湖北、广东和安徽 4 省，分别占全国大型泵站数量的 19.4%、15.4%、13.4%和 5.0%。水资源一级区不同规模泵站数量见表 3-6-2，省级行政区不同规模泵站数量见附表 A11，省级行政区泵站数量见图 3-6-1。

表 3-6-2　　水资源一级区不同规模泵站数量　　单位：处

水资源一级区	合　计	大型泵站	中型泵站	小型泵站
全国	88970	299	3714	84957
北方地区	34493	129	1453	32911
南方地区	54477	170	2261	52046
松花江区	1515	11	108	1396
辽河区	1948	2	140	1806
海河区	4233	12	342	3879
黄河区	6072	47	463	5562
淮河区	17377	56	370	16951
长江区	44127	110	1517	42500
东南诸河区	1823	9	153	1661
珠江区	8077	51	586	7440
西南诸河区	450	0	5	445
西北诸河区	3348	1	30	3317

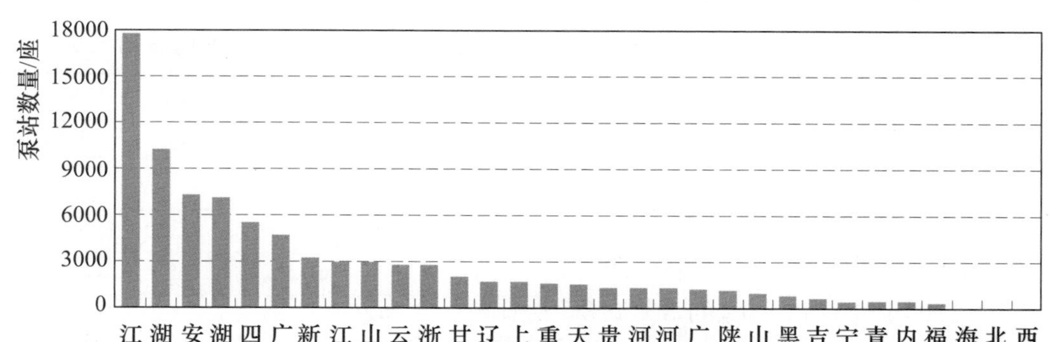

图 3-6-1　省级行政区泵站数量

二、泵站类型与分布

根据泵站的用途和作用，可分为供水泵站、排水泵站和供排结合泵站 3 种类型。在全国装机流量 $1m^3/s$ 及以上或装机功率 50kW 及以上的泵站中，供水泵站数量较多，占全国的 58.1%；排水泵站和供排结合泵站数量较少，共占全国的 41.9%。全国不同类型泵站主要指标见表 3-6-3，全国不同类型泵站数量比例及装机功率比例分别见图 3-6-2 和图 3-6-3。

表 3-6-3 全国不同类型泵站主要指标

泵站类型	数量/处	装机流量/(m^3/s)	装机功率/万 kW
合计	88970	168845	2175.9
供水泵站	51708	43462	1164.9
排水泵站	28342	97538	755.9
供排结合泵站	8920	27845	255.1

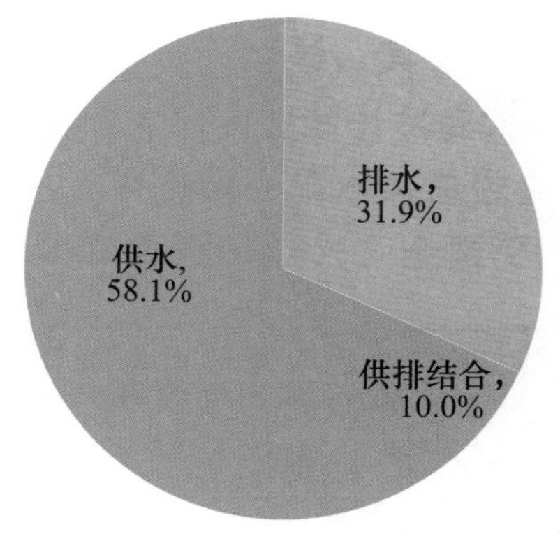

图 3-6-2 全国不同类型泵站数量比例

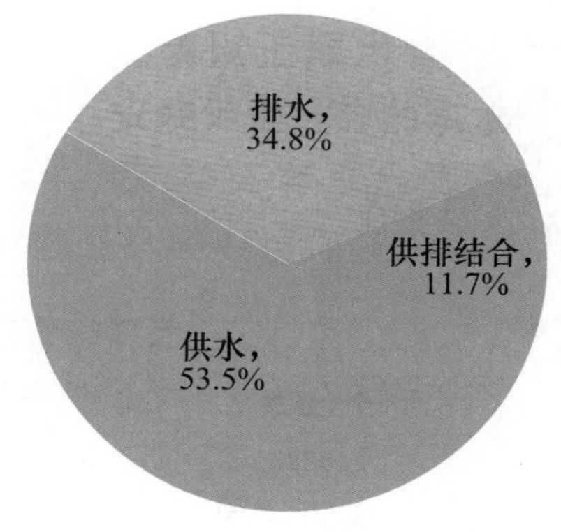

图 3-6-3 全国不同类型泵站装机功率比例

从水资源一级区看，长江区的供水泵站、排水泵站和供排结合泵站数量均较多，分别占全国供水泵站、排水泵站和供排结合泵站数量的 47.8%、52.9%和 49.5%。从省级行政区看，供水泵站主要分布在江苏、湖北、四川、湖南、安徽和新疆 6 省（自治区），分别占全国供水泵站数量的 11.8%、11.1%、10.6%、8.5%、6.6%和 6.2%；排水泵站主要分布在江苏、湖北、广东和安徽 4 省，分别占全国排水泵站数量的 32.9%、12.2%、11.9%和 10.4%；供排结合泵站主要分布在江苏、湖南、安徽和湖北 4 省，分别占全国供排结合泵站数量的 26.7%、14.4%、11.9%和 11.4%。水资源一级区不同类型泵站主要指标见表 3-6-4，省级行政区不同类型泵站数量见附表 A11，省级行政区不同类型泵站数量分别见图 3-6-4～图 3-6-6。

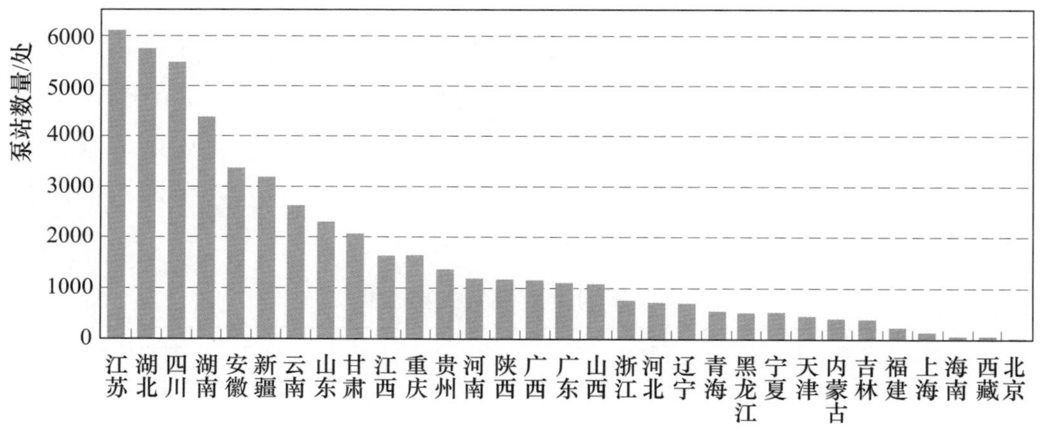

图 3-6-4　省级行政区供水泵站数量

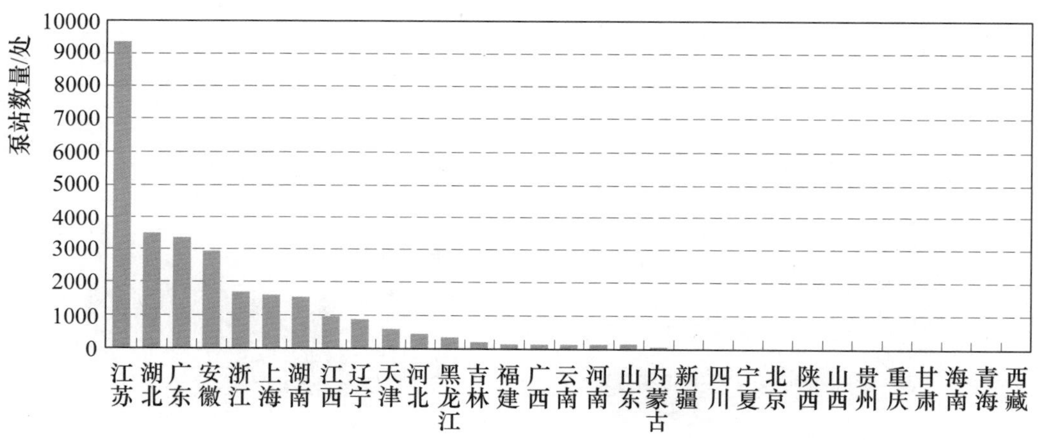

图 3-6-5　省级行政区排水泵站数量

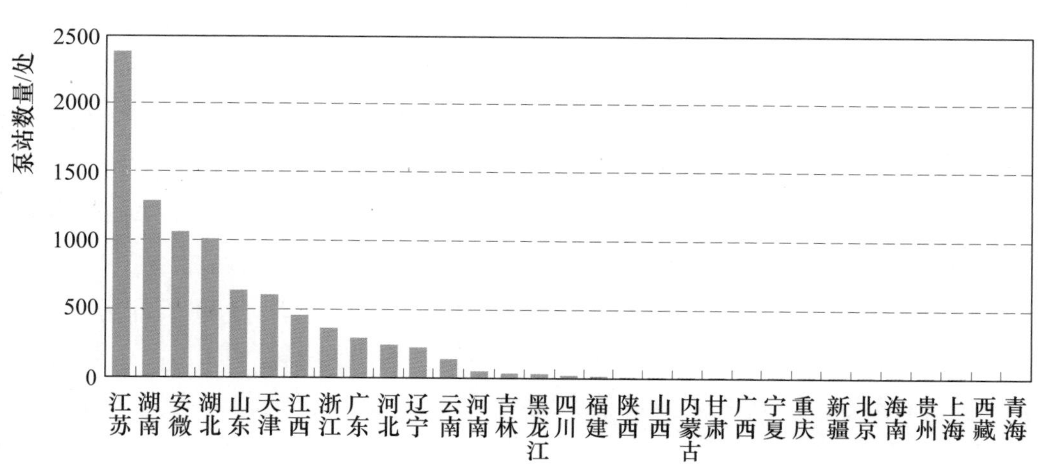

图 3-6-6　省级行政区供排结合泵站数量

表 3-6-4 水资源一级区不同类型泵站主要指标

水资源一级区	合计		供水泵站		排水泵站		供排结合泵站	
	数量/处	装机流量/(m^3/s)	数量/处	装机流量/(m^3/s)	数量/处	装机流量/(m^3/s)	数量/处	装机流量/(m^3/s)
全国	88970	168845	51708	43462	28342	97538	8920	27845
北方地区	34493	62840	21552	24948	8972	24990	3969	12903
南方地区	54477	106005	30156	18514	19370	72548	4951	14943
松花江区	1515	5135	944	2764	507	2042	64	329
辽河区	1948	5746	806	1427	915	3245	227	1073
海河区	4233	11364	2326	3077	1020	4742	887	3546
黄河区	6072	6436	5786	5655	219	657	67	123
淮河区	17377	33176	8405	11113	6257	14240	2715	7823
长江区	44127	75741	24731	13714	14985	48853	4411	13174
东南诸河区	1823	5700	918	1147	783	3884	122	669
珠江区	8077	24349	4064	3441	3598	19810	415	1099
西南诸河区	450	215	443	213	4	1	3	1
西北诸河区	3348	984	3285	911	54	64	9	9

第七节 灌溉面积及灌区

一、灌溉面积

(一) 全国总体情况

本次普查全国共有灌溉面积 10.00 亿亩，其中，北方地区灌溉面积为 6.29 亿亩，占全国灌溉面积的 62.9%；南方地区灌溉面积为 3.71 亿亩，占 37.1%。在全国灌溉面积中，耕地灌溉面积 9.22 亿亩，占全国灌溉面积的 92.2%；园林草地等非耕地灌溉面积 0.78 亿亩，占全国灌溉面积的 7.8%。

按灌溉水源工程类型分，水库灌溉面积 1.88 亿亩，塘坝灌溉面积 0.95 亿亩，河湖引水闸（坝、堰）灌溉面积 2.72 亿亩，河湖泵站灌溉面积 1.78 亿亩，机电井灌溉面积 3.61 亿亩，其他水源灌溉面积 0.35 亿亩。多种水源工程共同灌溉的面积有 1.29 亿亩。全国不同水源工程灌溉面积分布见图 3-7-1。

在各类水源灌溉面积中，以机电井灌溉面积和河湖引水闸（坝、堰）灌溉面积为主，两类合计为 6.33 亿亩，其中机电井灌溉面积主要分布在华北和东北地区，河湖引水闸（坝、堰）灌溉面积主要分布在西北和华东地区。

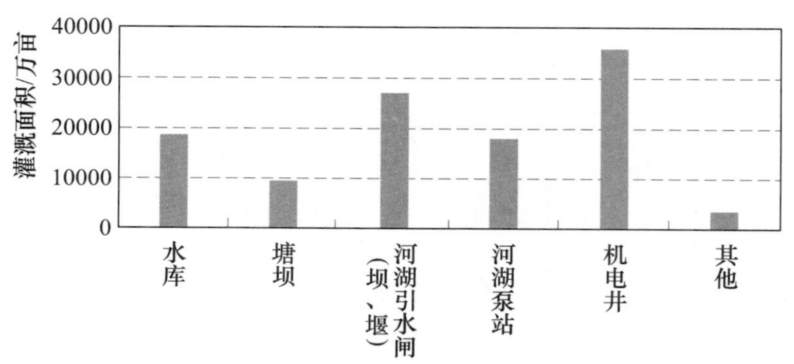

图 3-7-1　全国不同水源工程灌溉面积分布

2011 年全国实际灌溉面积 8.70 亿亩，占全国灌溉面积的 87.0%。其中，耕地实际灌溉面积 8.06 亿亩，园林草地等非耕地灌溉面积 0.64 亿亩。2011 年粮田实际灌溉面积 6.68 亿亩，占当年全国耕地实际灌溉面积的 82.9%。全国 2011 年实际灌溉面积构成见图 3-7-2。

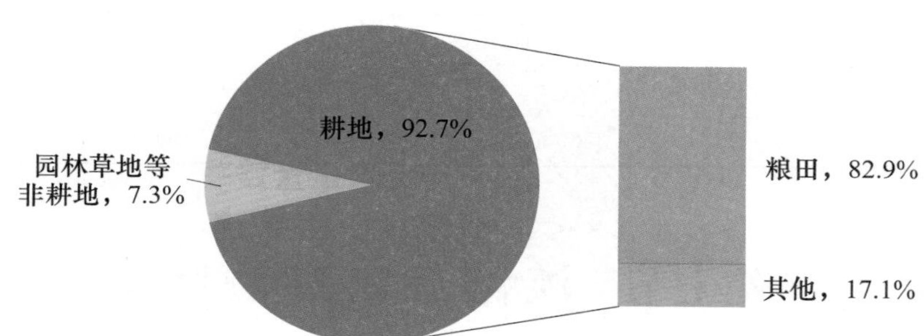

图 3-7-2　全国 2011 年实际灌溉面积构成

我国耕地灌溉率为 50.5%，各省之间差异较大。耕地灌溉率较高的有新疆、湖南和福建 3 省，均在 75%以上；耕地灌溉率较低的为贵州、云南、吉林、甘肃、重庆和陕西 6 省（直辖市），均不足 30%。不同耕地灌溉率的耕地面积占全国耕地面积的比例及分布见表 3-7-1。

表 3-7-1　不同耕地灌溉率的耕地面积占全国耕地面积的比例及分布

耕地灌溉率 /%	耕地面积占全国耕地面积比例 /%	分　布
35 以下	29.9	贵州、云南、吉林、甘肃、重庆、陕西、辽宁、山西、海南、青海
35（含）～55	24.9	广西、黑龙江、四川、内蒙古、宁夏
55（含）～75	37.6	西藏、湖北、广东、河南、上海、北京、山东、河北、江西、浙江、天津、安徽、江苏
75 及以上	7.6	福建、湖南、新疆

（二）水资源一级区情况

1. 灌溉面积

水资源一级区中，长江区灌溉面积最大，占全国灌溉面积的24.9%；其次是淮河区，占18.1%。西南诸河区的灌溉面积最小，仅占1.8%；其次是东南诸河区，只占3.3%。水资源一级区灌溉面积见表3-7-2和图3-7-3。

表3-7-2 水资源一级区灌溉面积 单位：万亩

水资源一级区	灌溉面积	耕地灌溉面积	园林草地等非耕地灌溉面积
全国	100049.96	92182.76	7867.20
北方地区	62960.38	58021.34	4939.04
南方地区	37089.57	34161.42	2928.17
松花江区	9304.65	9225.55	79.10
辽河区	4092.60	3833.98	258.62
海河区	11464.46	10856.70	607.76
黄河区	8688.12	8033.81	654.31
淮河区	18060.35	17120.68	939.67
长江区	24854.17	23330.21	1523.97
其中：太湖流域	1354.76	1216.14	138.62
东南诸河区	3337.43	2931.15	406.29
珠江区	7126.84	6406.26	720.58
西南诸河区	1771.13	1493.80	277.33
西北诸河区	11350.20	8950.62	2399.58

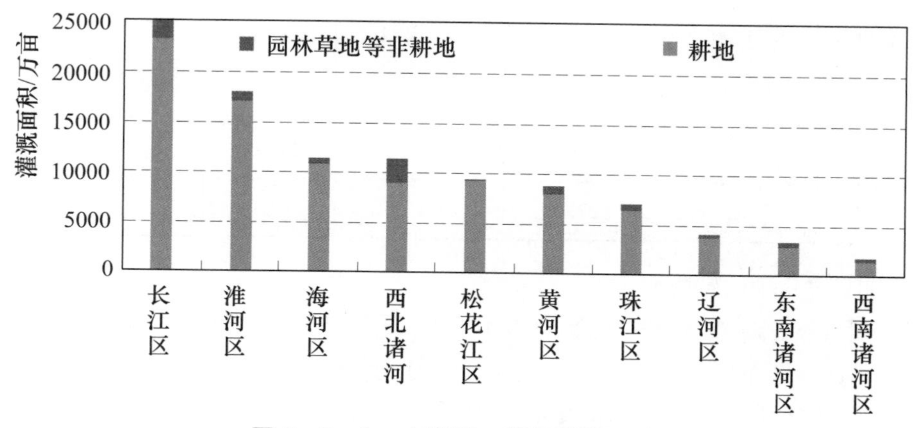

图3-7-3 水资源一级区灌溉面积

长江区、淮河区和海河区耕地灌溉面积较大，共占全国耕地灌溉面积的55.7%；西北诸河区、长江区和淮河区的园林草地等非耕地灌溉面积较大，共占全国园林草地等非耕地灌溉面积的61.8%。

从不同水源灌溉面积看，长江区的水库、塘坝、河湖泵站灌溉面积均为全国最大值，分别占全国的39.0%、64.5%和33.2%，河湖引水闸（坝、堰）灌溉面积占全国的21.9%；西北诸河区以河湖引水闸（坝、堰）灌溉面积为主，占全国河湖引水闸（坝、堰）灌溉面积的29.2%；海河区、淮河区和松花江区3区的机电井灌溉面积较大，分别占全国机电井灌溉面积的24.4%、22.6%和19.1%。水资源一级区不同水源灌溉面积见表3-7-3。

表3-7-3　水资源一级区不同水源灌溉面积　单位：万亩

水资源一级区	水库灌溉面积	塘坝灌溉面积	河湖引水闸（坝、堰）灌溉面积	河湖泵站灌溉面积	机电井灌溉面积	其他水源灌溉面积
全国	18753.14	9528.57	27231.69	17795.06	36120.65	3509.63
松花江区	708.27	99.65	1051.68	829.93	6915.57	60.00
辽河区	486.80	114.71	757.84	326.03	3030.89	50.01
海河区	1077.30	70.51	2172.24	1635.99	8798.04	340.14
黄河区	1026.03	76.52	2996.88	1763.29	4013.81	133.95
淮河区	2116.80	1458.30	1982.03	5664.15	8158.78	274.13
长江区	7322.80	6143.01	5952.61	5900.21	790.87	1182.07
其中：太湖流域	52.24	83.70	27.95	1199.63	2.78	6.01
东南诸河区	786.02	471.27	1221.74	695.77	51.95	293.02
珠江区	2659.67	907.42	2167.75	799.92	274.14	707.64
西南诸河区	297.17	163.38	964.20	27.73	24.09	327.17
西北诸河区	2272.28	23.80	7964.72	152.04	4062.51	141.51

2. 2011年实际灌溉面积

2011年，全国实际灌溉面积8.70亿亩，主要分布在长江区、淮河区、海河区、西北诸河区、黄河区等，它们分别占全国的24.2%、18.3%、11.8%、12.0%和8.9%。水资源一级区2011年实际灌溉面积见表3-7-4和图3-7-4。

表 3-7-4 水资源一级区 2011 年实际灌溉面积 单位：万亩

水资源一级区	合计	耕地实际灌溉面积		园林草地等非耕地实际灌溉面积
			其中：粮田实际灌溉面积	
全国	86979.86	80628.54	66837.99	6351.31
松花江区	7612.91	7550.21	7329.34	62.70
辽河区	3261.12	3050.69	2705.95	210.42
海河区	10231.35	9809.50	8672.43	421.85
黄河区	7698.11	7149.01	5648.41	549.10
淮河区	15894.36	15146.29	13861.86	748.07
长江区	21089.94	19981.08	17585.94	1108.86
其中：太湖流域	1248.34	1131.45	995.67	116.89
东南诸河区	2974.77	2634.90	2133.37	339.86
珠江区	6148.85	5564.20	4654.21	584.65
西南诸河区	1616.45	1353.58	1084.10	262.87
西北诸河区	10452.00	8389.09	3162.38	2062.92

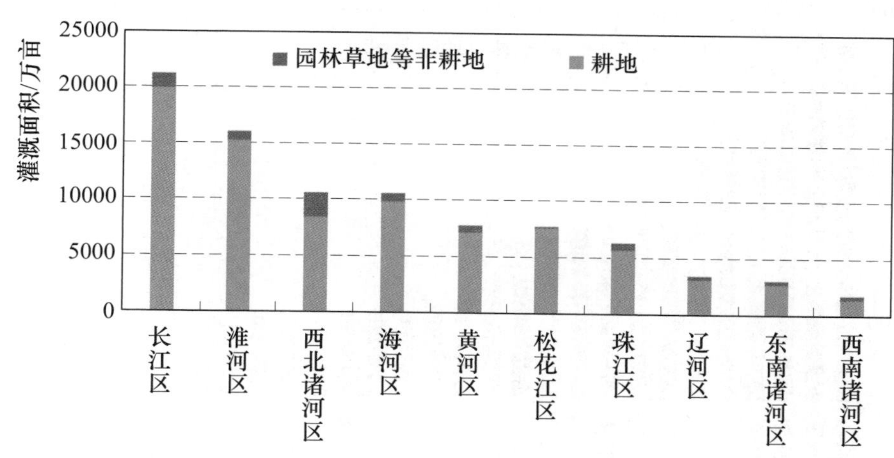

图 3-7-4 水资源一级区 2011 年实际灌溉面积

从 2011 年耕地实际灌溉面积占耕地灌溉面积的比例看，西北诸河区最高，为 93.7%；辽河区最低，为 79.6%。2011 年粮田实际灌溉面积占耕地实际灌溉面积比例较高的有松花江区、淮河区、辽河区和海河区，分别为 97.1%、91.5%、88.7%和 88.4%。水资源一级区 2011 年实际灌溉面积占比见图 3-7-5。

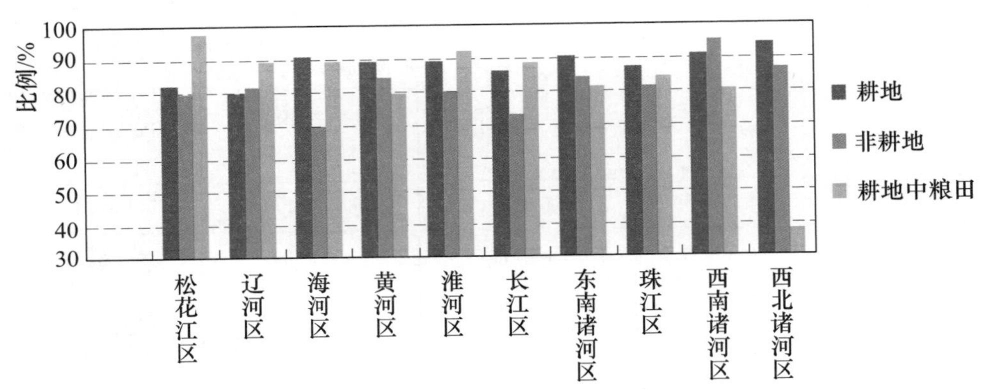

图 3-7-5 水资源一级区 2011 年实际灌溉面积占比

(三) 省级行政区情况

1. 灌溉面积

新疆、山东、河南、河北、黑龙江、安徽、江苏和内蒙古 8 省（自治区）灌溉面积均超过 5000 万亩，共 5.55 亿亩，占全国灌溉面积的 55.5%。上海、北京、青海、海南和天津 5 省（直辖市）灌溉面积均不足 500 万亩，共 1962.1 万亩，仅占全国灌溉面积的 2.0%。省级行政区灌溉面积见附表 A12，省级行政区灌溉面积见图 3-7-6。

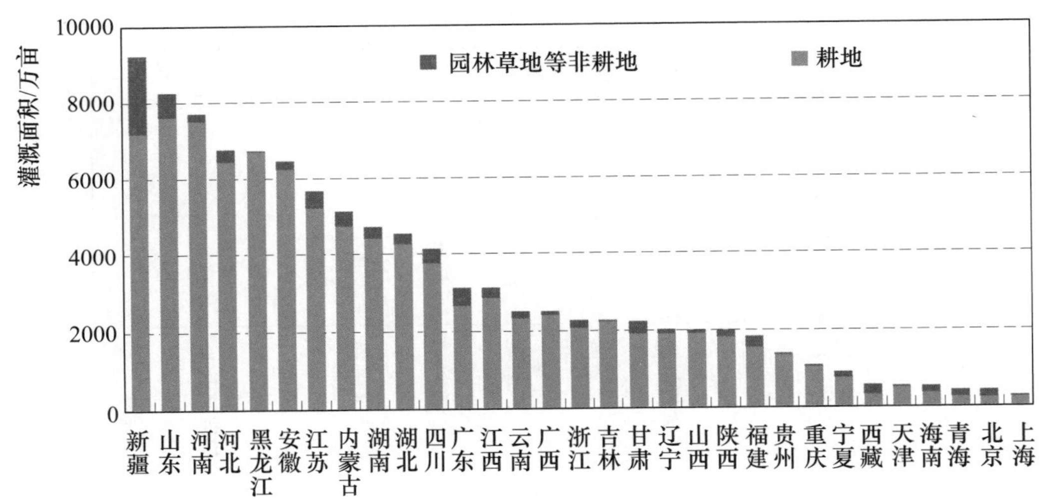

图 3-7-6 省级行政区灌溉面积

耕地灌溉面积超过 5000 万亩的有山东、河南、新疆、黑龙江、河北、安徽和江苏 7 省（自治区），共 4.67 亿亩，占全国耕地灌溉面积的 50.7%。

园林草地等非耕地灌溉面积最大的是新疆，为 2010.5 万亩，占全国园林草地等非耕地灌溉面积的 25.6%；山东、广东、江苏、内蒙古、河北和四川 6 省（自治区）园林草地等非耕地灌溉面积均在300万亩以上，共4488.5万亩，占57.1%。

2. 2011年实际灌溉面积

2011年实际灌溉面积超过5000万亩的有新疆、山东、河南、河北、安徽和黑龙江6省（自治区）。西藏、宁夏、新疆、江西、广东、山西和福建7省（自治区）实际灌溉面积占灌溉面积的比例均超过了90%；重庆、贵州、北京、吉林、辽宁和陕西等省（直辖市）均低于80%，其中，重庆最低，为68.9%。省级行政区2011年实际灌溉面积见附表A12，省级行政区2011年实际灌溉面积见图3-7-7。

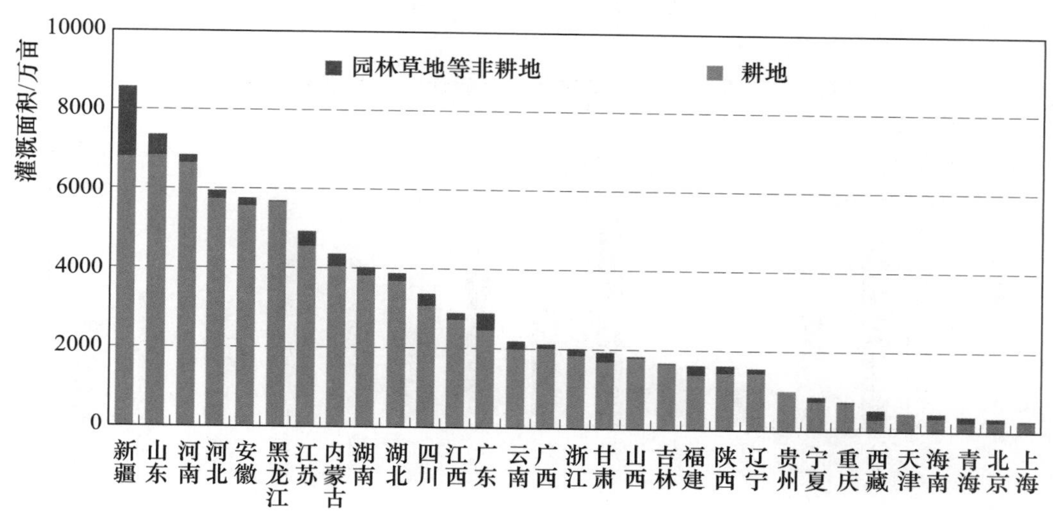

图3-7-7 省级行政区2011年实际灌溉面积

河南、山东和黑龙江3省2011年粮田实际灌溉面积均超过了5000万亩，安徽、河北、江苏、湖南、湖北和内蒙古6省（自治区）粮田实际灌溉面积均超过3000万亩。吉林、黑龙江、河南、江西、安徽和贵州6省粮田实际灌溉面积占比超过90%，吉林省最高，为98.5%，其次为黑龙江省96.7%。

（四）13个粮食主产省情况

13个粮食主产省（自治区）❶ 共有灌溉面积6.70亿亩。其中，耕地灌溉面积6.36亿亩，占全国耕地灌溉面积的69.0%；2011年粮田实际灌溉面积4.95亿亩，占全国当年粮田实际灌溉面积的74.0%。在13个粮食主产省（自治区）中，山东、河南、河北、黑龙江和安徽5省粮田实际灌溉面积共2.8亿亩，占2011年全国粮田实际灌溉面积的41.7%。13个粮食主产省（自治区）的耕地灌

❶ 13个粮食主产省（自治区）包括：黑龙江、辽宁、吉林、内蒙古、河北、江苏、安徽、江西、山东、河南、湖北、湖南、四川。

溉面积和2011年粮田实际灌溉面积分别见图3-7-8和图3-7-9。

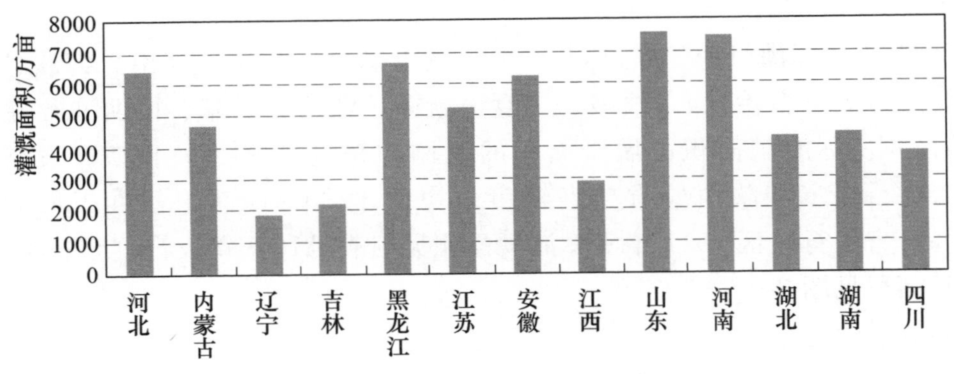

图3-7-8 13个粮食主产省（自治区）耕地灌溉面积

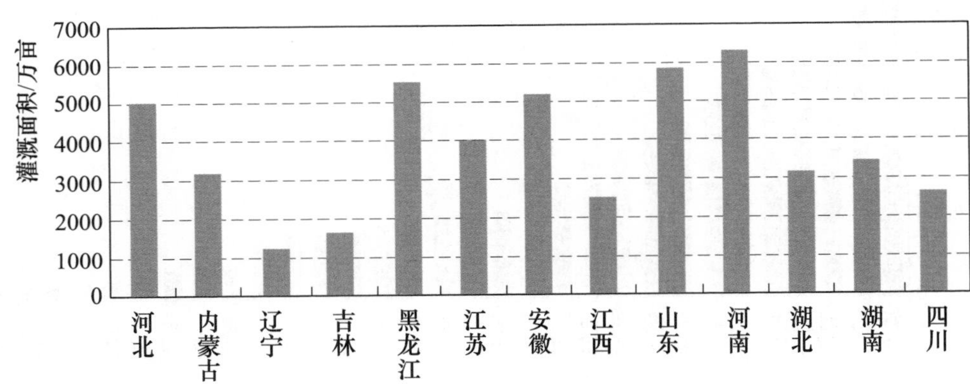

图3-7-9 13个粮食主产省（自治区）2011年粮田实际灌溉面积

二、灌区

（一）灌区数量

1. 总体情况

全国共有50亩及以上灌区206.57万处，现状灌溉面积8.43亿亩。其中，大型灌区456处，设计灌溉面积3.46亿亩，现状灌溉面积2.78亿亩，占全国灌溉面积的27.8%，2011年实际灌溉面积2.45亿亩；中型灌区7293处，设计灌溉面积3亿亩，现状灌溉面积2.23亿亩，占全国灌溉面积的22.3%，2011年实际灌溉面积1.83亿亩；小型灌区现状灌溉面积4.99亿亩，占全国灌溉面积的49.9%，其中50（含）～1万亩的小型灌区205.79万处，灌溉面积3.42亿亩（纯井灌区151.32万处，灌溉面积1.57亿亩），占全国灌溉面积的34.2%。大、中型灌区灌溉面积之和占全国灌溉面积的一半。全国灌区灌溉面积构成见图3-7-10。

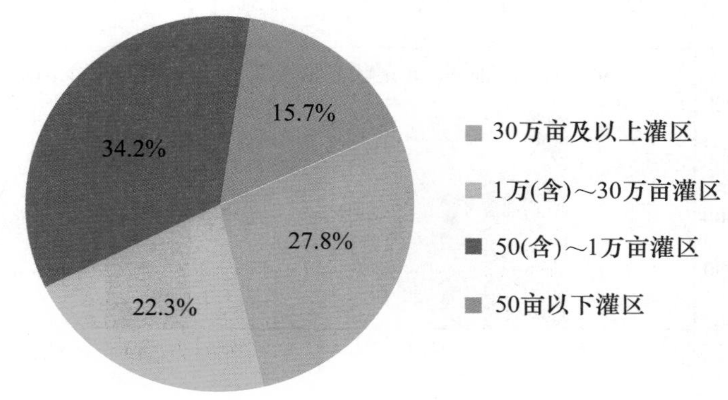

图 3-7-10 全国灌区灌溉面积构成

大型灌区中，设计灌溉面积在500万亩及以上的灌区有6处，现状灌溉面积为0.43亿亩；150万（含）～500万亩灌区36处，现状灌溉面积0.74亿亩；50万（含）～150万亩灌区135处，现状灌溉面积0.81亿亩；30万（含）～50万亩灌区279处，现状灌溉面积0.79亿亩。不同规模大型灌区灌溉面积见图3-7-11。

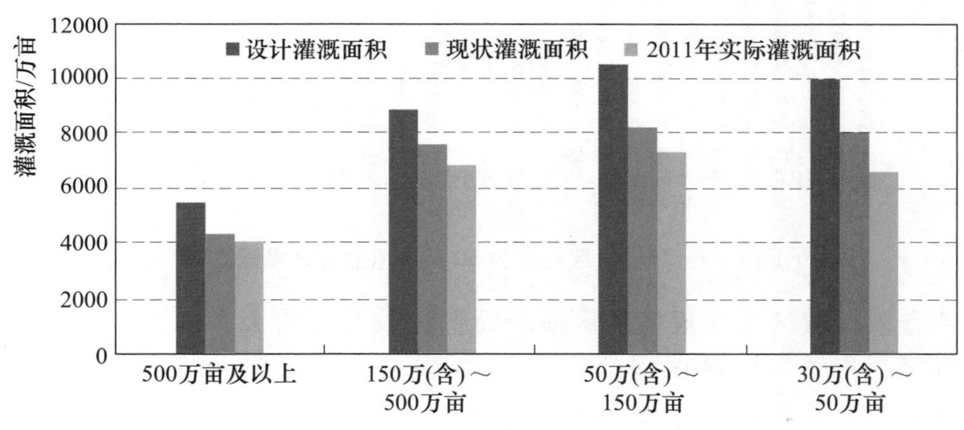

图 3-7-11 不同规模大型灌区灌溉面积

中型灌区中，设计灌溉面积在5万（含）～30万亩的灌区1865处，现状灌溉面积1.43亿亩；1万（含）～5万亩的灌区5428处，现状灌溉面积0.80亿亩。不同规模中型灌区灌溉面积见图3-7-12。

2. 区域分布

新疆、山东、河南、河北和安徽5省（自治区）的灌区灌溉面积较大，分别占全国50亩及以上灌区灌溉面积的10.8%、7.9%、7.2%、6.1%和6.0%；上海、北京和青海3省（直辖市）50亩及以上灌区灌溉面积较小。省级行政区不同规模灌区数量与灌溉面积见附表A13，省级行政区50亩及以上灌区灌溉面积见图3-7-13，全国大中型灌区分布见附图B9。

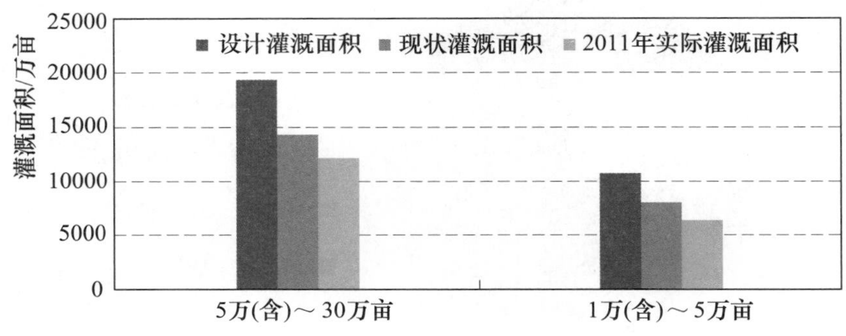

图 3-7-12 不同规模中型灌区灌溉面积

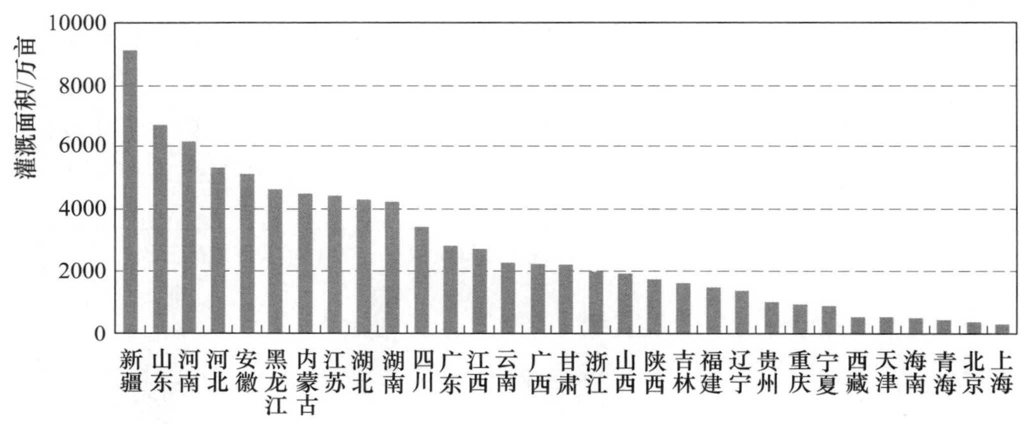

图 3-7-13 省级行政区 50 亩及以上灌区灌溉面积

各省级行政区不同规模灌区灌溉面积构成差异较大。宁夏和新疆大型灌区灌溉面积占该区灌溉面积的比例分别为 80.1%和 61.0%，青海、天津中型灌区灌溉面积占该区灌溉面积的比例分别为 65.4%和 50.9%，上海、贵州和重庆小型灌区灌溉面积占其灌溉面积的比例较高，其中上海占比最高，为 98.5%。省级行政区不同规模灌区灌溉面积比例见图 3-7-14。

（二）灌排渠系

本次普查重点对我国灌溉面积 2000 亩及以上灌区范围内，设计流量 0.2m^3/s 及以上的灌溉、灌排结合渠道和设计流量 0.6m^3/s 及以上的排水沟及其建筑物等情况进行了调查。

1. 灌溉渠道及建筑物

全国灌溉面积 2000 亩及以上灌区范围内有灌溉渠道 83.0 万条，总长度 114.8 万 km，其中已衬砌的渠道总长度 34.1 万 km，占灌溉渠道总长度的 29.7%，渠系建筑物合计 310.8 万座。其中，设计流量 0.2（含）～1m^3/s 的渠道 78.0 万条，总长度 84.0 万 km，已衬砌渠道长度 21.73 万 km，占

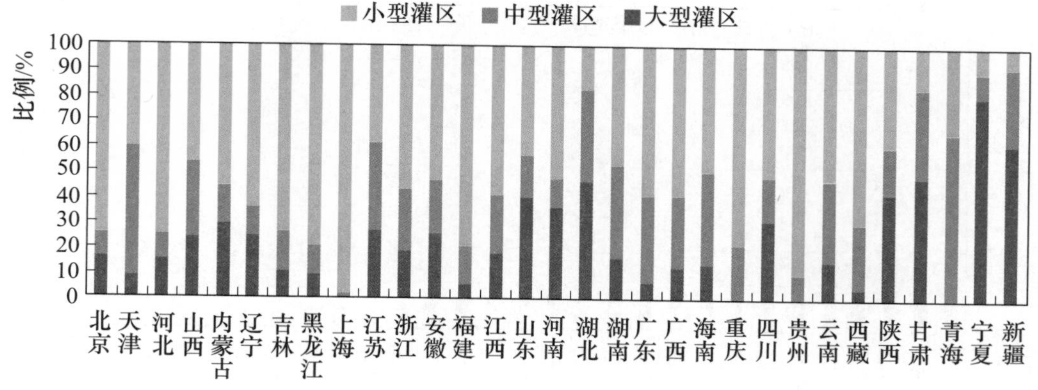

图 3-7-14　省级行政区不同规模灌区灌溉面积比例

25.9%，渠系建筑物 225.2 万座；$1m^3/s$ 及以上渠道 5.0 万条，总长度 30.8 万 km，已衬砌渠道长度 12.4 万 km（2000 年以后衬砌长度 6.8 万 km），占 40.3%，渠系建筑物 85.6 万座。省级行政区灌溉面积 2000 亩及以上灌区灌溉渠道及渠系建筑物统计见附表 A14。

灌区灌溉渠道总长度较长的有新疆、湖南、江苏、湖北和甘肃等省（自治区），其中新疆最长，占全国灌溉渠道总长度的 16.5%。省级行政区灌区不同设计流量灌溉渠道长度见图 3-7-15。

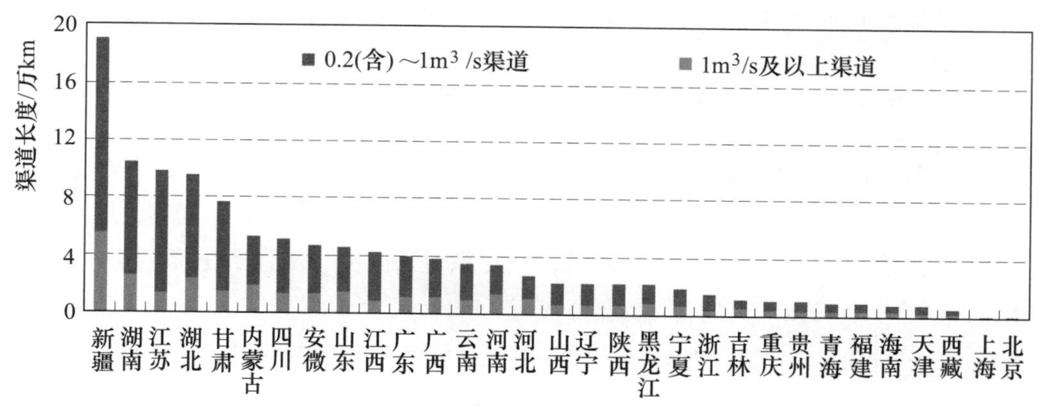

图 3-7-15　省级行政区灌区不同设计流量灌溉渠道长度

新疆渠道衬砌长度最长，占全国衬砌渠道总长度的 20.5%；上海、贵州和浙江 3 省（直辖市）灌溉渠道衬砌比例较高，分别为 92.3%、73.0% 和 69.6%。省级行政区灌区不同设计流量灌溉渠道衬砌长度见图 3-7-16，省级行政区灌区不同设计流量灌溉渠系建筑物数量见图 3-7-17。

2. 灌排结合渠道及建筑物

沿江、沿湖以及河网地区的一些渠道既承担引水灌溉的任务，又承担排水

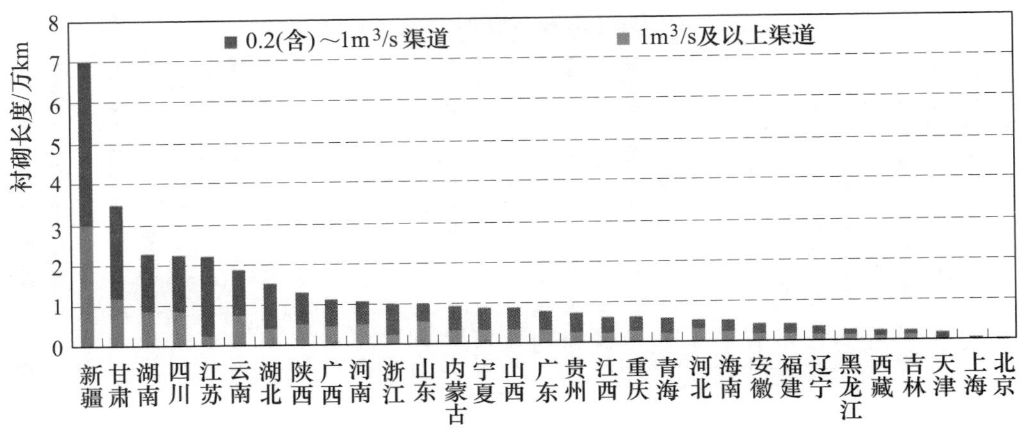

图 3-7-16　省级行政区灌区不同设计流量灌溉渠道衬砌长度

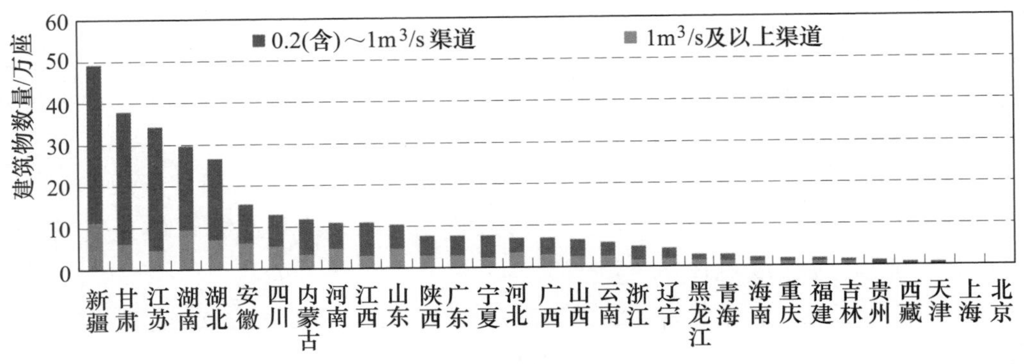

图 3-7-17　省级行政区灌区不同设计流量灌溉渠系建筑物数量

和排涝的功能，这种既灌溉又排水的渠系称为“灌排结合渠道”。全国灌溉面积 2000 亩及以上灌区范围内共有灌排结合渠道 45.2 万条，总长度 51.6 万 km，衬砌长度 6.9 万 km，占 13.4%，渠系建筑物 120.5 万座。其中，设计流量 0.2（含）～1m³/s 的灌排结合渠道 40.6 万条，总长度 34.8 万 km，衬砌总长度 4.5 万 km，占 12.9%，渠系建筑物 79.2 万座；1m³/s 及以上的灌排结合渠道 4.6 万条，总长度 16.8 万 km，衬砌长度 2.4 万 km（其中 2000 年以后渠道衬砌长度 1.5 万 km），占 14.3%，渠系建筑物 41.3 万座。省级行政区灌区不同设计流量灌排结合渠道长度见图 3-7-18，省级行政区灌溉面积 2000 亩及以上灌区灌排结合渠道及建筑物统计见附表 A15。

灌排结合渠道同时承担引水灌溉和排水的任务，普遍衬砌比例不高，全国灌排结合渠道衬砌比例平均为 13.3%。灌排结合渠道衬砌长度较长的有四川、湖南、云南、湖北、浙江和广东 6 省，共占全国灌排结合渠道衬砌总长度的 70.3%。省级行政区灌区不同设计流量灌排结合渠道衬砌长度见图 3-7-19，省级行政区灌区不同设计流量灌排结合渠系建筑物数量见图 3－7－20。

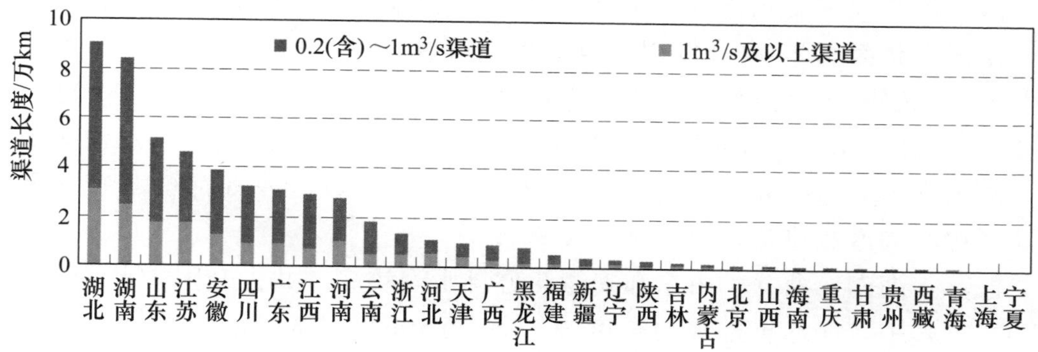

图 3－7－18　省级行政区灌区不同设计流量灌排结合渠道长度

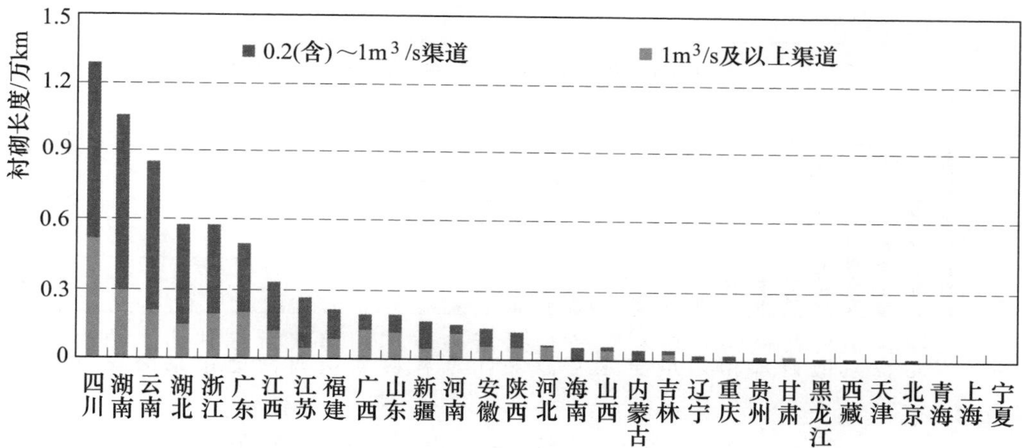

图 3－7－19　省级行政区灌区不同设计流量灌排结合渠道衬砌长度

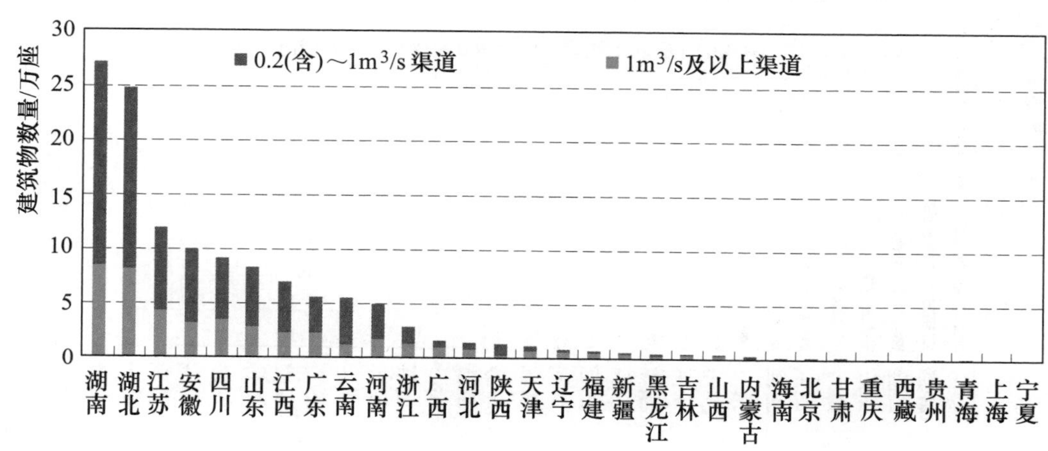

图 3－7－20　省级行政区灌区不同设计流量灌排结合渠系建筑物数量

3. 灌区排水沟及建筑物

灌区排水沟主要用于农田除涝、排渍、防盐，有时也起到蓄水和滞水作用。全国灌溉面积 2000 亩及以上灌区共有排水沟道 41.5 万条，总长度 47.0 万 km，建筑物 78.9 万座。其中，设计流量 0.6（含）～$3m^3/s$ 的排水沟 38.2 万条，总长度 34.1 万 km，建筑物 56.8 万座；$3m^3/s$ 及以上的排水沟 3.3 万条，总长度 12.9 万 km，建筑物 22.1 万座。省级行政区灌溉面积 2000 亩及以上灌区排水沟道及建筑物统计见附表 A16。

江苏、湖南、湖北、山东和安徽 5 省排水沟较多，共占全国排水沟长度的 65.6%。其中，江苏省排水沟长度为 12.5 万 km，占全国的 26.6%。省级行政区灌区不同设计流量排水沟道长度见图 3－7－21，省级行政区灌区不同设计流量排水沟道建筑物数量见图 3－7－22。

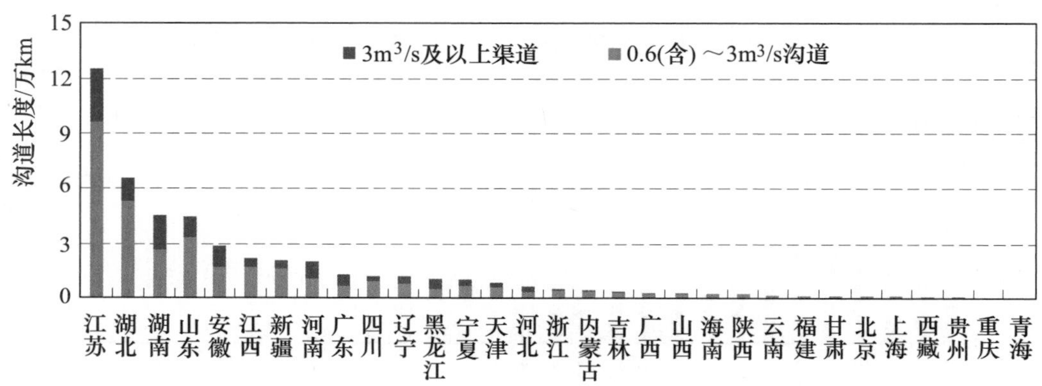

图 3－7－21　省级行政区灌区不同设计流量排水沟道长度

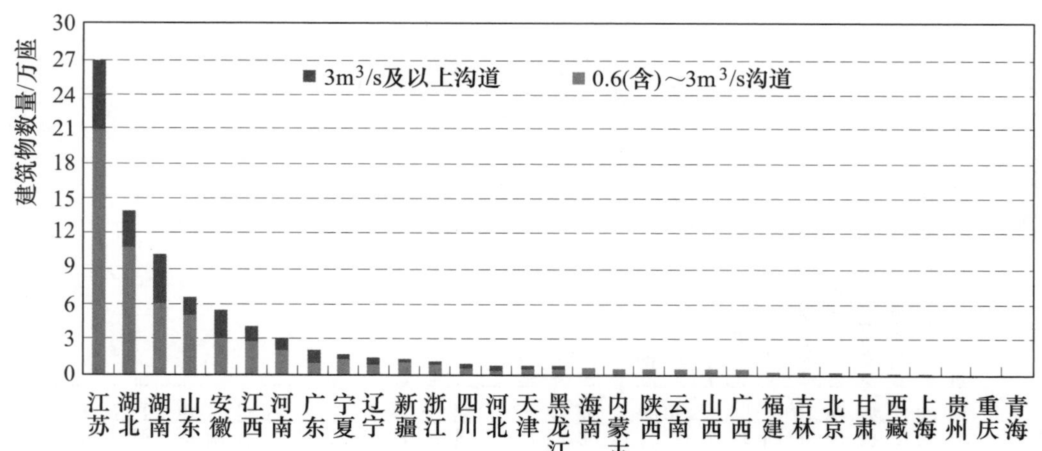

图 3－7－22　省级行政区灌区不同设计流量排水沟道建筑物数量

第八节 取 水 设 施

一、河湖取水口

1. 取水口数量

全国共有固定河湖取水口 638816 个，2011 年取水量为 4551.03 亿 m^3。其中，规模以上取水口 121796 个，2011 年取水量 3923.41 亿 m^3，占河湖取水口总数量和总取水量的比例分别为 19.1%和 86.2%；规模以下取水口 517020 个，2011 年取水量 627.62 亿 m^3，占河湖取水口总数量和总取水量的比例分别为 80.9%和 13.8%。在全国河湖取水口中，河流、湖泊和水库❶上的取水口数量分别为 539912 个、7456 个和 91448 个，分别占全国取水口总数量的 84.5%、1.2%和 14.3%，其 2011 年取水量分别占全国取水口总取水量的 75.7%、1.6%和 22.7%。

规模以上取水口中，通过泵站抽提的取水口数量为 60289 个，占规模以上取水口总数量的 49.5%，其 2011 年取水量占规模以上取水口总取水量的 35.2%，其他为水闸控制引水或无闸自流引水。安装计量设施的取水口数量为 26015 个，占规模以上取水口总数量的 21.4%，其 2011 年取水量占规模以上取水口总取水量的 58.6%。全国河湖取水口数量分类统计见表 3-8-1。

表 3-8-1 全国河湖取水口数量分类统计

<table>
<tr><th colspan="4">河湖取水口</th><th>数量/个</th><th>比例/%</th></tr>
<tr><td colspan="4">合 计</td><td>638816</td><td>100</td></tr>
<tr><td rowspan="7">按规模分类</td><td rowspan="6">规模以上</td><td colspan="2">小计</td><td>121796</td><td>19.1</td></tr>
<tr><td rowspan="2">取水计量</td><td>有计量设施</td><td>26015</td><td>21.4</td></tr>
<tr><td>无计量设施</td><td>95781</td><td>78.6</td></tr>
<tr><td rowspan="2">取水方式</td><td>自流</td><td>61507</td><td>50.5</td></tr>
<tr><td>抽提</td><td>60289</td><td>49.5</td></tr>
<tr><td colspan="2"></td><td></td><td></td></tr>
<tr><td colspan="3">规模以下</td><td>517020</td><td>80.9</td></tr>
<tr><td rowspan="3">按取水水源分类</td><td colspan="3">河流</td><td>539912</td><td>84.5</td></tr>
<tr><td colspan="3">湖泊</td><td>7456</td><td>1.2</td></tr>
<tr><td colspan="3">水库</td><td>91448</td><td>14.3</td></tr>
</table>

❶ 本次普查以取水口位置判别取水口类型，如水库通过下游河道上的取水口向外供水，则按河流型取水口统计。

由于我国各地区自然地理状况、河流水系特点、经济社会用水需求等不同，河湖取水口规模相差较大。年取水量5000万m^3及以上的取水口为1141个，占河湖取水口总数量的0.2%；年取水量15万m^3以下取水口数量达441636个，占69.1%。全国不同规模河湖取水口数量见表3-8-2。

表3-8-2 全国不同规模河湖取水口数量

取水口规模①/（万m^3/a）	数量/个	比例/%	取水口规模①/（万m^3/a）	数量/个	比例/%
合计	638816	100	100（含）～1000	29715	4.7
5000及以上	1141	0.2	15（含）～100	162519	25.4
1000（含）～5000	3805	0.6	15以下	441636	69.1

① 取水口规模用年取水量表示。

2. 取水口分布

从河湖取水口数量分布看，总体呈现南方地区多、北方地区少的特点。南方地区取水口559888个，占全国河湖取水口总数量的87.6%；北方地区取水口78928个，占全国河湖取水口总数量的12.4%。长江区、珠江区和东南诸河区取水口数量分别占全国取水口总数量的48.3%、19.1%和12.9%；西北诸河区、辽河区、海河区取水口数量分别占全国取水口总数量的0.5%、0.8%和1.3%。水资源一级区河湖取水口数量见表3-8-3，全国重点河湖取水口（年取水量5000万m^3及以上）分布见附图B10。

表3-8-3 水资源一级区河湖取水口数量 单位：个

水资源一级区	取水口数量		
	总计	规模以上	规模以下
全国	638816	121796	517020
北方地区	78928	33546	45382
南方地区	559888	88250	471638
松花江区	8900	2638	6262
辽河区	5386	1997	3389
海河区	8638	4629	4009
黄河区	13440	3165	10275
淮河区	39446	18899	20547
长江区	308464	64394	244070
其中：太湖流域	40275	15467	24808
东南诸河区	82381	5817	76564
珠江区	121873	13766	108107
西南诸河区	47170	4273	42897
西北诸河区	3118	2218	900

河湖取水口主要分布在流域面积 3000km² 以下的中小河流上，其取水口数量为 394618 个，占全国河湖取水口总数量的 61.8%，相应取水量占比为 32.8%。全国不同流域面积的河湖取水口数量见表 3-8-4。

表 3-8-4 全国不同流域面积的河湖取水口数量

流域面积 /km²	取水口数量 /个	比例 /%	流域面积 /km²	取水口数量 /个	比例 /%
合计	638816	100	200（含）～3000	237132	37.1
10000 及以上	75025	11.7	200 以下	157486	24.7
3000（含）～10000	59577	9.3	其他	109596	17.2

注 "其他"包含未明确流域面积的平原河流及湖泊。

从省级行政区看，河湖取水口数量较多的是云南、湖南和江苏 3 省，分别占全国总数量的 11.0%、9.9% 和 9.6%。省级行政区河湖取水口数量见附表 A17，省级行政区不同规模河湖取水口数量见图 3-8-1。

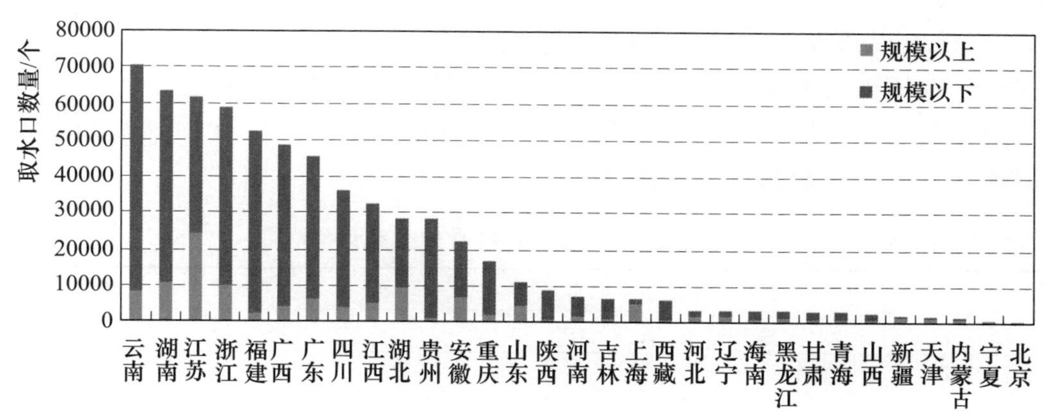

图 3-8-1 省级行政区不同规模河湖取水口数量

规模以上取水口中，依靠泵站抽提的取水口数量比例较高的省区主要分布在东部沿海地区，如上海、江苏、浙江和天津 4 省（直辖市），其泵站抽提取水口数量占该省区取水口总数量的比例分别为 100%、90.3%、80.6% 和 71.3%；西藏、新疆和云南 3 省（自治区）多以自流取水为主，泵站抽提取水口数量比例较低，分别为 3.2%、6.0% 和 8.8%。总体上看，东部地区规模以上取水口抽提数量比例最高，中部次之，西部最低，所占比例分别为 72.4%、34.7% 和 19.5%。省级行政区规模以上河湖取水口抽提数量比例见图 3-8-2。

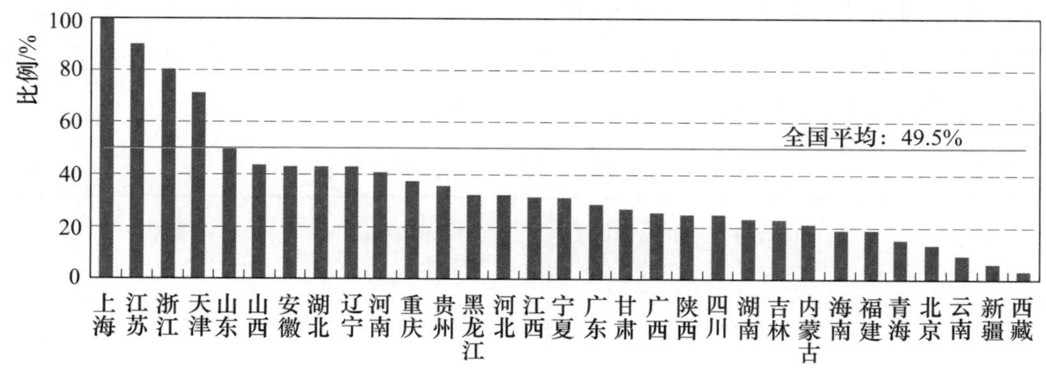

图 3-8-2　省级行政区规模以上河湖取水口抽提数量比例

二、地下水取水井

1. 取水井数量

全国地下水取水井数量共计 9748.0 万眼，2011 年全国地下水供水总量为 1081.25 亿 m^3。其中，规模以上机电井 444.9 万眼，占地下水取水井总数的 4.6%；规模以下机电井 4936.8 万眼，占 50.6%；人力井 4366.3 万眼，占 44.8%。规模以上机电井数量虽少，但其开采量是规模以下机电井及人力井开采量的 3 倍多。全国地下水取水井数量分类统计见表 3-8-5，全国不同取水类型地下水取水井数量比例见图 3-8-3。

表 3-8-5　　全国地下水取水井数量分类统计

地下水取水井				数量/万眼
合　计				9748.0
按取水井类型分类	机电井	小计		5381.7
		规模以上机电井	小计	444.9
			灌溉（井口井管内径≥200mm）	406.6
			供水（日取水量≥20m³）	38.3
		规模以下机电井	小计	4936.8
			灌溉（井口井管内径<200mm）	441.3
			供水（日取水量<20m³）	4495.5
	人力井			4366.3
按地貌类型分类	山丘区			4504.3
	平原区			5243.7
按地下水类型分类	浅层地下水			9718.9
	深层承压水			29.1

从取水井的取水用途看，规模以上机电井以灌溉用途居多，规模以下机电井以生活和工业供水居多，人力井则基本均为生活供水。全国灌溉井共计 847.9 万眼，占地下水取水井总数的 8.7%，其取水量占地下水总取水量的 69.6%；生活及工业用途供水井共计 8900.1 万眼，占 91.3%，其取水量占地下水总取水量的 30.4%。

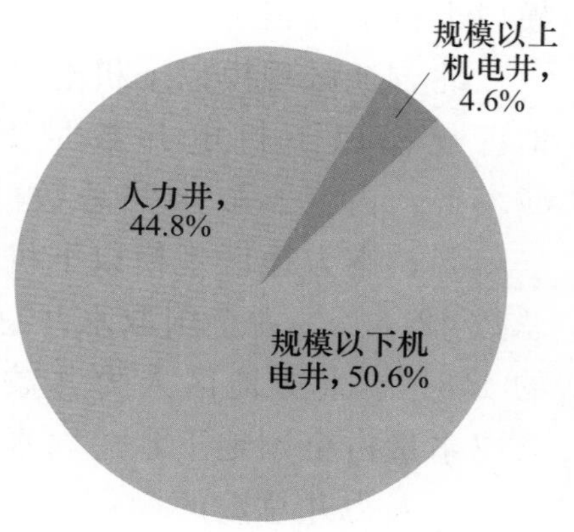

图 3-8-3 全国不同取水类型地下水取水井数量比例

从地貌类型看，山丘区地下水取水井数量为 4504.3 万眼，占地下水取水井总数的 46.2%，其取水量占地下水总取水量的 19.6%，其中规模以上机电井 66.1 万眼，其取水量占地下水总取水量的 11.9%；平原区地下水取水井数量为 5243.7 万眼，占地下水取水井总数的 53.8%，其取水量占地下水总取水量的 80.4%，其中规模以上机电井 378.8 万眼，其取水量占地下水总取水量的 64.7%。

从地下水类型看，浅层地下水取水井 9718.9 万眼，占地下水取水井总数的 99.7%，其取水量占地下水总取水量的 91.3%，其中规模以上机电井 415.8 万眼；深层承压水取水井 29.1 万眼，占地下水取水井总数的 0.3%，全部为规模以上机电井，其取水量占地下水总取水量的 8.7%。

2. 取水井分布

从水资源一级区看，地下水取水井数量总体呈现北方地区多、南方地区少的特点，各区以生活、工业供水井居多，灌溉井数量占比在 25%以内。规模以上机电井北多南少的特征相当明显。

北方地区地下水取水井总数略多于南方地区。北方地区取水井数量为 5414.7 万眼，占取水井总数的 55.5%，其取水量占地下水总取水量的 89.2%；南方地区取水井数量 4333.3 万眼，占取水井总数的 44.5%，其取水量占地下水总取水量的 10.8%。长江区和淮河区取水井数量明显较多，主要为规模以下机电井及人力井；西南诸河区和西北诸河区取水井数量很少。

规模以上机电井主要分布在北方地区，尤其集中在黄淮海地区，以灌溉用途水井居多。北方地区规模以上机电井 428.1 万眼，占全国规模以上机电井总数的 96.2%，占全国取水井总数的 4.4%，其取水量占全国地下水总取水量的 72.5%；南方地区规模以上机电井 16.8 万眼，仅占全国规模以上机电井总数 3.8%。规模以上机电井数量最为集中的淮河区和海河区，共计 284.6 万眼，占全国规模以上机电井总数的 64.0%，东南诸河区、西南诸河区和珠江区规模以上机电井很少。

北方地区规模以下机电井略多于南方，南北方人力井数量基本相当。北方地区规模以下机电井数量 2838.8 万眼，占全国规模以下机电井总数的 57.5%，占全国取水井总数的 29.1%，其取水量占全国地下水总取水量的 15.1%；南方地区规模以下机电井数量 2098.0 万眼，占全国规模以下机电井总数 42.5%，占全国取水井总数的 21.5%，其取水量占全国地下水总取水量的 4.3%。北方地区人力井数量 2147.8 万眼，占全国人力井总数的 49.2%，其取水量占全国地下水总取水量的 1.5%；南方地区人力井数量 2218.5 万眼，占全国人力井总数的 50.8%，其取水量占全国地下水总取水量的 2.5%。规模以下机电井和人力井均主要集中在长江区和淮河区，合计占全国规模以下机电井及人力井总数的 63.9%。

水资源一级区地下水取水井数量见表 3-8-6 和图 3-8-4。

表 3-8-6　　水资源一级区地下水取水井数量　　单位：万眼

水资源一级区	合计	机电井						人力井
		规模以上			规模以下			
		小计	灌溉	供水	小计	灌溉	供水	
全国	9748.0	444.9	406.6	38.3	4936.8	441.3	4495.5	4366.3
北方地区	5414.7	428.1	396.0	32.1	2838.8	372.1	2466.7	2147.8
南方地区	4333.3	16.8	10.6	6.2	2098.0	69.2	2028.8	2218.5
松花江区	683.7	36.0	32.6	3.4	430.5	101.5	329.0	217.2
辽河区	716.1	32.2	29.4	2.8	511.0	98.1	412.9	172.8
海河区	647.9	135.3	125.2	10.1	401.0	31.5	369.6	111.6
黄河区	460.4	55.7	49.5	6.1	229.9	19.8	210.0	174.8
淮河区	2804.3	149.3	141.7	7.6	1237.7	116.5	1121.2	1417.3
长江区	3302.2	12.6	9.0	3.6	1690.2	39.5	1650.7	1599.4
其中：太湖流域	219.3	0.1	0	0.1	37.1	1.0	36.1	182.1
东南诸河区	292.9	0.7	0.2	0.5	149.3	9.1	140.2	143.0
珠江区	712.6	3.3	1.2	2.1	252.6	19.8	232.8	456.7
西南诸河区	25.6	0.3	0.2	0.1	6.0	0.8	5.2	19.3
西北诸河区	102.2	19.5	17.5	2.0	28.7	4.8	23.9	54.0

从省级行政区看，各省地下水取水井数量差异较大，规模以上机电井数量差异更为明显。地下水取水井数量较多的有河南、安徽、山东和四川 4 省，合

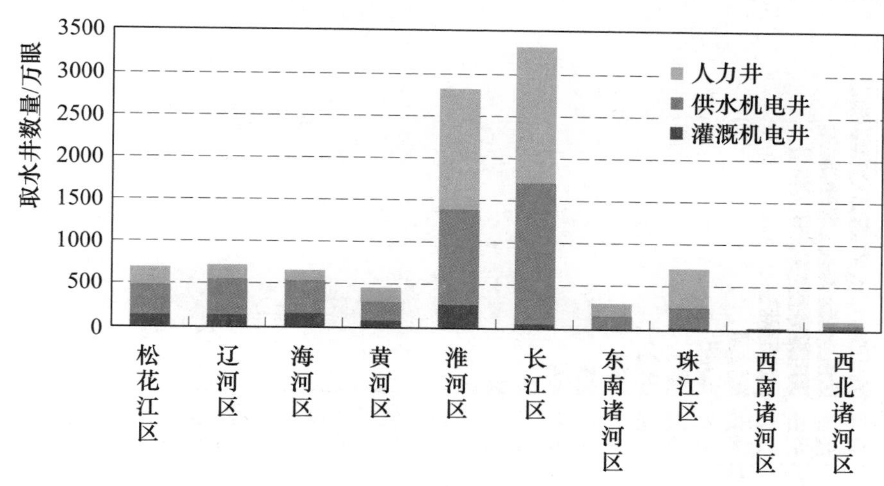

图 3-8-4　水资源一级区地下水取水井数量

计 4133.5 万眼，占全国取水井总数的 42.4%，其取水量占全国地下水总取水量的 23.6%。规模以上机电井主要集中在黄淮海地区的河南、河北和山东，3 省合计 283.3 万眼，占全国规模以上机电井总数的 63.7%，占全国取水井总数的 2.9%，其取水量占全国地下水总取水量的 29.5%，各省规模以上机电井密度均大于 4.8 眼/km^2，最高的县域规模以上机电井密度达 35 眼/km^2，远高于全国规模以上机电井平均密度 0.47 眼/km^2。规模以下机电井和人力井主要分布在河南、四川、安徽和山东等省。

省级行政区地下水取水井数量见附表 A18，省级行政区地下水取水井数量见图 3-8-5，省级行政区规模以上机电井数量见图 3-8-6，全国规模以上机电井分布见附图 B11。

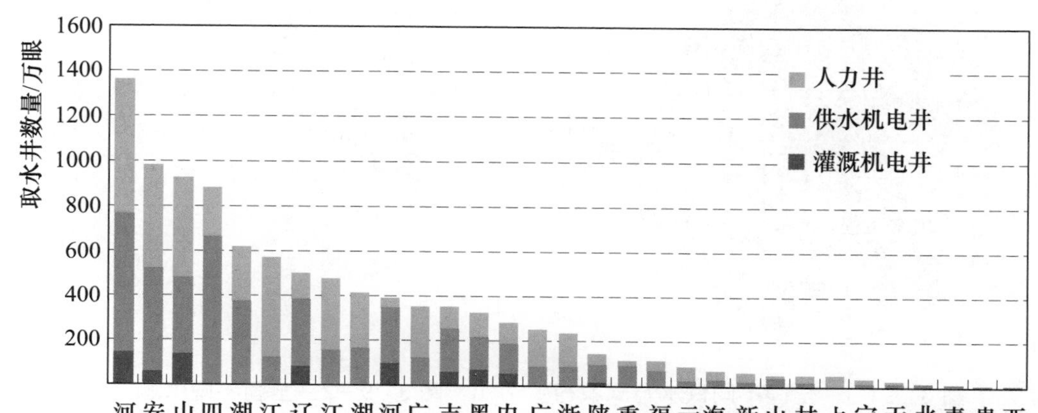

图 3-8-5　省级行政区地下水取水井数量

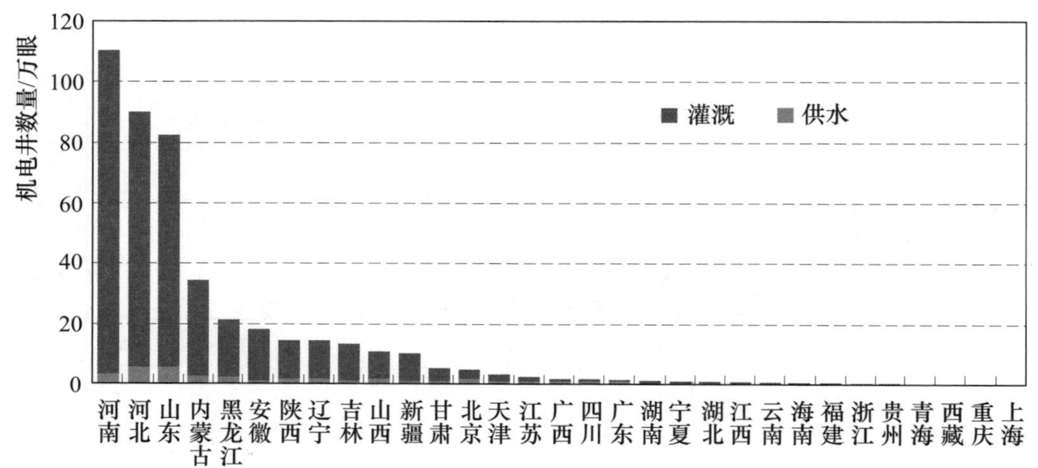

图 3-8-6 省级行政区规模以上机电井数量

第九节 农村供水工程

一、总体情况

1. 工程数量与受益人口

全国共有农村供水工程 5887.0 万处，受益人口[1] 8.09 亿。其中，集中式供水工程 91.8 万处，受益人口 5.46 亿；分散式供水工程 5795.2 万处，受益人口 2.63 亿。全国不同类型农村供水工程数量和受益人口见表 3-9-1，全国不同供水方式农村供水工程数量比例和受益人口比例见图 3-9-1 和图 3-9-2。

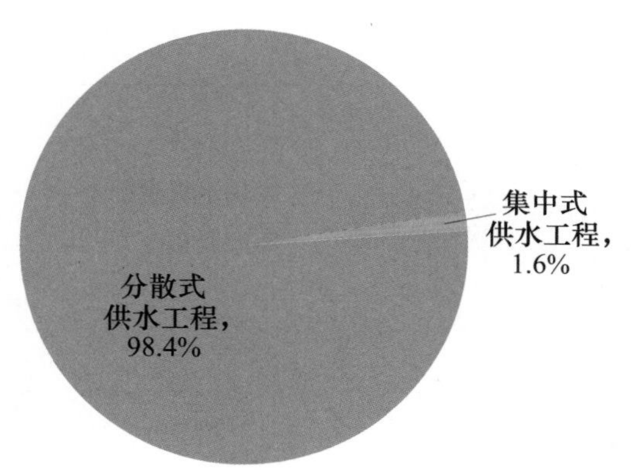

图 3-9-1 全国不同供水方式农村供水工程数量比例

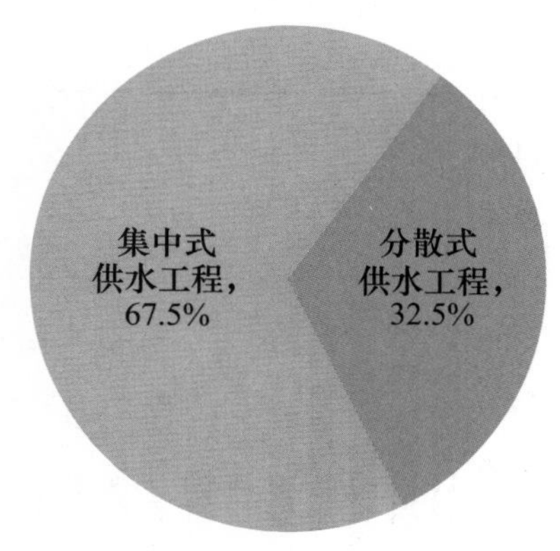

图 3-9-2 全国不同供水方式农村供水工程受益人口比例

[1] 受益人口：2011 年农村供水工程实际供水人口。范围为县城（不含县城城区）以下的乡镇、村庄、学校，以及国有农（林）场、新疆生产建设兵团团场和连队的供水工程覆盖的受益人口。

表 3-9-1 全国不同类型农村供水工程数量和受益人口

农村供水工程			数量/万处	受益人口/亿
合 计			5887.0	8.09
集中式供水工程	小计		91.8	5.46
	水源类型	地表水	47.3	2.75
		地下水	44.5	2.71
	工程类型	城镇管网延伸	1.5	1.12
		联村	3.2	1.61
		单村	87.1	2.73
分散式供水工程	小计		5795.2	2.63
	分散供水井工程		5338.5	2.28
	引泉供水工程		169.2	0.23
	雨水集蓄供水工程		287.5	0.12

2. 区域分布

从省级行政区分布情况看，农村供水工程数量较多的是河南、四川、安徽和湖南 4 省，分别占全国农村供水工程总数的 13.8%、12.0%、10.9%和 8.6%。省级行政区农村供水工程数量见附表 A19 和图 3-9-3。

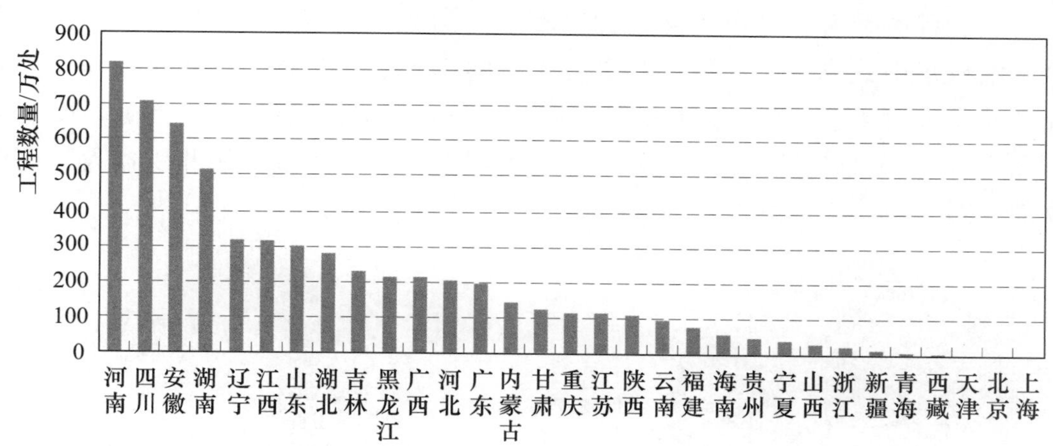

图 3-9-3 省级行政区农村供水工程数量

农村供水工程受益人口较多的是山东、河南、四川、广东、河北、江苏、安徽、湖南和广西 9 省（自治区），其受益人口之和为 45857.8 万，占全国农村供水工程受益人口总数的 56.7%。省级行政区农村供水工程受益人口见附表 A19 和图 3-9-4。

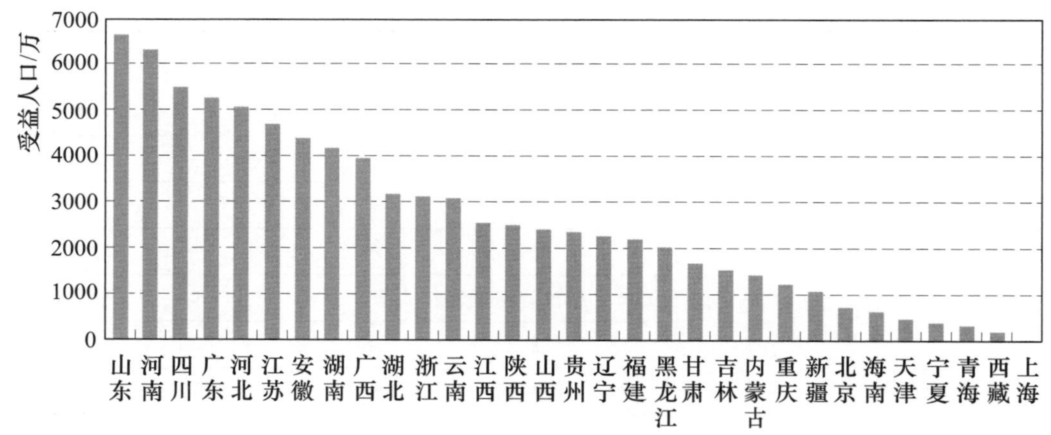

图 3-9-4　省级行政区农村供水工程受益人口

二、集中式供水工程

1. 工程数量与受益人口

从水源类型看，全国 91.8 万处农村集中式供水工程中，以地表水为水源的集中式供水工程共 47.3 万处，受益人口 2.75 亿，分别占全国集中式供水工程数量和受益人口的 51.5%和 50.4%；以地下水为水源的共 44.5 万处，受益人口 2.71 亿，分别占 48.5%和 49.6%。

从工程类型看，城镇管网延伸工程 1.5 万处，受益人口 1.12 亿，分别占全国农村集中式供水工程数量和受益人口的 1.6%和 20.5%；联村工程 3.2 万处，受益人口 1.61 亿，分别占 3.5%和 29.5%；单村工程 87.1 万处，受益人口 2.73 亿，分别占 94.9%和 50.0%。不同类型工程数量比例和受益人口比例分别见图 3-9-5 和图 3-9-6。

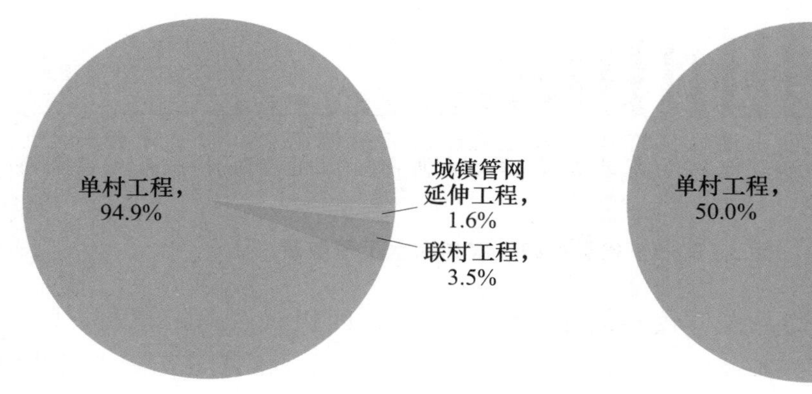

图 3-9-5　不同类型工程数量比例

图 3-9-6　不同类型工程受益人口比例

全国设计供水规模 20m^3/d（或设计供水人口 200）及以上工程共 37.1 万处，受益人口 5.09 亿。从供水方式看，供水到户的工程 34.9 万处，受益人口 4.85 亿，分别占该规模农村供水工程数量和受益人口的 94.1%和 95.3%；供水到集中供水点的工程 2.2 万处，受益人口 0.24 亿，分别占 5.9%和 4.7%。不同供水方式工程数量比例和受益人口比例分别见图 3－9－7 和图 3－9－8。

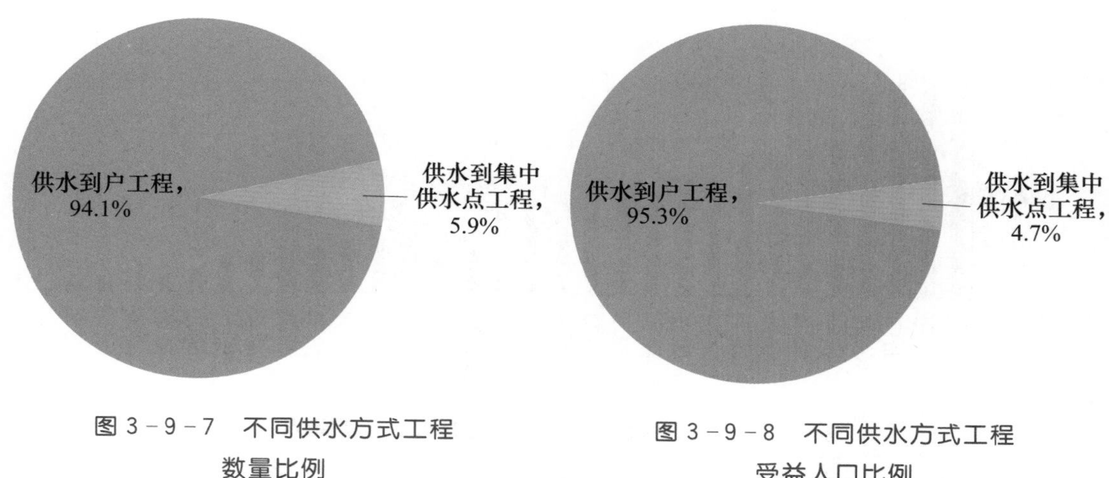

图 3－9－7　不同供水方式工程数量比例

图 3－9－8　不同供水方式工程受益人口比例

2. 区域分布情况

从省级行政区看，农村集中式供水工程数量较多的是云南、四川、广西、湖南、贵州和河南 6 省（自治区），分别占全国农村集中式供水工程总数的 9.4%、8.6%、8.4%、7.3%、7.2%和 5.8%。省级行政区集中式供水工程数量见附表 A19，省级行政区集中式供水工程数量见图 3－9－9，全国千吨万人及以上农村集中式供水工程分布见附图 B12。

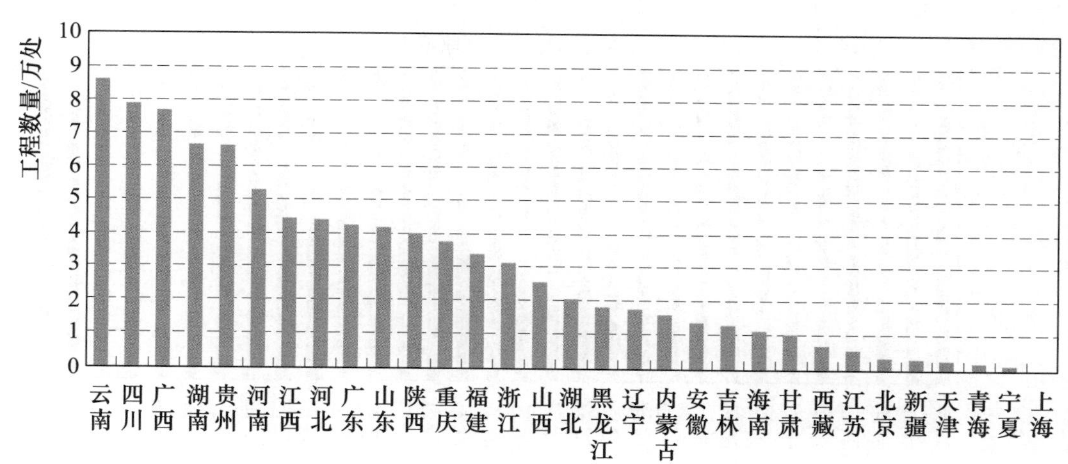

图 3－9－9　省级行政区集中式供水工程数量

农村集中式供水工程受益人口较多的是山东、江苏、广东、河北、浙江和河南6省，分别占全国农村集中式受益人口总数的10.1%、7.8%、7.5%、7.3%、5.4%和5.2%。省级行政区集中式供水工程受益人口见附表A19，省级行政区集中式供水工程受益人口见图3-9-10。

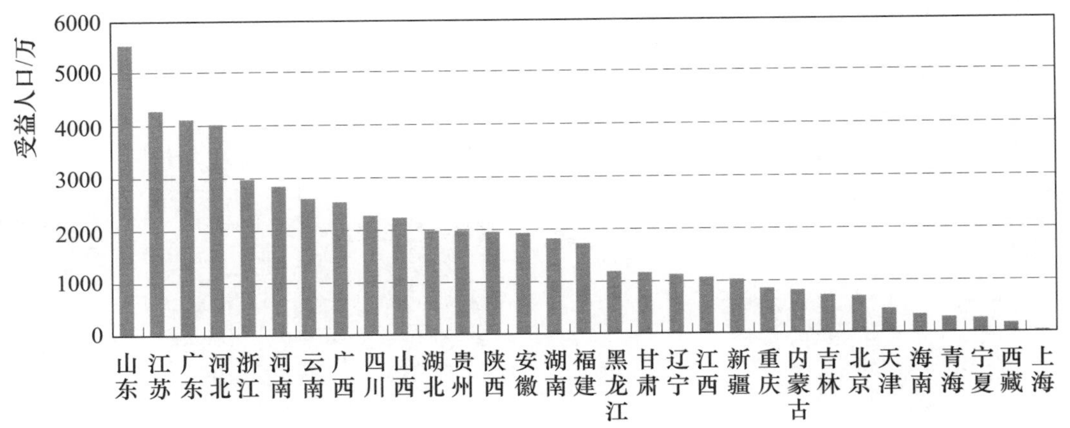

图3-9-10　省级行政区集中式供水工程受益人口

从水源类型看，以地表水为水源的农村集中式供水工程受益人口占本省农村集中式供水工程受益人口比例较高的是浙江、云南、福建、重庆和广东5省(直辖市)，分别为95.9%、95.0%、93.5%、92.4%和91.0%。以地下水为水源的农村集中式供水工程受益人口占本省农村集中式供水工程受益人口比例较高的是河北、北京、内蒙古、黑龙江和河南5省（自治区、直辖市），分别为98.6%、98.0%、97.5%、96.6%和91.5%。省级行政区不同水源类型受益人口数量见附表A19，省级行政区不同水源类型受益人口比例见图3-9-11。

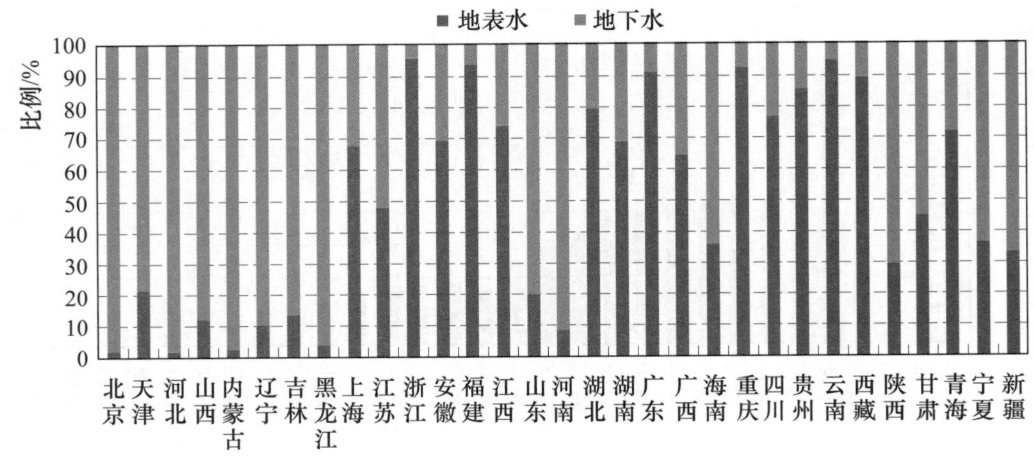

图3-9-11　省级行政区不同水源类型受益人口比例

从工程类型看，城镇管网延伸工程受益人口占本省农村集中式供水工程受益人口比例较高的是浙江、广东、江苏和湖北4省，分别为47.6%、42.7%、40.8%和39.7%。联村工程受益人口占本省农村集中式供水工程受益人口比例较高的是上海、宁夏、新疆、青海和甘肃5省（自治区、直辖市），分别为94.6%、79.3%、73.6%、55.7%和54.9%。单村工程受益人口占本省农村集中式供水工程受益人口比例较高的是西藏、黑龙江和吉林3省（自治区），分别为93.4%、87.6%、83.7%。省级行政区不同工程类型受益人口数量见附表A19，省级行政区不同工程类型受益人口比例见图3-9-12。

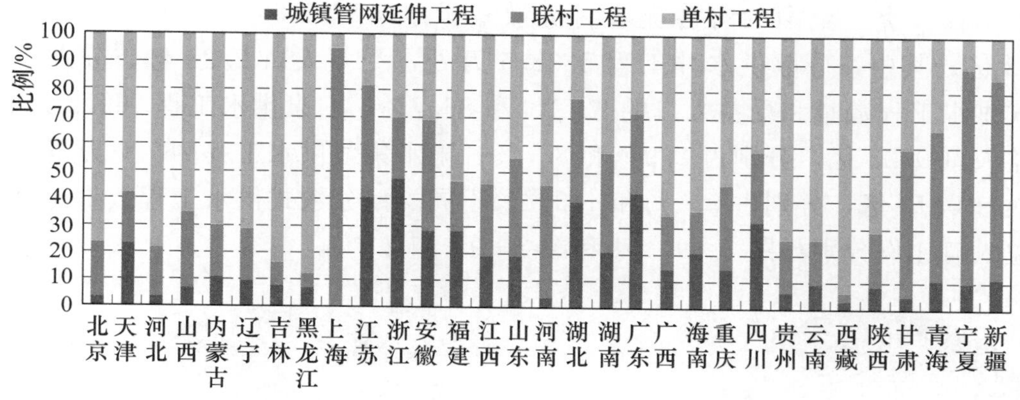

图3-9-12　省级行政区不同类型工程受益人口比例

从供水方式看，设计供水规模$20m^3/d$（或设计供水人口200人）及以上农村集中式供水工程中，供水到户工程受益人口占本省该规模农村供水工程受益人口比例较高的是上海、北京和辽宁3省（直辖市），分别为100%、

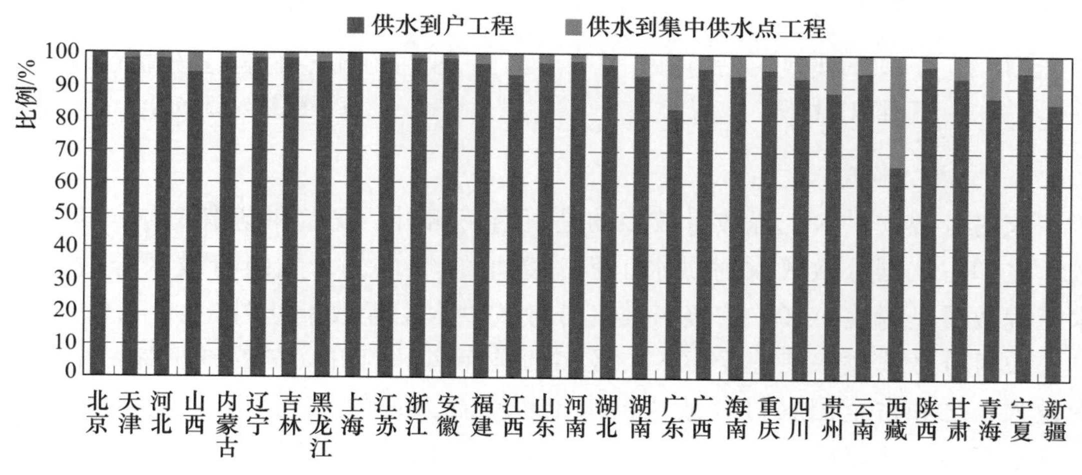

图3-9-13　省级行政区不同供水方式工程受益人口比例

99.5%和98.9%。供水到集中供水点工程受益人口占本省该规模农村供水工程受益人口比例较高的是西藏、广东和新疆3省(自治区),分别为34.2%、16.8%和14.6%。省级行政区不同供水方式工程受益人口比例见图3-9-13。

三、分散式供水工程

1. 工程数量与受益人口

农村分散式供水工程主要包括分散供水井工程、引泉供水工程和雨水集蓄供水工程3类。全国共有各类农村分散式供水工程5795.2万处,受益人口2.63亿。其中,分散供水井工程5338.5万处,受益人口2.28亿,分别占分散式供水工程数量和受益人口的92.1%和86.7%;引泉供水工程169.2万处,受益人口0.23亿,分别占2.9%和8.7%;雨水集蓄供水工程287.5万处,受益人口0.12亿,分别占5.0%和4.6%。不同类型分散式供水工程数量比例和受益人口比例分别见图3-9-14和图3-9-15。

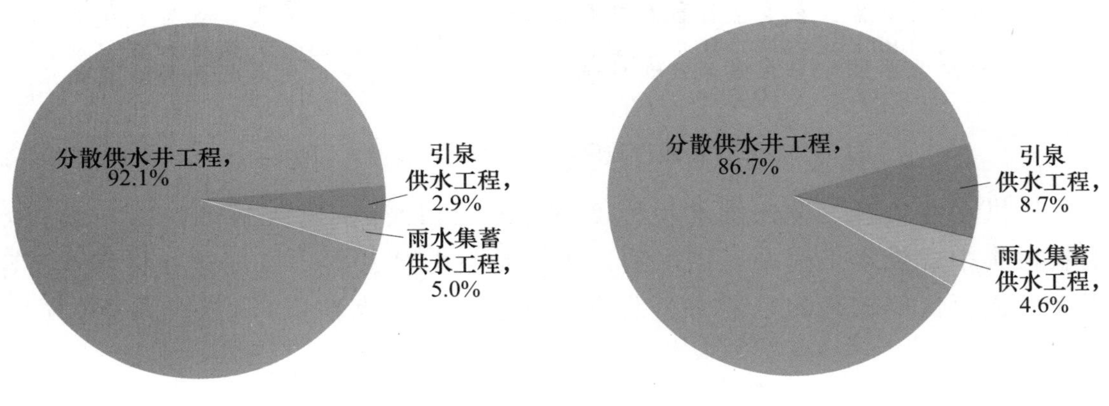

图3-9-14 不同类型分散式供水工程数量比例

图3-9-15 不同类型分散式供水工程受益人口比例

2. 区域分布情况

农村分散式供水工程数量较多的是河南、四川、安徽和湖南4省,其工程数量之和占全国分散式农村供水工程总数量的45.6%。省级行政区分散式供水工程数量见附表A19,省级行政区分散式供水工程数量见图3-9-16。

农村分散式供水工程受益人口较多的是河南、四川、安徽和湖南4省,其受益人口之和占全国农村分散式供水工程受益人口的43.4%;上海市无分散式供水工程,北京仅1.5万人。省级行政区分散式供水工程受益人口见附表A19,省级行政区分散式供水工程受益人口见图3-9-17。

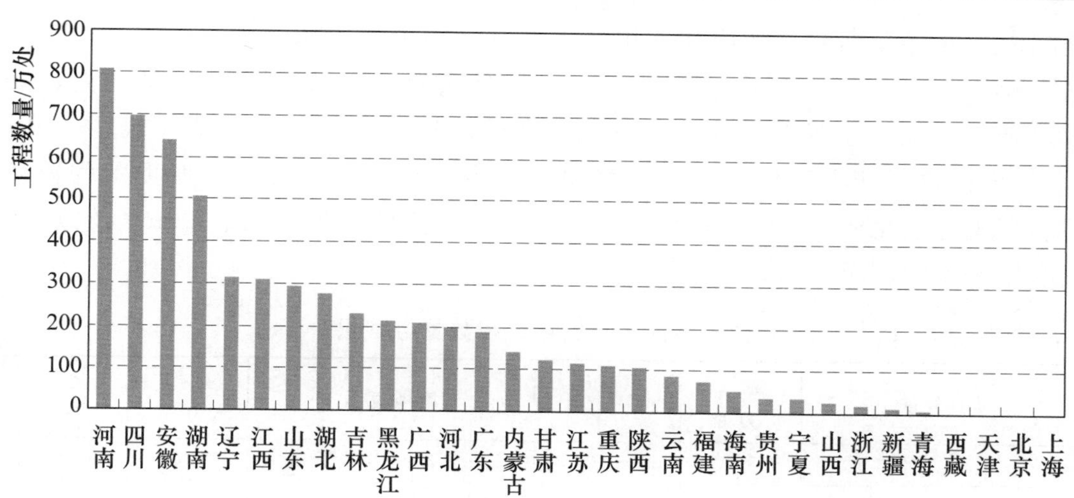

图 3-9-16　省级行政区分散式供水工程数量

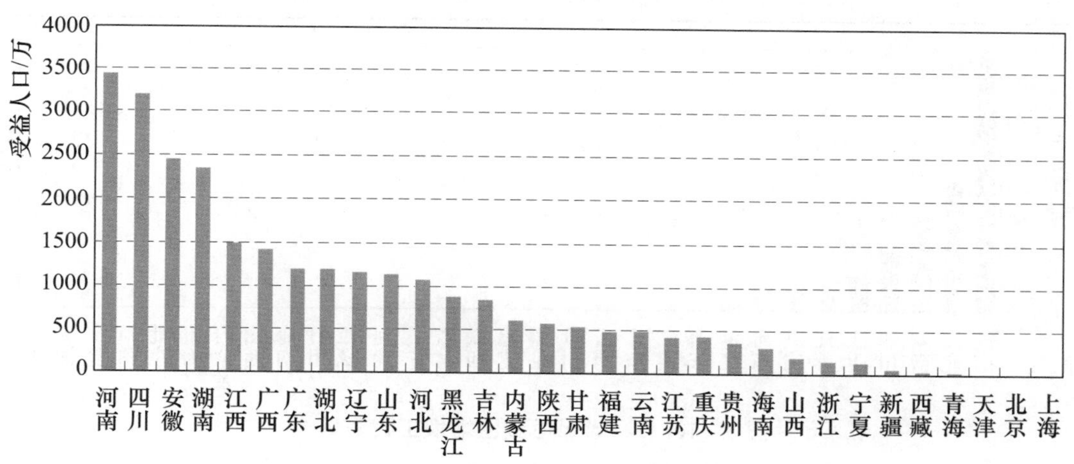

图 3-9-17　省级行政区分散式供水工程受益人口

第十节　塘 坝 与 窖 池

一、塘坝

全国共有塘坝工程 456.3 万处，总容积为 300.89 亿 m^3。其中，500（含）～1 万 m^3 的塘坝 388.7 万处，容积 108.51 亿 m^3；1 万（含）～5 万 m^3 的塘坝 57.7 万处，容积 114.74 亿 m^3；5 万（含）～10 万 m^3 的塘坝 9.0 万处，容积 59.98 亿 m^3；10 万 m^3 及以上的塘坝 0.9 万处，容积 17.67 亿 m^3。

从区域分布看，塘坝数量较多的是湖南、湖北、安徽、四川和江西 5 省，其塘坝工程数量合计占全国塘坝工程总数量的 82.2%。塘坝工程容积较大的是湖南、安徽、湖北、江西和四川5省，其塘坝工程容积之和占全国塘坝工程总容积的72.4%。容积大于1万m^3的单个塘坝工程数量较多的是湖南、安徽、湖北、江西和四川5省。全国不同规模塘坝工程数量与容积见表3-10-1，省级行政区塘坝工程数量与总容积见附表A20，省级行政区塘坝工程数量和总容积分别见图3-10-1和图3-10-2，全国塘坝（容积500m^3及以上）密度分布见附图B13。

表3-10-1　　全国不同规模塘坝工程数量与容积

塘坝规模	数量/万处	容积/万m^3	塘坝规模	数量/万处	容积/万m^3
合　　计	456.3	3008928.3	5万（含）～10万m^3	9.0	599765.2
500（含）～1万m^3	388.7	1085077.1	10万m^3及以上	0.9	176673.4
1万（含）～5万m^3	57.7	1147412.6			

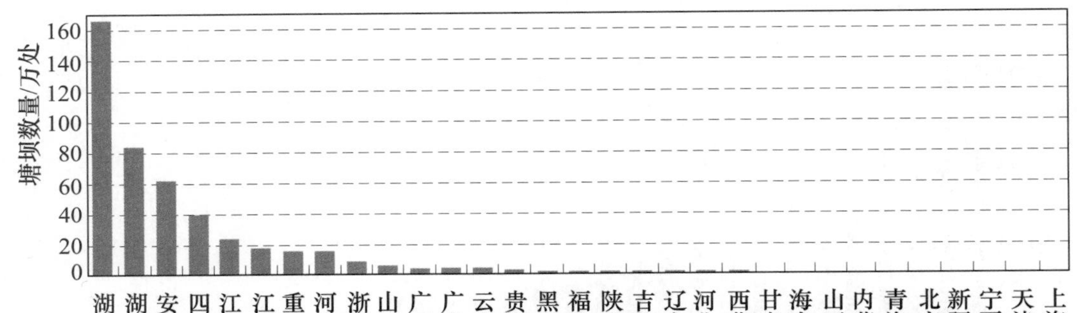

图3-10-1　省级行政区塘坝工程数量

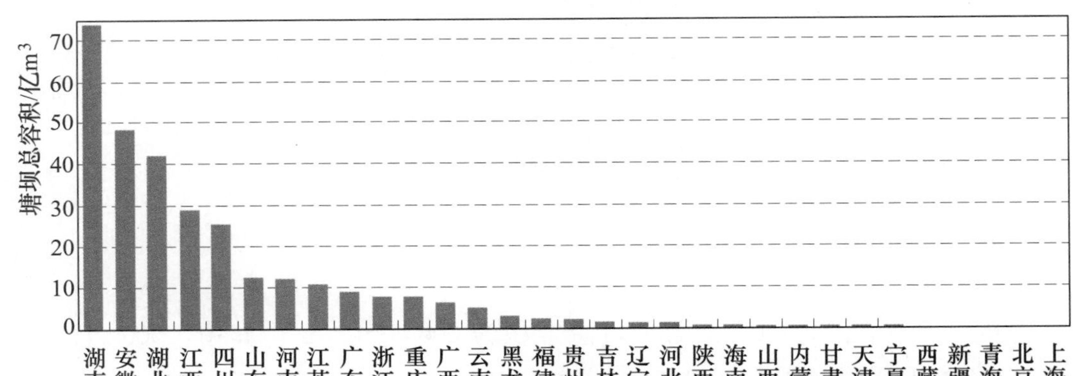

图3-10-2　省级行政区塘坝工程总容积

二、窖池

全国共有窖池工程689.3万处，总容积25141.7万m^3。其中，10（含）～

$100m^3$ 的窖池工程共有 660.0 万处，容积 18738.5 万 m^3；100（含）～$500m^3$ 的窖池工程共有 29.3 万处，容积 6403.2 万 m^3。

从区域分布看，窖池工程数量较多的是云南、甘肃、四川、贵州和陕西 5 省，其窖池工程数量之和占全国窖池工程总数的 70.9%。四川、云南、甘肃、贵州和重庆 5 省（直辖市）的窖池工程总容积较大，其窖池工程容积之和占全国窖池工程总容积的 68.2%。全国不同规模窖池工程数量与容积见表 3-10-2，省级行政区窖池工程数量与总容积见附表 A20，省级行政区窖池工程数量和总容积分别见图 3-10-3 和图 3-10-4，全国窖池［容积 10（含）～$500m^3$］密度分布见附图 B14。

表 3-10-2　全国不同规模窖池工程数量与容积

窖池规模	数量/万处	容积/万 m^3
合　　计	689.3	25141.7
10（含）～$100m^3$	660.0	18738.5
100（含）～$500m^3$	29.3	6403.2

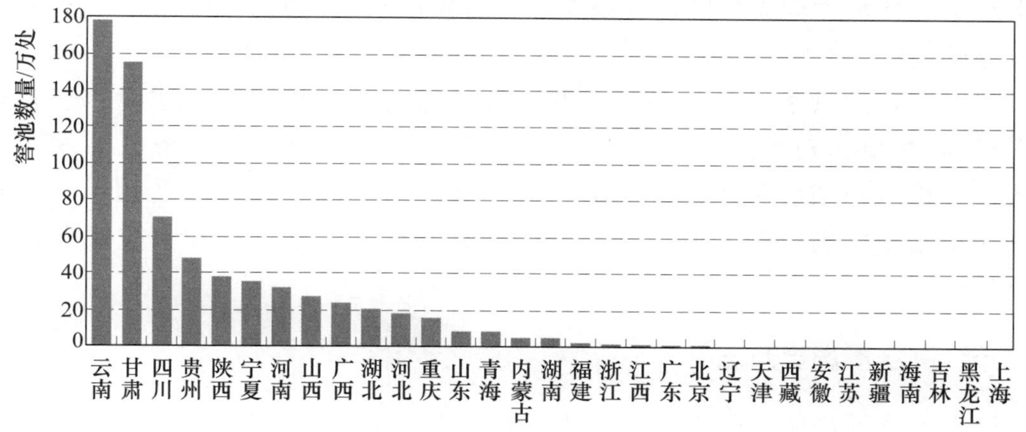

图 3-10-3　省级行政区窖池工程数量

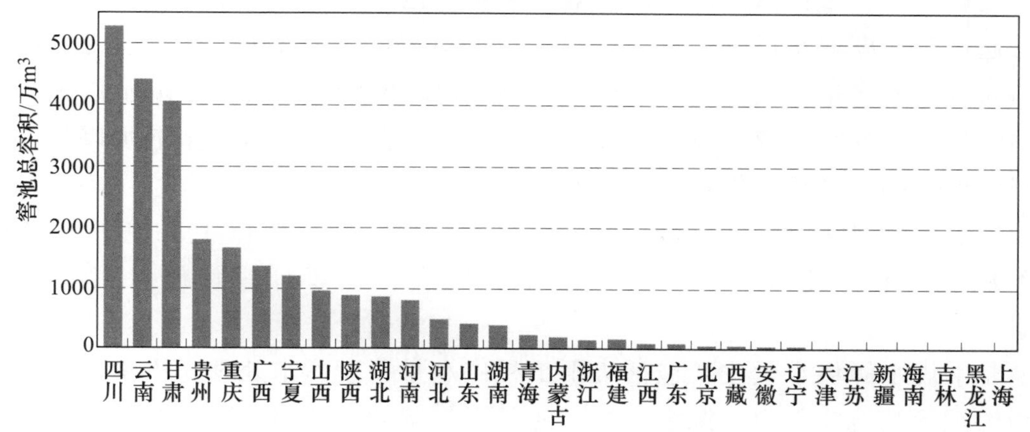

图 3-10-4　省级行政区窖池工程总容积

第四章　水资源开发利用情况

本章重点介绍我国不同水源供水情况、各行业用水情况，以及流域或区域水资源开发利用程度、用水水平与效率等情况。

第一节　调查方法与口径

本次供用水调查采取对不同水源的供水量及其供水对象、不同经济社会行业用水量及其水源构成分别进行调查，并对供用水系统的空间平衡与用户平衡进行分析检验。

本次普查的供水量是指各种水源工程供给河道外用水户的水量（包括输水损失），按供水对象所在行政区和水资源分区进行统计；经济社会用水量是指各类用水户从各种水源提引的用于生活、生产和生态环境的用水量（包括进入用水户之前的输水损失），也按用水对象所在行政区和水资源分区进行统计。

一、供水量调查方法

供水量分别按地表水供水量、地下水供水量和非常规水源供水量进行调查统计。

地表水供水量包括河湖取水口取水量和其他地表水供水量。河湖取水口取水量通过对河湖取水口逐一清查登记，健全和完善计量设施，建立逐月取水台账，获取年取水量。其他地表水供水量通过对江河湖库上无固定取水设施（如移动泵站等）的临时取水口，以及不在江河湖库上的分散地表水取水口等进行调查统计和综合分析，推算其年供水量。

地下水供水量通过对所有地下水取水井（包括规模以上机电井、规模以下机电井和人力井）逐一清查登记，健全和完善计量设施，获取年供水量。

非常规水源供水量主要包括集雨工程供水量、废污水处理回用量、海水淡化利用量等其他非常规水源供水量。通过逐村统计窖池容积、各城市污水处理再利用企业和海水淡化企业，获取区域非常规水源年供水量。

二、用水量调查方法

经济社会用水包括城乡居民生活用水、生产用水和河道外生态环境用水。由于经济社会用水户数量巨大，难以做到逐个全部普查，因此经济社会用水情况调查采用用水大户逐一调查、非用水大户抽样调查的方法，结合经济社会指标，推算全社会用水量。调查内容主要包括用水户用水调查、分区净用水量分析计算以及全口径供用水量计算与平衡检验三个过程。用水户调查主要以抽样和入户调查方式获取用水户取用水量等信息；分区净用水量分析计算主要以用水户调查成果为基础进行分区用水量和用水指标的分析，结合区域经济社会指标，推算分区的净用水量；全口径供用水量计算与平衡检验主要在分区净用水量和供水量分析计算的基础上，结合取水口和地下水井调查成果，考虑供用水系统从取水口到用水户间的输水损失，计算从水源到用户的全口径供用水量，对用水量进行供用水户之间、供水系统之内以及区域空间的水量平衡关系进行分析，检验计算成果的合理性。

1. 用水户用水调查

结合本次灌区和地下水井专项普查的清查成果、第二次全国经济普查成果、相关部门企事业单位名录等资料，按照用水大户的确定方法，选取规模以上灌区、工业企业、公共供水企业、第三产业单位等行业的所有用水大户，以及按照抽样或选取典型的方法，选取出城乡居民家庭、畜禽养殖场、规模以下灌区、工业企业、建筑企业、第三产业单位等行业的典型用水户，将选取出的用水大户和典型用水户作为调查对象。根据需要完善调查对象的用水计量设施，建立取用水台账，记录各月取用水情况，获得用水大户和典型用水户的全年用水量等数据。

2. 分区净用水量分析

以县级行政区套水资源三级区为计算单元，根据用水大户用水调查成果获得各行业用水大户净用水量；并根据典型用水户用水调查成果获取的各行业单位净用水指标，结合经济社会指标统计资料，以单位净用水指标与非用水大户经济社会指标的乘积进行分行业非用水大户净用水量的推算；用水大户净用水量与非用水大户净用水量之和即为计算单元的净用水量。净用水量指用水户实际接收到并用于生活、生产和河道外生态环境的水量，不包括进入用水户之前的输水损失。

3. 全口径供用水量计算与平衡分析检验

依据地表取水口、地下水取水井取供水量数据，公共供水企业取供水数据、用水户自备水源取用水数据、跨县灌区水源取水数据等，计算各种供水水源及各用水行业的输水损失，从而获得计算单元分行业包括输水损失在内的全口径毛用水量。对计算成果进行区域间引入引出水量平衡分析、供水系统内取供用水间的水量平衡分析，对计算单元的总水量进行供用水量平衡分析检验，每个计算单元的供用水量平衡差控制在±5%范围以内方为合格。

三、供用水计量

为了提高供用水量的调查精度，本次普查加强了普查对象的计量设施建设与完善，主要普查对象均进行了取、供、用水量月台账建设。

规模以上河湖取水口中，采用水表及堰槽等设施直接计量和采用耗电量等间接计量获取的取水量共计2755亿m^3，占规模以上取水量的70.2%，其他规模以上河湖取水口取水量采用典型调查后推算获取。地下水取水井中，采用水表及堰槽等直接计量和采用耗电量等间接计量获取的取水量共828亿m^3，占地下水取水总量的76.5%，其他取水井取水量采用典型调查后推算获取。

经济社会用水户中，对居民生活、生产、生态环境和公共供水企业等83万多个用水户进行用水调查和计量，调查对象总用水量4587亿m^3，占经济社会用水量的72.7%，其他用水户用水量采用典型调查后推算获取。

第二节　供　水　量

一、地表水供水量

地表水供水量指所有地表取水工程设施提引并供给河道外用水户的包括输水损失在内的水量，包括河湖取水口取水量和其他地表水供水量。

（一）河湖取水口取水量

全国固定河湖取水口2011年总取水量4551.03亿m^3。其中，规模以上取水口取水量3923.41亿m^3，占全国河湖取水口总取水量的86.2%；规模以下取水口取水量627.62亿m^3，占13.8%。按取水水源分类，河流型取水口取水量3445.23亿m^3，占河湖取水口总取水量的75.7%；水库型取水口取水量1034.19亿m^3，占22.7%；湖泊型取水口取水量71.61亿m^3，占1.6%。规模以上河湖取水口中，自流和抽提方式取水口取水量分别为2543.02亿m^3和1380.39亿m^3。从取水量来看，我国河湖取水以自流取水为主。全国河湖取水口2011年取水量分类情况见表4-2-1。

表 4-2-1　　全国河湖取水口 2011 年取水量分类情况

河湖取水口				取水量/亿 m^3	比例/%
总　计				4551.03	100
按规模分类	规模以上	小计		3923.41	86.2
		取水方式	自流	2543.02	64.8
			抽提	1380.39	35.2
	规模以下			627.62	13.8
按取水水源分类	河流			3445.23	75.7
	湖泊			71.61	1.6
	水库			1034.19	22.7

2011 年，年取水量 5000 万 m^3 及以上的河湖取水口取水量为 2181.40 亿 m^3，占河湖取水口总取水量的 47.9%；年取水量 15 万 m^3 以下的河湖取水口取水量为 232.43 亿 m^3，仅占 5.1%。基本呈现规模较大的河湖取水口取水量较多，而规模较小的河湖取水口取水量较少的特点。全国不同规模河湖取水口 2011 年取水量见表 4-2-2。

表 4-2-2　　全国不同规模河湖取水口 2011 年取水量

取水口规模[①] /（万 m^3/a）	取水量 /亿 m^3	比例 /%	取水口规模[①] /（万 m^3/a）	取水量 /亿 m^3	比例 /%
总计	4551.03	100	100（含）～1000	786.54	17.3
5000 及以上	2181.40	47.9	15（含）～100	556.28	12.2
1000（含）～5000	794.38	17.5	15 以下	232.43	5.1

① 取水口规模用年取水量表示。

我国河湖取水量主要分布在流域面积 1 万 km^2 及以上的河流上，其 2011 年取水量 1901.53 亿 m^3，占全国河湖取水口总取水量的 41.8%；流域面积在 200（含）～3000km^2 的河流 2011 年取水量 1071.80 亿 m^3，占 23.5%；流域面积在 200km^2 以下的河流 2011 年取水量 423.59 亿 m^3，占 9.3%。2011 年不同流域面积河流取水情况见表 4-2-3。

表 4-2-3　　2011 年不同流域面积河湖取水情况

流域面积 /km^2	取水量 /亿 m^3	比例 /%	流域面积 /km^2	取水量 /亿 m^3	比例 /%
10000 及以上	1901.53	41.8	200 以下	423.59	9.3
3000（含）～10000	467.84	10.3	其他	686.27	15.1
200（含）～3000	1071.80	23.5			

注　“其他”包含未明确流域面积的平原河流及湖泊。

水资源一级区中，南方地区河湖取水口取水量为 2825.81 亿 m^3，占全国河湖取水口总取水量的 62.1%；北方地区河湖取水口取水量为 1725.22 亿 m^3，占 37.9%。其中，长江区、珠江区和西北诸河区河湖取水口取水量较大，分别为 1673.58 亿 m^3、770.03 亿 m^3 和 585.38 亿 m^3，分别占全国河湖取水口总取水量的 36.8%、16.9%和 12.9%。水资源一级区河湖取水口 2011 年取水量见表 4-2-4 及图 4-2-1。

表 4-2-4　水资源一级区河湖取水口 2011 年取水量

水资源一级区	取水量/亿 m^3			比例/%
	合计	规模以上	规模以下	
全国	4551.03	3923.41	627.62	100
北方地区	1725.22	1674.54	50.68	37.9
南方地区	2825.81	2248.87	576.94	62.1
松花江区	247.52	230.26	17.26	5.4
辽河区	93.28	88.22	5.06	2.1
海河区	86.66	82.86	3.81	1.9
黄河区	375.36	366.94	8.42	8.2
淮河区	337.03	323.58	13.45	7.4
长江区	1673.58	1424.40	249.18	36.8
其中：太湖流域	260.06	234.74	25.32	5.7
东南诸河区	296.59	203.72	92.87	6.5
珠江区	770.03	573.12	196.91	16.9
西南诸河区	85.62	47.63	37.99	1.9
西北诸河区	585.38	582.70	2.68	12.9

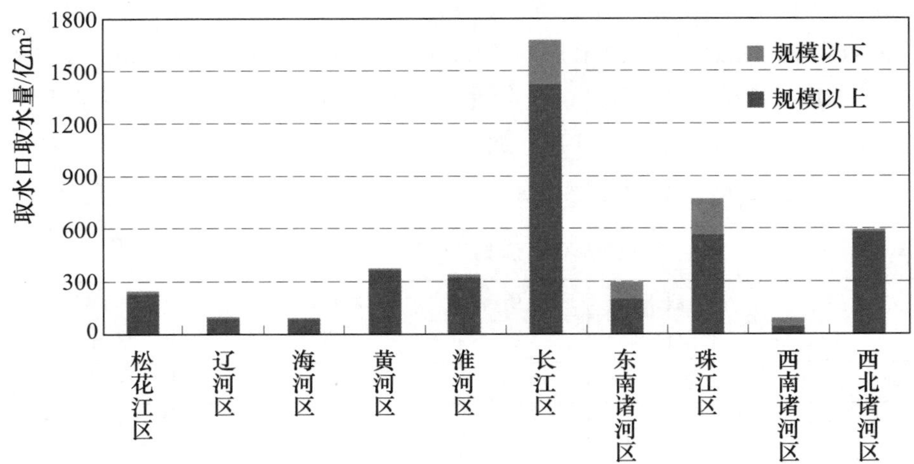

图 4-2-1　水资源一级区河湖取水口 2011 年取水量

我国河湖取水口2011年取水量，东部地区为1651.76亿m^3，西部地区为1550.83亿m^3，中部地区为1348.44亿m^3，分别占全国河湖取水口总取水量的36.3%、34.1%、29.6%。

在省级行政区中，新疆、江苏、广东、湖南、湖北、广西和江西7省（自治区）的河湖取水口取水量占全国河湖取水口总取水量的50%以上，其中新疆取水量最大，为503.02亿m^3，占全国河湖取水口总取水量的11.1%；江苏和广东的取水量也较大，分别为444.38亿m^3和427.71亿m^3，分别占9.8%和9.4%。省级行政区河湖取水口2011年取水量见附表A21及图4-2-2。

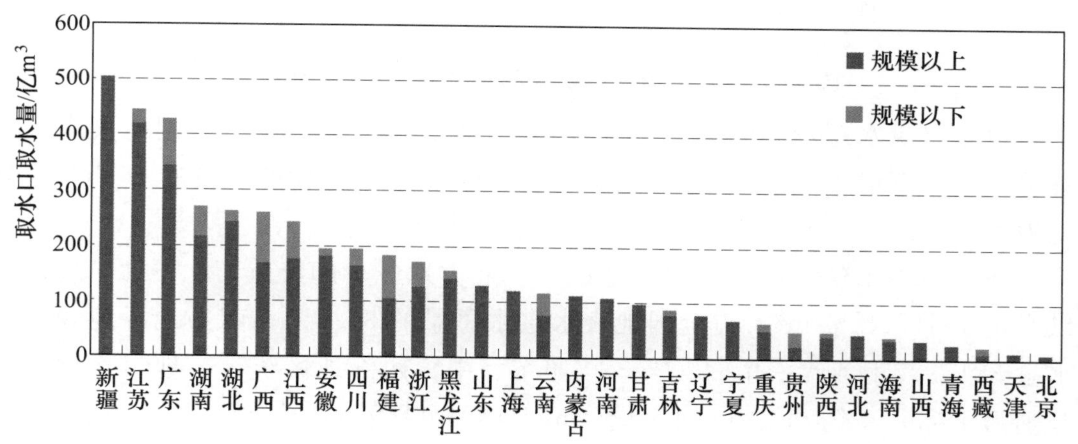

图4-2-2 省级行政区河湖取水口2011年取水量

（二）其他地表水供水量

2011年，全国无固定取水设施（如移动泵站等）临时取水口以及不在江河湖库上的分散式等其他地表水取水工程供水量为478.19亿m^3。从水资源一级区看，长江区其他地表水供水量最大，为251.06亿m^3，占全国的52.5%；淮河区和珠江区也较大，共占全国的29.7%。水资源一级区2011年其他地表水供水量见图4-2-3。

从行政分区看，其他地表水供水量主要集中在华东地区、中南地区和西南地区，分别占全国其他地表水供水量的40.9%、33.1%和16.5%。华东地区和中南地区的其他地表水供水量大，主要是移动泵站多和独立塘坝多导致的；西南地区其他地表水供水量大，主要是山泉水和岩溶水多导致的。省级行政区中，江苏、湖南、安徽、湖北、四川和广东6省的其他地表水供水量较多，均超过30亿m^3，共占全国的58.3%。

（三）地表水供水总量

地表水供水总量为河湖取水口供水量与其他地表水供水量之和。2011年

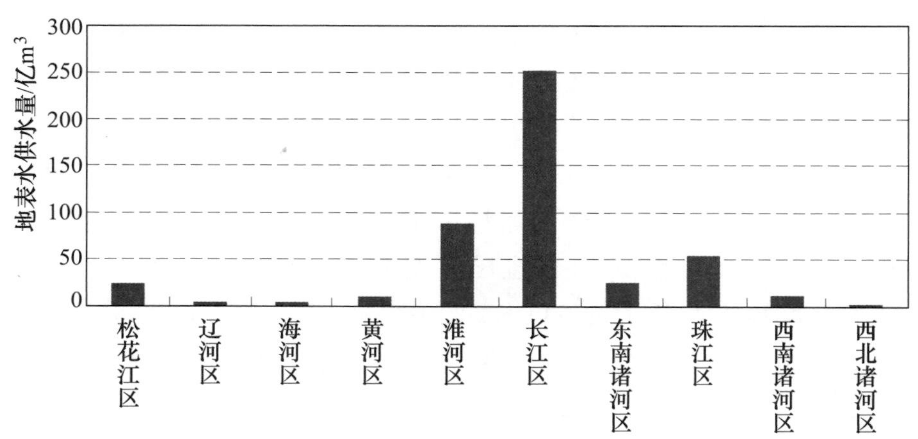

图 4－2－3　水资源一级区 2011 年其他地表水供水量

全国地表水供水总量 5029.22 亿 m³，占总供水量的 81.2%。全国地表水供水总量中，河湖取水口供水量为 4551.03 亿 m³，占地表水供水量的 90.5%；其他地表水供水量为 478.19 亿 m³，占地表水供水量的 9.5%。

我国地表水供水量呈现南方地区多、北方地区少的特点，北方地区地表水供水量 1812.95 亿 m³，占全国地表水供水总量的 36.0%；南方地区地表水供水量 3216.27 亿 m³，占 64.0%。按照东、中、西部地区统计，地表水供水量分别为 1825.50 亿 m³、1611.90 亿 m³、1591.82 亿 m³，分别占全国地表水供水总量的 36.3%、32.0%、31.7%。

1. 水资源一级区地表水供水量

从水资源分区看，长江区地表水供水量最大，为 1968.68 亿 m³，占全国地表水供水总量的 39.1%；珠江区次之，为 826.33 亿 m³，占 16.4%；辽河区、西南诸河区和海河区地表水供水量较少，均在 100 亿 m³ 左右，分别占 2%左右。水资源一级区 2011 年地表水供水量见图 4－2－4。

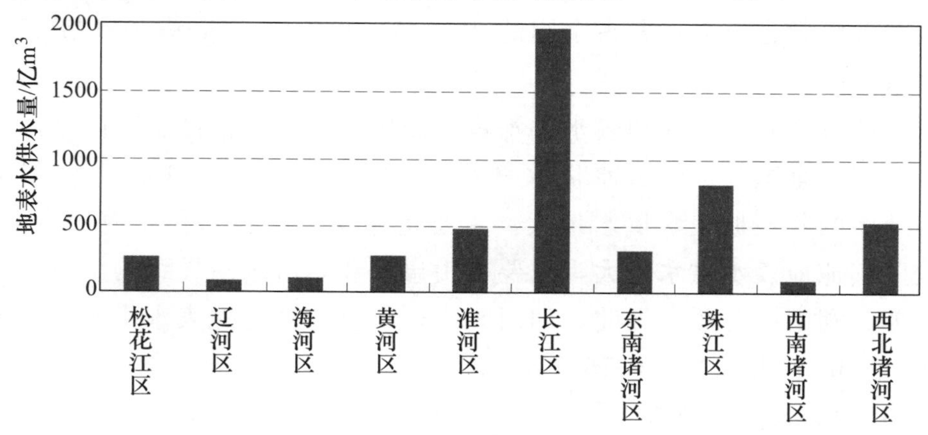

图 4－2－4　水资源一级区 2011 年地表水供水量

2. 省级行政区地表水供水量

从省级行政区看，地表水供水量差异显著，华东地区及华南地区部分省份和西北地区的新疆维吾尔自治区❶地表水供水量较大。地表水供水量大于400亿m^3的省级行政区有江苏、广东和新疆3省（自治区），合计水量占全国的28.8%；地表水供水量在200亿～400亿m^3的省级行政区有湖南、湖北、江西、广西、安徽、四川6省（自治区），合计水量占全国的33.2%；地表水供水量不足50亿m^3的有北京、天津、青海、西藏、山西、河北、海南7省（自治区、直辖市），合计水量占全国的3.8%。省级行政区2011年地表水供水量见图4-2-5。

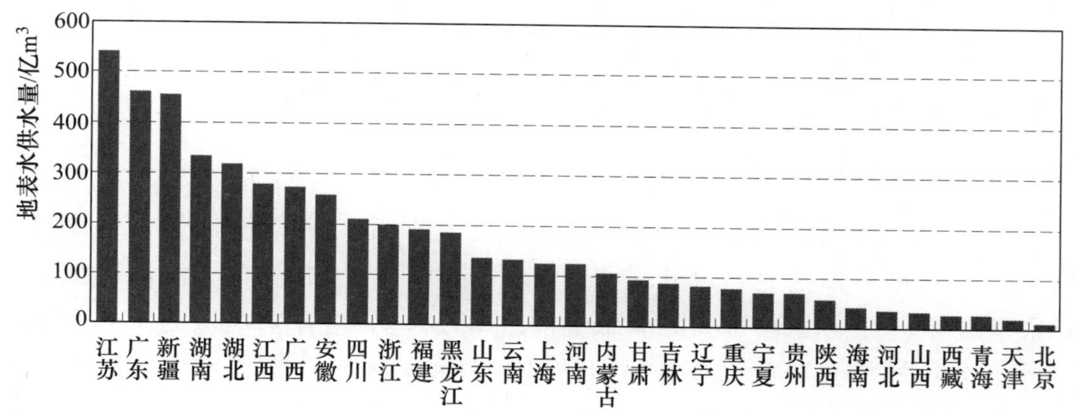

图4-2-5 省级行政区2011年地表水供水量

二、地下水供水量

2011年全国地下水供水总量为1081.25亿m^3，其中规模以上机电井开采量为827.51亿m^3，占地下水供水总量的76.6%；规模以下机电井开采量为210.20亿m^3，占19.4%；人力井开采量为43.54亿m^3，占4.0%。全国2011年地下水供水量分类成果见表4-2-5。

从地貌类型看，山丘区地下水开采量为212.22亿m^3，占地下水供水总量的19.6%；平原区地下水开采量为869.03亿m^3，占80.4%。

从地下水类型看，浅层地下水开采量为986.92亿m^3，占地下水供水总量的91.3%；深层承压水开采量为94.33亿m^3，占8.7%。

❶ 新疆维吾尔自治区供用水量不含从河流取水口长距离输水至平原水库的输水损失及平原水库的蒸发渗漏损失。

表 4-2-5　　全国 2011 年地下水供水量分类成果

地　下　水		供水量/亿 m^3	比例/%
总　　计		1081.25	100
按取水井类型分类	规模以上机电井	827.51	76.6
	规模以下机电井	210.20	19.4
	人力井	43.54	4.0
按地貌类型分类	山丘区	212.22	19.6
	平原区	869.03	80.4
按地下水类型分类	浅层地下水	986.92	91.3
	深层承压水	94.33	8.7
按计量情况分类	直接计量	171.07	15.8
	间接计量	656.44	60.7
	调查推算	253.74	23.5

2011 年北方地区地下水开采量为 964.50 亿 m^3，占全国地下水供水总量的 89.2%；南方地区地下水开采量 116.75 亿 m^3，占 10.8%。海河区地下水开采量最多，占全国地下水供水总量的 20.8%，平均开采模数为 7.0 万 $m^3/(km^2 \cdot a)$，局部县域开采模数达 96 万 $m^3/(km^2 \cdot a)$；松花江区、西北诸河区、淮河区地下水开采量亦较大，其中淮河区地下水平均开采模数达 4.8 万 $m^3/(km^2 \cdot a)$。水资源一级区 2011 年地下水开采量见表 4-2-6 和图 4-2-6，全国地下水开采模数分布见附图 B15。

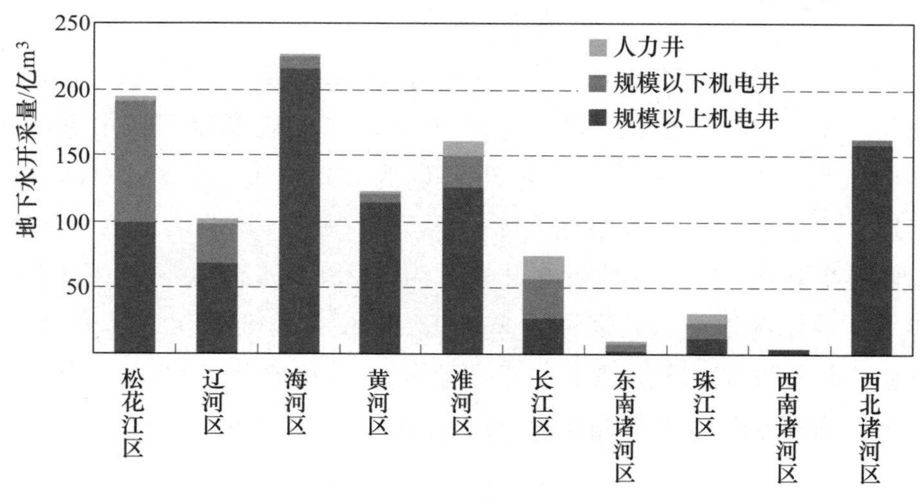

图 4-2-6　水资源一级区 2011 年地下水开采量

表 4-2-6　　水资源一级区 2011 年地下水开采量　　单位：亿 m³

水资源一级区	总　计	取水井			地下水	
		规模以上机电井	规模以下机电井	人力井	浅层地下水	深层承压水
全国	1081.25	827.51	210.20	43.54	986.92	94.33
北方地区	964.50	784.28	163.80	16.42	875.15	89.35
南方地区	116.75	43.23	46.40	27.12	111.77	4.98
松花江区	194.16	99.39	92.55	2.22	180.68	13.48
辽河区	101.58	69.77	30.05	1.75	100.54	1.03
海河区	225.15	215.58	8.68	0.89	183.62	41.53
黄河区	121.76	113.98	6.55	1.23	109.70	12.06
淮河区	159.88	126.47	23.73	9.68	138.78	21.10
长江区	73.86	26.91	29.35	17.59	71.46	2.40
其中：太湖流域	1.54	0.41	0.35	0.78	1.37	0.17
东南诸河区	10.10	2.47	5.97	1.66	10.06	0.037
珠江区	30.75	12.17	10.89	7.70	28.22	2.53
西南诸河区	2.05	1.68	0.19	0.17	2.04	0.007
西北诸河区	161.97	159.09	2.25	0.63	161.81	0.15

各省级行政区 2011 年地下水开采量差异较大，地下水开采主要集中在黄淮海地区、东北地区各省和西北地区的新疆维吾尔自治区。其中，地下水开采量较多的黑龙江、河北、新疆、河南、山东和内蒙古 6 省（自治区），共计开采地下水 706.82 亿 m³，占全国地下水供水总量的 65.4%。省级行政区 2011 年地下水开采量见附表 A22，省级行政区 2011 年地下水开采量见图 4-2-7。

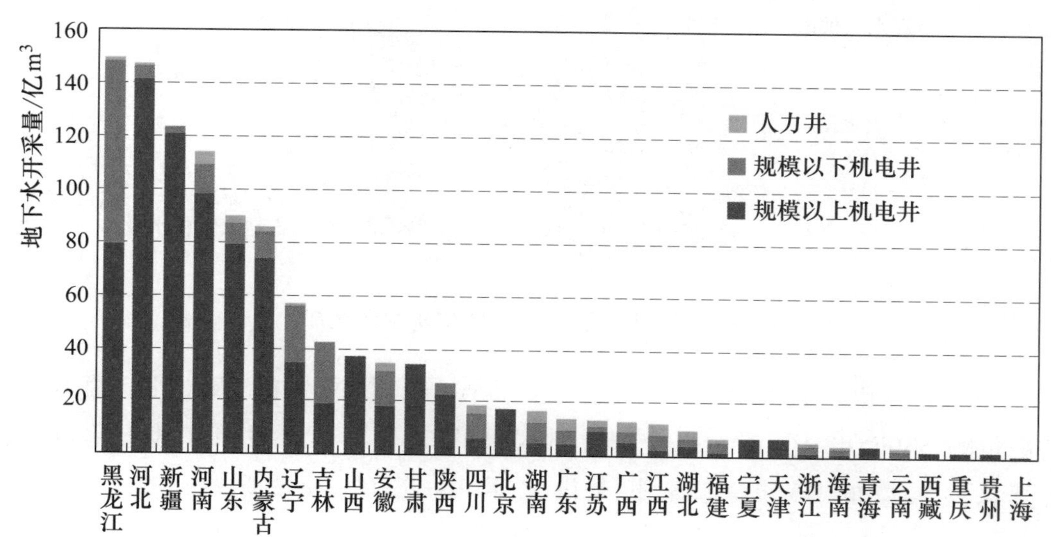

图 4-2-7　省级行政区 2011 年地下水开采量

三、非常规水源供水量

本次普查的非常规水源供水量主要包括集雨工程供水量、废污水处理回用量、海水淡化利用量等。集雨工程供水量指通过修建或利用集雨场地和微型蓄雨工程（水窖、水柜等）取得的供水量；废污水处理回用量指经过城市污水处理厂集中处理后回用的水量，不包括企业内部废污水处理的重复利用量；海水淡化利用量指海水经过淡化设施处理后供给的水量。

2011 年全国非常规水源供水量为 86.61 亿 m^3。从水资源一级区看，长江区和海河区的非常规水源供水量最多，分别为 21.64 亿 m^3 和 18.18 亿 m^3；珠江区、黄河区、西北诸河区和淮河区也较多，在 8 亿～11 亿 m^3 之间；其他水资源一级区较少，均在 4 亿 m^3 以下。各省级行政区中，北京、山西、内蒙古、山东、广西、四川、贵州和新疆的非常规水源供水量较多，均在 5 亿 m^3 以上。

四、总供水量

总供水量为地表水供水量、地下水供水量及非常规水源供水量之和。2011 年全国总供水量为 6197.08 亿 m^3，其中地表水供水量 5029.22 亿 m^3，地下水供水量 1081.25 亿 m^3，非常规水源供水量 86.61 亿 m^3。全国总供水量中，地表水供水量占 81.2%，地下水供水量占 17.4%，非常规水源供水量占 1.4%。全国 2011 年供水水源组成见图 4-2-8。

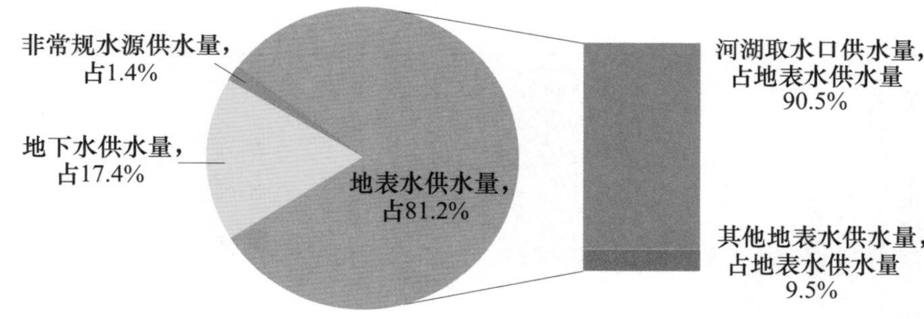

图 4-2-8 全国 2011 年供水水源组成

北方地区供水量为 2828.26 亿 m^3，占全国总供水量的 45.6%；南方地区供水量为 3368.82 亿 m^3，占全国总供水量的 54.4%。北方地区地表水供水量占其总供水量的 64.1%，地下水供水量占 34.1%，非常规水源供水量占 1.8%；南方地区地表水供水量占其总供水量的 95.5%，地下水供水量占 3.4%，非常规水源供水量占 1.1%。按照东、中、西部地区统计，供水量分别为 2211.88 亿 m³、2038.70 亿 m³、1946.50 亿 m³，分别占全国总供水量的 35.7%、32.9%、31.4%。

按水资源一级区统计，长江区供水量最大，为 2064.18 亿 m³，占全国的 33.3%；珠江区次之，为 868.22 亿 m³，占全国的 14.0%；西南诸河区供水量最小，仅 102.99 亿 m³，不足全国的 2%。海河区、辽河区和松花江区地下水供水比例均很高，分别为 61.3%、50.1%和 40.9%；黄河区、淮河区和西北诸河区的地下水供水量所占比例在 22%～30%之间；其他水资源一级区地下水供水量所占比例均在 4%以下。水资源一级区 2011 年供水量及水源组成比例见表 4－2－7。

表 4－2－7　水资源一级区 2011 年供水量及水源组成比例

水资源一级区	供水量/亿 m³				比例/%		
	合计	地表水	地下水	非常规水源	地表水	地下水	非常规水源
全国	6197.08	5029.22	1081.25	86.61	81.2	17.4	1.4
北方地区	2828.26	1812.95	964.50	50.81	64.1	34.1	1.8
南方地区	3368.82	3216.27	116.75	35.80	95.5	3.5	1.0
松花江区	475.34	280.06	194.16	1.12	58.9	40.9	0.2
辽河区	202.98	97.47	101.58	3.92	48.0	50.1	1.9
海河区	367.55	124.22	225.15	18.18	33.8	61.3	4.9
黄河区	416.14	283.93	121.76	10.46	68.2	29.3	2.5
淮河区	657.93	489.94	159.88	8.11	74.5	24.3	1.2
长江区	2064.18	1968.68	73.86	21.64	95.4	3.6	1.0
其中：太湖流域	317.94	314.19	1.54	2.21	98.8	0.5	0.7
东南诸河区	333.42	322.04	10.10	1.28	96.6	3.0	0.4
珠江区	868.22	826.33	30.75	11.14	95.2	3.5	1.3
西南诸河区	102.99	99.20	2.05	1.74	96.3	2.0	1.7
西北诸河区	708.32	537.33	161.97	9.01	75.8	22.9	1.3

各省级行政区中，供水量大于 400 亿 m³ 的有新疆、江苏和广东 3 个省（自治区），合计水量占全国总供水量的 26.0%；供水量少于 50 亿 m³ 的有天津、西藏、青海、北京和海南 5 个省（自治区、直辖市），合计水量占全国总供水量的 2.7%。省级行政区 2011 年供水量见图 4－2－9、附表 A23。省级行政区中，地下水供水量占总供水量比例最大的是河北省，占 78.3%；北京、河南、山西、黑龙江、内蒙古、辽宁、山东、吉林、陕西地下水供水量占供水

总量的比例在30%～50%之间；南方省级行政区地下水供水量占比一般在5%以下。

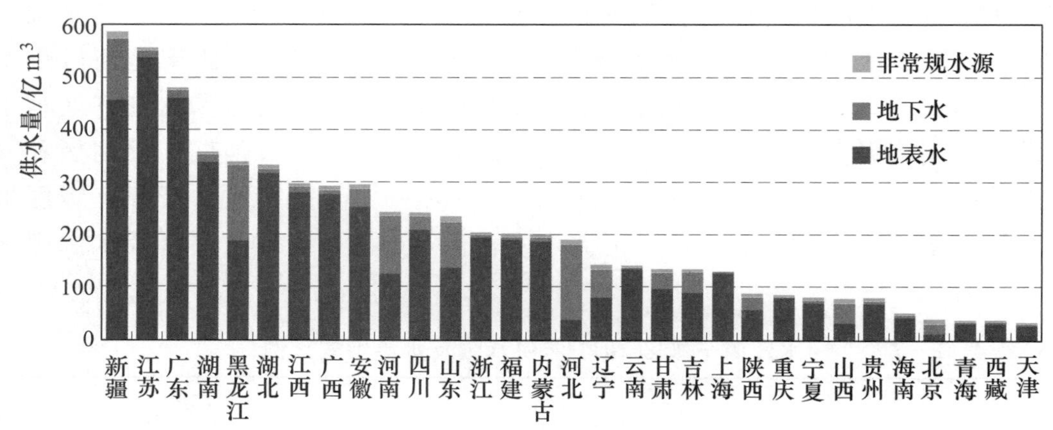

图4-2-9 省级行政区2011年供水量

第三节 用 水 量

一、城乡居民生活用水

城乡居民生活用水包括城镇居民生活用水和农村居民生活用水。本次普查全国共调查城乡典型居民家庭299095户，其中城镇典型居民用水户占40%，农村典型居民用水户占60%。全国平均每个县级行政区抽样调查了105户居民家庭用水情况，满足设定的抽样误差要求。居民生活用水量根据典型调查获得的城镇、农村居民人均用水量指标和相应的常住人口数量推算。

2011年，全国城乡居民生活毛用水量为473.65亿m³，占全国经济社会总用水量的7.6%。其中，城镇居民生活毛用水量297.64亿m³，占城乡居民生活用水量的62.8%；农村居民生活毛用水量176.01亿m³中，占城乡居民生活用水量的37.2%。

2011年，全国城镇居民生活毛用水量297.64亿m³。其中，北方地区为95.57亿m³，占全国城镇居民生活毛用水量的32.1%；南方地区为202.07亿m³，占全国的67.9%。东部地区城镇居民生活毛用水量156.41亿m³，占全国城镇居民生活毛用水量的52.5%；中部地区为77.37亿m³，占全国的26.0%；西部地区为63.86亿m³，占全国的21.5%。

各水资源一级区中，城镇居民生活毛用水量最大的是长江区，占全国的37.4%；其次是珠江区，占全国的21.3%；最小的是西南诸河区，占全国的

0.8%。水资源一级区 2011 年城镇居民生活毛用水量见表 4-3-1。

在省级行政区中，城镇居民生活毛用水量最大的是广东省，为 46.92 亿 m^3，占全国的 15.8%；江苏、浙江、湖南和四川的城镇居民生活毛用水量在 15 亿～25 亿 m^3 之间，合计水量占全国的 24.5%；天津、海南、甘肃、青海、宁夏和西藏的城镇居民生活毛用水量均在 3 亿 m^3 以内，合计水量占全国的 3.3%。省级行政区 2011 年城镇居民生活毛用水量见附表 A24。

2011 年，全国农村居民生活毛用水量 176.01 亿 m^3。其中，北方地区农村居民生活毛用水量 62.40 亿 m^3，占全国的 35.5%；南方地区为 113.61 亿 m^3，占全国的 64.5%。东部地区农村居民生活毛用水量 65.05 亿 m^3，占全国的 36.9%；中部地区为 62.95 亿 m^3，占全国的 35.8%；西部地区为 48.01 亿 m^3，占全国的 27.3%。

各水资源一级区中，农村居民生活毛用水量最大的是长江区，占全国的 38.6%；其次是珠江区，农村居民生活毛用水量占全国的 16.6%；最小的是西北诸河区和西南诸河区，农村居民生活毛用水量占全国的 2%。水资源一级区 2011 年农村居民生活毛用水量见表 4-3-1。

表 4-3-1　　水资源一级区 2011 年城乡居民生活毛用水量

水资源一级区	毛用水量/亿 m^3			用水指标/[L/(人·d)]	
	合计	城镇	农村	城镇	农村
全国	473.65	297.64	176.01	118	73
北方地区	157.97	95.57	62.40	84	57
南方地区	315.68	202.07	113.61	145	89
松花江区	16.59	11.15	5.45	85	52
辽河区	16.16	11.32	4.84	91	59
海河区	37.25	24.20	13.05	83	54
黄河区	27.37	17.53	9.84	82	44
淮河区	52.48	26.84	25.64	82	67
长江区	179.19	111.25	67.93	134	85
其中：太湖流域	30.71	25.81	4.91	154	105
东南诸河区	37.90	25.09	12.81	145	110
珠江区	92.50	63.26	29.24	171	99
西南诸河区	6.10	2.47	3.63	115	66
西北诸河区	8.12	4.54	3.58	90	56

各省级行政区中，农村居民生活毛用水量最大的是广东、湖南和四川，农村居民生活用水量在12亿～15亿m^3之间，合计水量占全国的23.5%；安徽、河南、江苏、山东和湖北的农村居民生活毛用水量也较大，均在10亿m^3左右，合计水量占全国的29.4%；西藏、宁夏和青海的农村居民生活毛用水量较小，均在0.5亿m^3以内，合计水量占全国的0.6%。省级行政区2011年农村居民生活毛用水量见附表A24。

二、生产用水

生产用水包括农业用水、工业用水、建筑业用水和第三产业用水。

1. 农业用水

农业用水包括农业灌溉用水和畜禽养殖用水。本次普查全国共详细调查和统计了74479个灌区的用水情况，其中规模以上灌区（包括跨县灌区）13879个，2011年耕地和非耕地实际灌溉面积分别为47392万亩和3960万亩，分别占全国耕地和非耕地实际灌溉面积的58.2%和50.7%。未直接进行用水调查的灌区，其实际灌溉面积通过逐村调查统计汇总，用水量依据典型调查获得的亩均用水量及实际灌溉面积推算。全国共调查规模化畜禽养殖场54797个，平均每个县级行政区有调查对象数量19个。

2011年，全国农业灌溉毛用水量为4057.81亿m^3，占经济社会总用水量的65.3%。其中，耕地灌溉毛用水量为3792.19亿m^3，非耕地灌溉毛用水量为265.62亿m^3。2011年全国耕地灌溉亩均毛用水量为466m^3，非耕地灌溉亩均毛用水量为340m^3。北方地区和南方地区的农业灌溉毛用水量分别为2151.39亿m^3和1906.42亿m^3，分别占全国农业灌溉毛用水量的53.0%和47.0%。东部、中部和西部地区的农业灌溉毛用水量分别为1207.79亿m^3、1339.09亿m^3和1510.93亿m^3，分别占全国农业灌溉毛用水量的29.8%、33.0%和37.2%。

从水资源一级区看，农业灌溉毛用水量最大的为长江区，达1103.79亿m^3，占全国的27.2%；农业灌溉毛用水量较大的为西北诸河区和珠江区，分别为660.43亿m^3和551.17亿m^3，分别占全国的16.3%和13.6%；最小的是西南诸河区，仅为85.70亿m^3，占全国的2.1%。水资源一级区2011年农业灌溉毛用水量见表4-3-2。

省级行政区中，新疆农业灌溉用水量最大，占全国的13.7%；江苏、黑龙江、广东、江西、广西和湖南6省（自治区）的农业灌溉毛用水量也较大，分别占全国的7.2%、6.9%、6.6%、5.5%、5.2%和5.2%。北京、天津、上海、青海、重庆和西藏6省（自治区、直辖市）的农业灌溉毛用水量较小，均在30亿m^3以下。省级行政区2011年农业灌溉毛用水量见附表A24。

表 4-3-2　　水资源一级区 2011 年农业灌溉毛用水量　　单位：亿 m^3

水资源一级区	合计	农业灌溉毛用水量			畜禽养殖毛用水量
		小计	耕地	非耕地	
全国	4168.22	4057.81	3792.19	265.62	110.41
北方地区	2204.13	2151.39	1978.33	173.06	52.74
南方地区	1964.09	1906.42	1813.86	92.56	57.67
松花江区	380.62	371.93	366.18	5.75	8.70
辽河区	142.30	134.16	128.62	5.54	8.14
海河区	240.38	232.67	222.80	9.87	7.71
黄河区	309.98	301.45	283.26	18.19	8.52
淮河区	464.37	450.74	426.62	24.12	13.63
长江区	1142.82	1103.79	1063.51	40.28	39.03
其中：太湖流域	84.21	83.54	77.44	6.10	0.67
东南诸河区	168.57	165.75	159.54	6.21	2.83
珠江区	563.28	551.17	513.02	38.15	12.12
西南诸河区	89.40	85.70	77.78	7.92	3.70
西北诸河区	666.47	660.43	550.84	109.59	6.04

2011 年，全国畜禽养殖毛用水量为 110.41 亿 m^3，占经济社会总用水量的 1.8%。北方地区和南方地区的畜禽养殖毛用水量分别为 52.74 亿 m^3 和 57.67 亿 m^3。东部、中部和西部地区的畜禽养殖毛用水量分别为 27.29 亿 m^3、37.89 亿 m^3 和 45.23 亿 m^3，分别占全国的 24.7%、34.3%和 41.0%。

各水资源一级区中，长江区畜禽毛用水量最大，为 39.03 亿 m^3；西南诸河区的畜禽毛用水量最小，为 3.70 亿 m^3。水资源一级区 2011 年畜禽毛用水量见表 4-3-2。从省级行政区看，畜禽养殖毛用水量较大的有四川、河南、湖南、山东、云南、辽宁、黑龙江、湖北等 8 省，均在 5 亿 m^3 以上。省级行政区 2011 年畜禽养殖毛用水量见附表 A24。

2011 年，全国包括农业灌溉用水和畜禽用水的农业毛用水总量为 4168.22 亿 m^3，占经济社会全口径总用水量的 67.1%。其中，耕地灌溉、非耕地灌溉和畜禽养殖毛用水量分别为 3792.19 亿 m^3、265.62 亿 m^3 和 110.41 亿 m^3。全国农业毛用水总量中，北方地区和南方地区的农业毛用水量分别为 2204.13 亿 m^3 和 1964.09 亿 m^3，分别占全国农业毛用水量的 52.9%和 47.1%。东部、中部和西部地区的农业毛用水量分别为 1235.08 亿 m^3、1376.98 亿 m^3 和 1556.16 亿 m^3，分别占全国农业毛用水量的 29.6%、33.1%和 37.3%。

从农业用水区域分布看，西北地区的新疆、华东地区的江苏和江西、东北地区的黑龙江，以及中南地区的广东、湖南、广西和湖北8省（自治区）的农业毛用水量较大，均在200亿m^3以上，合计水量占全国农业用水量的54.5%。省级行政区2011年农业毛用水量见图4-3-1、附表A24。

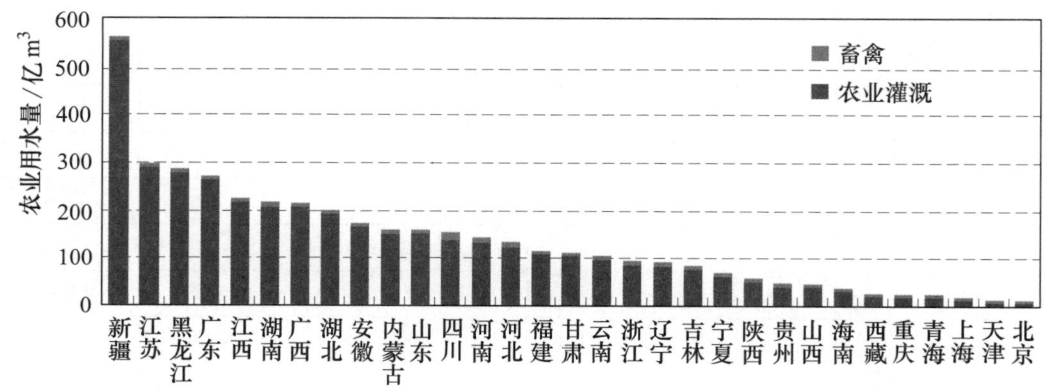

图4-3-1　省级行政区2011年农业毛用水量

2. 工业用水

本次普查的工业用水量指企业在生产（包括主要生产、辅助生产和附属生产）过程中取用的折算到江河湖库取水口的新鲜水量，包括直流冷却式火（核）电的取水量，但不包括企业内部的重复利用水量。本次普查全国共调查了16.98万个工业用水大户和典型户的用水情况，其中火（核）电企业2929个、非火（核）电用水大户3.96万个，调查对象的净用水量达782.75亿m^3，占全部工业用水量的71%。未进行用水调查的企业，其总产值采用统计部门数据，用水量依据典型调查的单位产值用水量及总产值推算。

2011年，全国工业毛用水量为1202.99亿m^3，占全国经济社会总用水量的19.4%。其中，火（核）电工业毛用水量529.93亿m^3，占全国工业毛用水量的44.1%。全国2011年万元工业增加值毛用水量为63.8m^3（按当年价格计算）。全国工业用水量中，北方地区工业增加值占全国的46.5%，工业毛用水量325.09亿m^3，占全国的27.0%；南方地区工业增加值占全国的53.5%，工业毛用水量877.90亿m^3，占全国的73.0%。东、中、西部地区工业毛用水量分别为600.65亿m^3、415.56亿m^3和186.78亿m^3，分别占全国的49.9%、34.6%、15.5%。

从水资源分区看，长江区工业毛用水量最大，为613.59亿m^3，占全国的51.0%；其次是珠江区，为161.28亿m^3，占全国的13.4%。水资源一级区2011年工业毛用水量见表4-3-3。

表 4-3-3　　水资源一级区 2011 年工业毛用水量　　单位：亿 m^3

水资源一级区	合　计	火（核）电工业毛用水量	高用水工业毛用水量	一般用水工业毛用水量
全国	1202.99	529.93	334.53	338.53
北方地区	325.09	75.58	126.78	122.73
南方地区	877.90	454.35	207.75	215.80
松花江区	52.05	20.14	14.76	17.16
辽河区	32.30	4.96	13.98	13.36
海河区	58.43	6.52	26.23	25.68
黄河区	55.18	8.98	24.64	21.56
淮河区	107.04	29.63	37.73	39.68
长江区	613.59	368.38	128.32	116.89
其中：太湖流域	179.83	136.41	23.65	19.76
东南诸河区	98.34	21.75	38.25	38.34
珠江区	161.28	64.21	39.52	57.55
西南诸河区	4.69	0	1.66	3.02
西北诸河区	20.08	5.35	9.43	5.30

各省级行政区中，工业毛用水量大于 100 亿 m^3 的有江苏省和广东省，其中江苏省工业毛用水量达到 200 亿 m^3；工业毛用水量介于 50 亿～100 亿 m^3 之间的有上海、浙江、安徽、福建、河南、湖北和湖南 7 省（直辖市）。总体来看，工业毛用水量较大的省级行政区主要集中在华东及中南地区，其火（核）电工业毛用水量较大。省级行政区 2011 年工业毛用水量见图 4-3-2、附表 A24。

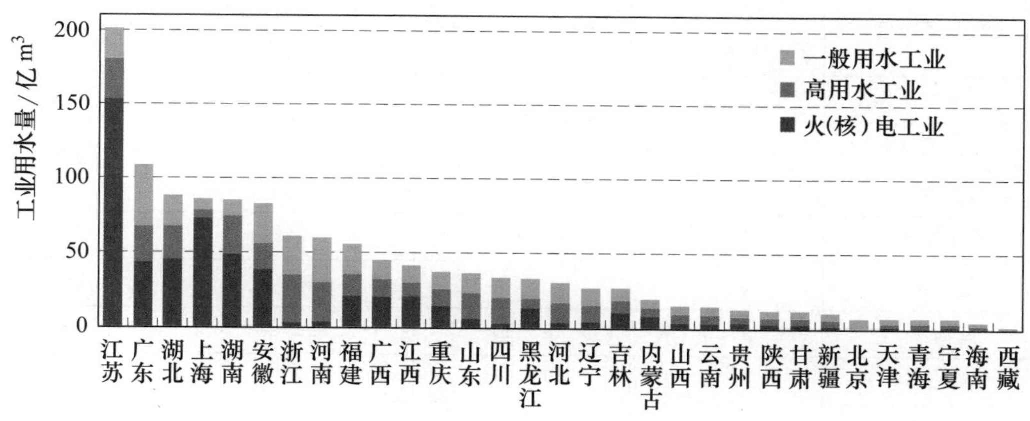

图 4-3-2　省级行政区 2011 年工业毛用水量

3. 建筑业及第三产业用水

本次普查全国共调查了13696户典型建筑企业和198975个第三产业用水户用水情况，其中第三产业用水大户18768个。

2011年，全国建筑业毛用水量为19.90亿m^3，占经济社会总用水量的0.3%，单位竣工面积用水量0.63m^3/m^2。北方地区建筑业毛用水量8.12亿m^3，占全国的40.8%；南方地区建筑业毛用水量11.78亿m^3，占全国的59.2%。东、中、西部地区2011年建筑业用水量分别占全国的42%、33%、25%。

各水资源一级区中，建筑业用水量在0.24亿～7.46亿m^3之间，其中长江区建筑业用水量最多，占全国建筑业用水总量的近40%。

2011年，全国第三产业毛用水量242.12亿m^3，占全国经济社会总用水量的3.9%。其中，住宿和餐饮业用水量66.41亿m^3，占第三产业用水量的27.4%；其他第三产业用水量175.71亿m^3，占第三产业用水量的72.6%。全国第三产业毛用水量中，北方地区第三产业毛用水量70.78亿m^3，占全国的29.2%；南方地区第三产业毛用水量171.34亿m^3，占全国的70.8%。东、中、西部地区第三产业毛用水量分别为104.63亿m^3、74.96亿m^3和62.53亿m^3。

各水资源一级区中，长江区第三产业毛用水量最高，达到105.68亿m^3，占全国第三产业毛用水量的43.6%；其次是珠江区，第三产业毛用水量为44.65亿m^3，占全国的18.4%；西南诸河区和西北诸河区第三产业毛用水量最低，分别为2.57亿m^3和3.52亿m^3，分别占全国的1.1%和1.5%。水资源一级区2011年建筑业和第三产业毛用水量见表4-3-4。

表4-3-4　水资源一级区2011年建筑业和第三产业毛用水量　单位：亿m^3

水资源一级区	建筑业毛用水量	第三产业毛用水量		
		合计	住宿和餐饮业	其他第三产业
全国	19.90	242.12	66.41	175.71
北方地区	8.12	70.78	18.99	51.79
南方地区	11.78	171.34	47.42	123.92
松花江区	1.10	6.99	2.42	4.58
辽河区	0.75	6.78	1.90	4.88
海河区	1.56	18.60	4.34	14.26
黄河区	2.02	12.67	3.80	8.87
淮河区	2.21	22.22	5.37	16.85
长江区	7.46	105.68	30.28	75.40

续表

水资源一级区	建筑业毛用水量	第三产业毛用水量		
		合计	住宿和餐饮业	其他第三产业
其中：太湖流域	1.31	17.22	4.67	12.55
东南诸河区	2.03	18.44	4.11	14.34
珠江区	2.05	44.65	12.05	32.60
西南诸河区	0.24	2.57	0.98	1.59
西北诸河区	0.47	3.52	1.16	2.36

各省级行政区中，广东省第三产业毛用水量最高，达到27.68亿m^3，占全国的11.4%，用水量较多的还有四川、湖北、湖南和浙江。省级行政区2011年第三产业毛用水量见图4-3-3、附表A24。

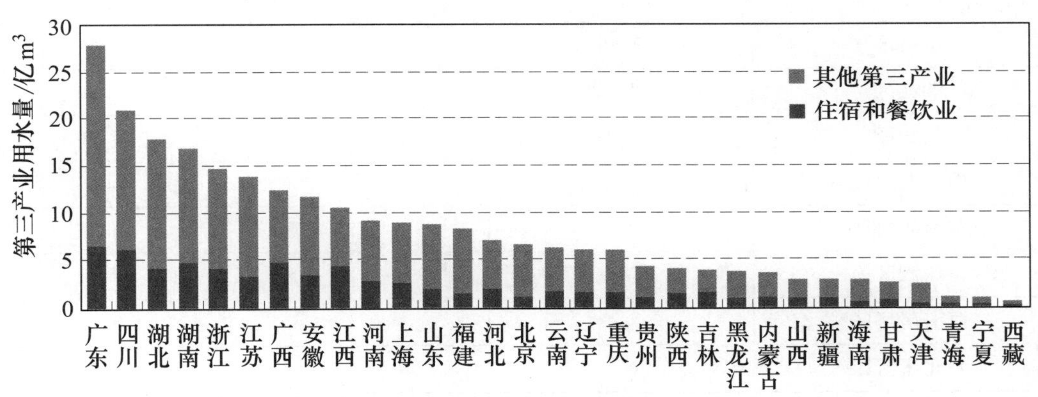

图4-3-3　省级行政区2011年第三产业毛用水量

三、生态环境用水

本次调查的生态环境用水主要包括河道外生态环境用水，即城镇环境用水与河湖补水（不包括河道内生态环境用水）。河湖补水是指以生态保护修复和建设为目标，通过水利工程补给河流、湖泊、沼泽及湿地等的水量。对于引水进入河湖后不停留连续流出的常流水型河湖补水量不作为生态环境用水量统计。

2011年，全国生态环境毛用水量为106.41亿m^3，占全国经济社会用水量的1.7%。其中，城镇环境毛用水量35.86亿m^3，占生态环境毛用水量的33.7%；河湖补水量70.55亿m^3，占生态环境毛用水量的66.3%。2011年，南方地区生态环境毛用水量为36.36亿m^3，北方地区为70.05亿m^3。东、中、西部地区生态环境毛用水量分别为48.64亿m^3、30.91亿m^3和26.86亿

m^3，分别占全国的45.7%、29.1%和25.2%。

各水资源一级区生态环境毛用水量中，松花江区最高，为20.52亿m^3，其次为长江区19.16亿m^3。西南诸河区最小为0.22亿m^3。水资源一级区2011年生态环境毛用水量见表4-3-5。

表4-3-5 水资源一级区2011年生态环境毛用水量 单位：亿m^3

水资源一级区	合计	城镇环境毛用水量	河湖补水量
全国	106.41	35.86	70.55
北方地区	70.05	16.22	53.84
南方地区	36.36	19.64	16.71
松花江区	20.52	0.74	19.78
辽河区	5.34	0.98	4.36
海河区	13.62	4.77	8.85
黄河区	9.49	2.82	6.67
淮河区	11.53	4.27	7.26
长江区	19.16	12.26	6.90
其中：太湖流域	4.65	3.41	1.25
东南诸河区	9.35	2.96	6.38
珠江区	7.64	4.23	3.41
西南诸河区	0.22	0.20	0.02
西北诸河区	9.55	2.64	6.92

省级行政区中，内蒙古、江苏和山东分别为9.78亿m^3、8.33亿m^3和7.56亿m^3。省级行政区2011年生态环境毛用水量见附表A24。

四、总用水量及结构

总用水量为城乡居民生活用水、生产用水、生态环境用水之和。

1. 总用水量

2011年，全国总用水量6213.29亿m^3。其中，居民生活用水473.65亿m^3，生产用水5633.23亿m^3（包括农业用水4168.22亿m^3、工业用水1202.99亿m^3、建筑业及第三产业用水262.02亿m^3），生态环境用水106.41亿m^3。全国总用水量中，北方地区总用水量为2836.13亿m^3，占全国总用水量的45.6%，南方地区总用水量3377.16亿m^3，占全国的54.4%。东、中、西部地区用水量分别为2218.82亿m^3、2045.37亿m^3和1949.10亿m^3，分别占全国总用水量的35.7%、32.9%、31.4%。

水资源一级区中，长江区用水量最大，为2067.92亿m^3，占全国的33.3%；珠江区、西北诸河区和淮河区用水量分别为871.40亿m^3、708.21亿m^3和659.84亿m^3，分别占全国的14.0%、11.4%和10.6%；西南诸河区用水量最小，仅103.22亿m^3，不足全国的2%。水资源一级区2011年总用水量见表4-3-6、图4-3-4。

表4-3-6　水资源一级区2011年总用水量　单位：亿m^3

水资源一级区	合计	居民生活用水量	生产用水量	生态环境用水量
全国	6213.29	473.65	5633.23	106.41
北方地区	2836.13	157.97	2608.11	70.05
南方地区	3377.16	315.68	3025.12	36.36
松花江区	477.89	16.59	440.78	20.52
辽河区	203.64	16.16	182.14	5.34
海河区	369.84	37.25	318.97	13.62
黄河区	416.71	27.37	379.85	9.49
淮河区	659.84	52.48	595.83	11.53
长江区	2067.92	179.19	1869.57	19.16
其中：太湖流域	317.93	30.71	282.56	4.65
东南诸河区	334.63	37.90	287.39	9.35
珠江区	871.40	92.50	771.26	7.64
西南诸河区	103.22	6.10	96.90	0.22
西北诸河区	708.21	8.12	690.54	9.55

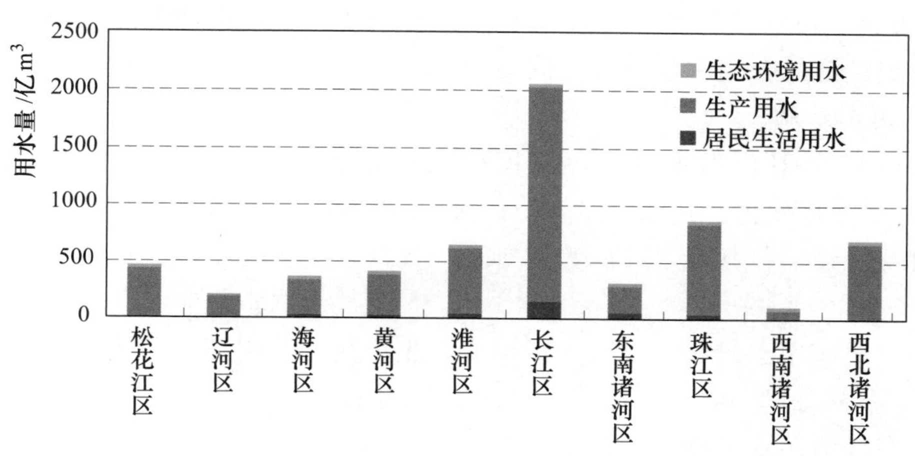

图4-3-4　水资源一级区2011年总用水量

各省级行政区中，用水量最大的是新疆维吾尔自治区，占全国的9.4%；用水量最小的是天津市，占全国的0.4%。全国31个省级行政区中，用水量超过400亿m^3的有新疆、江苏和广东3省（自治区），共占全国的26.0%；用水量在200亿～400亿m^3的有10省（自治区）；用水量在50亿～200亿m^3的有13省（自治区、直辖市）；用水量少于50亿m^3的有天津、西藏、青海、北京和海南5省（自治区、直辖市），共占全国的2.9%。省级行政区2011年用水量见图4-3-5、附表A24。

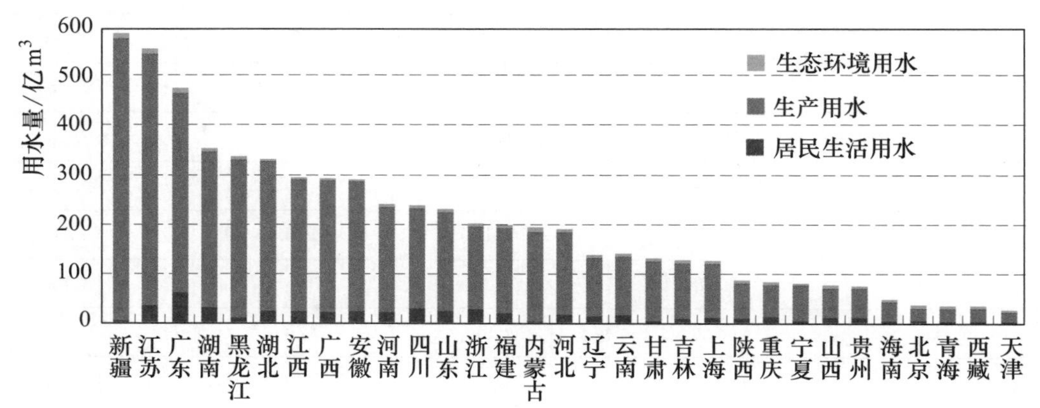

图4-3-5 省级行政区2011年用水量

区域用水量大小主要受其经济社会规模、产业结构、水资源条件、用水效率等因素的共同影响，可以通过单位面积用水量的大小来反映区域间的差异。2011年全国平均单位面积用水量为6.56万m^3/km^2，由于东、中部地区经济社会活动普遍强于西部地区，其单位面积用水量也是东部地区高于中部地区，中部地区高于西部地区，东、中、西部地区单位面积用水量分别为20.81万m^3/km^2、12.26万m^3/km^2和2.89万m^3/km^2，总体呈现由东南向西北递减趋势。全国单位面积经济社会用水量分布见附图B16。

2. 用水结构

2011年全国总用水量中，居民生活用水占7.6%，生产用水占90.7%（其中，工业用水占总用水量的19.4%，农业用水占67.1%，建筑业及第三产业用水占4.2%），生态环境用水占1.7%。全国2011年用水组成见图4-3-6。

北方地区用水量中，居民生活用水、生产用水、生态环境用水分别占总用水量的5.5%、92.0%、2.5%；南方地区用水量中，居民生活用水、生产用水、生态环境用水分别占总用水量的9.3%、89.6%、1.1%。

各水资源一级区用水结构差异较大，从居民生活用水占总用水量的比例

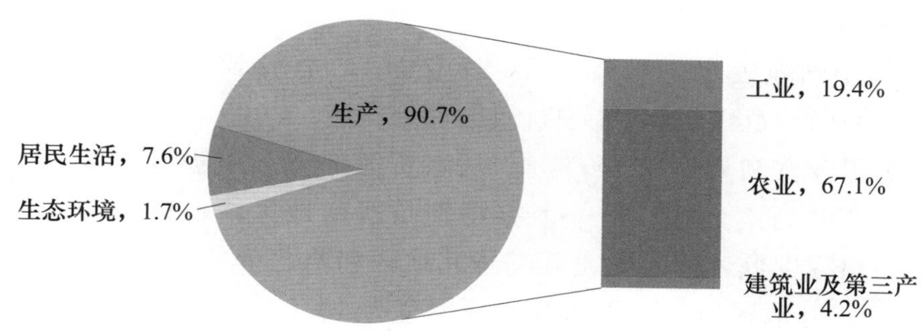

图 4-3-6 全国 2011 年用水组成

看，西北诸河区和松花江区较低，分别为 1.1%和 3.5%；东南诸河区、珠江区和海河区较高，分别为 11.3%、10.6%和 10.1%；其他水资源一级区在 5%～10%之间。从生产用水占总用水量的比例看，海河区最低，为 85.9%；西北诸河区最高，为 97.5%；其他水资源一级区在 86%～94%之间。从农业用水占总用水量的比例看，以西北诸河区和西南诸河区最高，分别为 94.1%和 86.6%；长江区和东南诸河区最低，分别为 55.3%和 50.4%；其他水资源一级区在 60%～80%之间。

从省级行政区的用水组成看，居民生活用水占总用水量比重最高的为北京市和重庆市，分别占 24.2%和 15.9%；比重最低的为新疆、宁夏、西藏、内蒙古和黑龙江 5 省（自治区），均在 3%以下。生产用水占总用水量比重较高的为新疆、西藏、宁夏、青海、甘肃和黑龙江 6 省（自治区），均在 95%以上；比重最低的是北京和天津，分别为 58.6%和 77.3%。从农业用水占总用水量比重看，农业用水占总用水量在 80%以上的有新疆、西藏、宁夏、甘肃、黑龙江和内蒙古 6 省（自治区），占 50%以下的有上海、北京、重庆、浙江和天津 5 省（直辖市）。从工业用水占总用水量比重看，占 30%以上的有上海、重庆和江苏 3 省（直辖市），占 10%以下的有新疆、西藏、海南、宁夏、甘肃、内蒙古、云南和黑龙江 8 省（自治区）。

第四节 水资源开发利用程度与水平

一、水资源开发利用程度

流域或区域水资源开发利用程度可用水资源开发利用率来反映，水资源开发利用率是指供水量与水资源量的比值。本次普查利用 2011 年普查获得的供水量与多年平均水资源量的比值来反映 2011 年的开发利用程度情况。

1. 地表水开发利用率

2011 年全国地表水供水量 5029.22 亿 m^3，全国多年平均地表水资源量（未含香港特别行政区、澳门特别行政区和台湾省）26691.4 亿 m^3，2011 年全国地表水资源开发利用率为 18.9%。从水资源开发利用程度的区域分布情况来看，呈现“北高南低”特点，南方特别是西南地区，水资源丰富而利用量少，开发利用程度低，而北方尤其是华北地区和西北干旱地区开发利用程度较高。2011 年北方地区地表水资源开发利用率为 40.5%，其中海河区、黄河区、淮河区和西北诸河区分别为 42.0%、64.9%、49.0%和 50.1%，辽河区和松花江区分别为 23.9%和 21.1%；南方地区地表水资源开发程度为 14.6%，其中长江区、东南诸河区、珠江区和西南诸河区分别为 20.5%、16.3%、17.5%和 1.7%。水资源一级区 2011 年地表水资源开发利用率见图 4-4-1。

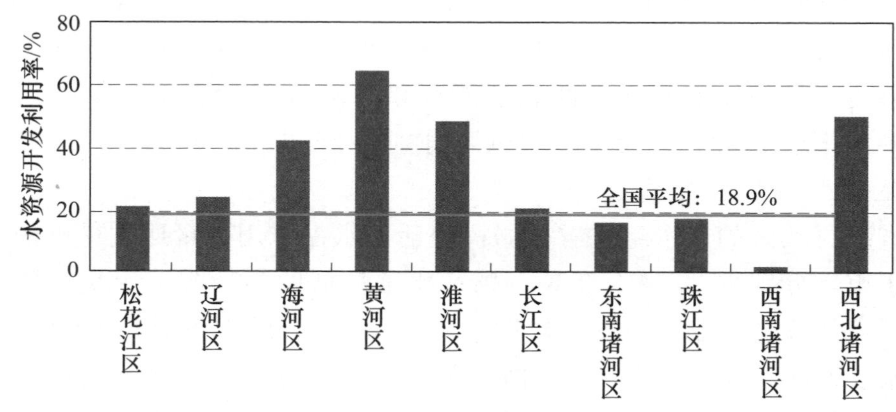

图 4-4-1　水资源一级区 2011 年地表水资源开发利用率

2. 地下水开发利用程度

采用第二次全国水资源调查评价关于平原区浅层地下水可开采量成果，分析了 2011 年地下水开发利用程度。2011 年全国地下水开采量 1081.25 亿 m^3，其中 94.33 亿 m^3 为深层地下水开采量，986.92 亿 m^3 为浅层地下水开采量。全国平原区浅层地下水开采量为 779.93 亿 m^3，平原区浅层地下水开采系数[1]约为 63%，其中北方地区开采系数为 75%，南方地区开采系数为 14%。

从区域分布来看，各省 2011 年平原区浅层地下水开采系数差异明显，北方省区普遍较高，尤其是黄淮海平原、东北平原和西北内陆省区。2011 年平

[1] 开采系数为平原区浅层地下水开采量与多年平均可开采量之比。开采系数大于 100%，表明地下水实际开采量大于可开采量，可能存在地下水超采；开采系数小于 100%的地区，局部亦可能发生超采。深层承压水由于难于补给和更新，其开采量一般均视为超采量。

原区浅层地下水开采系数超过100%的有河北、甘肃2省，分别为115%、109%；开采系数在80%～100%之间的有河南、山西、山东、黑龙江和新疆5省（自治区），分别为99%、97%、85%、81%、80%；开采系数在50%～80%之间的有辽宁、北京、吉林、福建、内蒙古和天津6省（自治区、直辖市）；其他省级行政区开采系数均低于50%。省级行政区2011年平原区浅层地下水开采系数见图4-4-2。

从地级行政区来看，多个地市2011年平原区浅层地下水实际开采量超过多年平均可开采量，如河北省的石家庄、唐山、秦皇岛、邯郸、邢台和保定6市，河南省的安阳、鹤壁、新乡、焦作、濮阳和许昌6市，山东省的青岛、淄博、烟台、济宁和泰安5市，北京市部分区县，甘肃省的嘉峪关、金昌和酒泉3市，新疆自治区的乌鲁木齐、克拉玛依、吐鲁番、哈密和昌吉回族自治州5地（州）等。

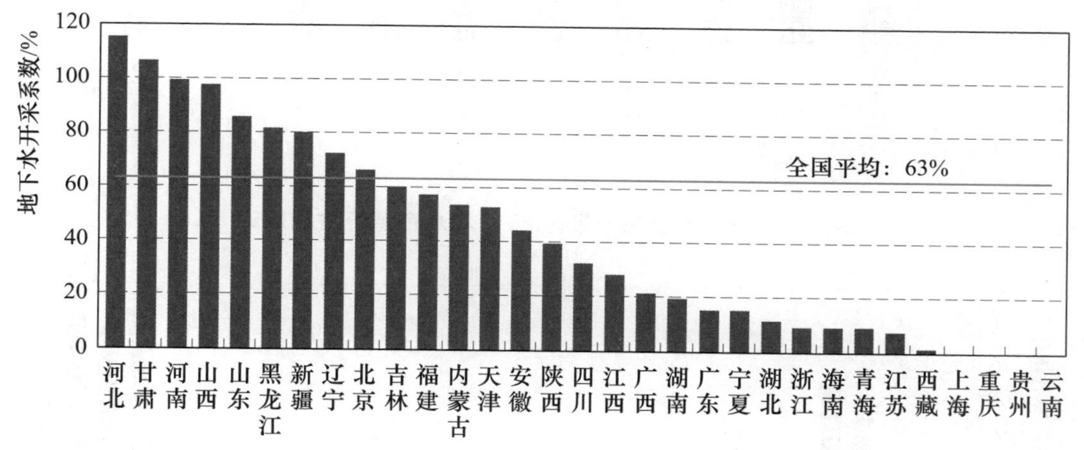

图4-4-2 省级行政区2011年平原区浅层地下水开采系数

3. 水资源总体开发利用程度

本次普查水资源开发利用率按流域内2011年供水量（考虑流域间的调出和调入水量）与其多年平均水资源总量之比计算。2011年，全国水资源开发利用率为22.5%。水资源开发利用程度区域差异较大，南方地区水资源开发利用率为15.4%，北方地区为52.9%。

从水资源一级区看，海河区和黄河区水资源开发利用程度较高，水资源开发利用率分别达88.6%和70.9%；淮河区、西北诸河区和辽河区次之，为40%～60%；水资源开发利用率最低的是西南诸河区，仅为1.8%；其他水资源一级区水资源开发利用率在16%～32%之间。水资源一级区2011年水资源开发利用率见图4-4-3。

由于各地开发利用情况的不均衡，我国部分河流水资源开发利用程度差异很大。如北方的疏勒河、黑河、石羊河、海河南系、海河北系、汾河、塔里木河等流域的水资源开发利用率均很高，达80%以上；太湖流域的水资源开发利用率接近80%；湟水、渭河、沁河等流域的水资源开发利用率在40%～60%之间；而岷江、乌江流域的水资源开发利用率在10%以下。部分流域2011年水资源开发利用率见图4-4-4。

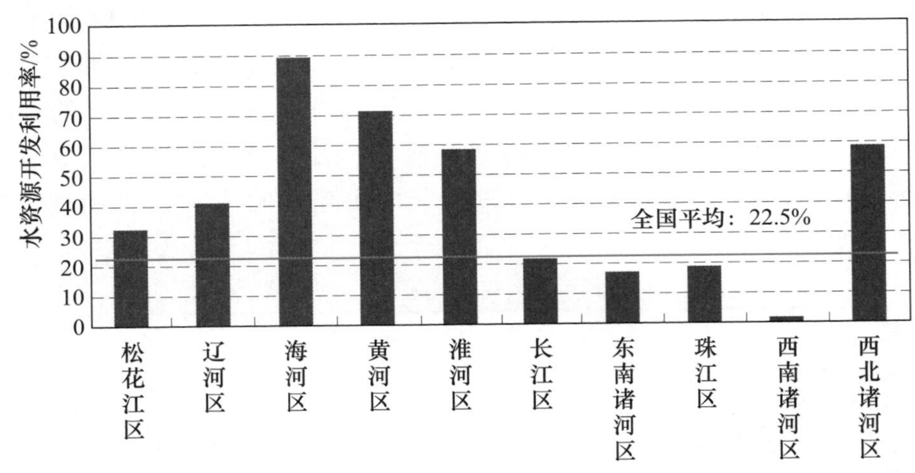

图4-4-3 水资源一级区2011年水资源开发利用率

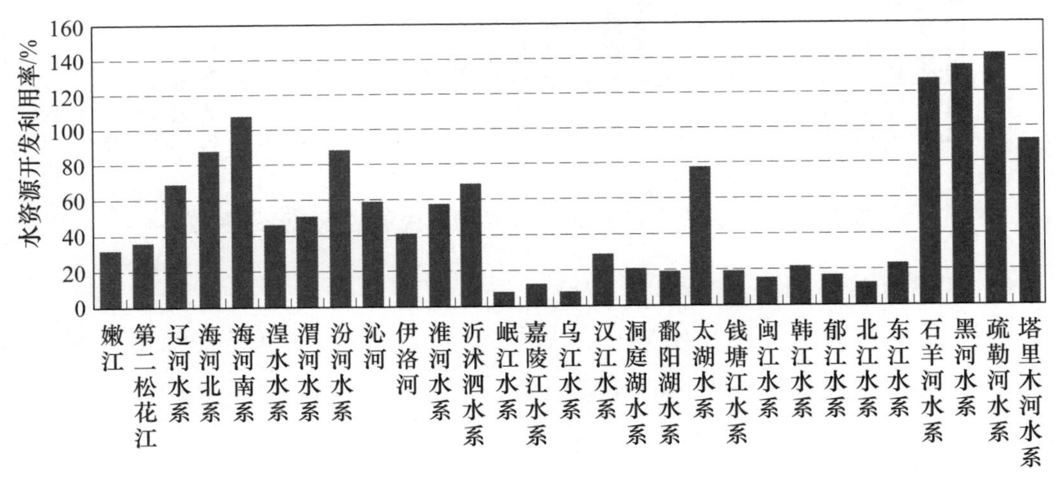

图4-4-4 部分流域2011年水资源开发利用率

二、水资源开发利用水平与效率

水资源开发利用水平与效率主要通过区域综合用水指标和行业用水水平反映。

（一）人均综合用水量

2011 年全国人均综合用水量为 461m³。从水资源一级区看，西北诸河区人均综合用水量最大，达 2249m³，其主要原因是西北地区干旱少雨、蒸发量大，人口密度低，经济发展主要以农业为主，且主要靠人工灌溉，农业用水所占比重较大（占总用水量的 94.1%）；其次是松花江区，水资源相对丰富，农业用水占总用水量的 79.6%，人均综合用水量为 738m³；其余水资源一级区人均综合用水量均小于 500m³，海河区最少，为 254m³，主要与其处于缺水地区、人口密度大有关。水资源一级区 2011 年人均综合用水量见图 4-4-5。

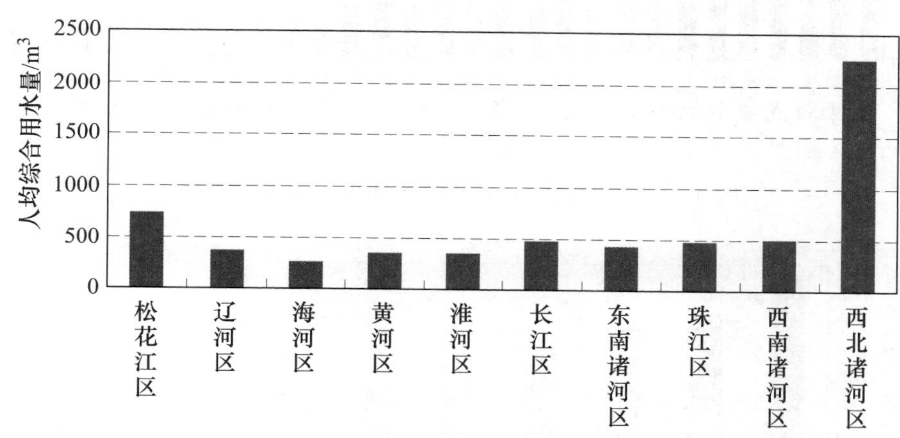

图 4-4-5　水资源一级区 2011 年人均综合用水量

2011 年，我国东、中、西部地区的人均综合用水量分别为 400m³、483m³ 和 538m³。从省级行政区看，新疆和宁夏人均综合用水量较高，分别为 2643m³ 和 1173m³；北京、天津人均综合用水量较小，分别为 175m³ 和 193m³；人均综合用水量介于 300～500m³ 的有 14 个省（直辖市），人均综合用水量介于 500～1000m³ 的有 13 个省（自治区、直辖市）。省级行政区 2011 年人均综合用水量见图 4-4-6、附表 A24。

（二）居民生活用水水平

1. 城镇居民生活用水

2011 年全国城镇居民生活人均日用水量（指毛用水量）为 118L，其中，北方地区为 84L，南方地区为 145L。东、中、西部地区城镇居民生活人均日用水量分别为 127L、106L 和 112L。总体来看，城镇居民生活用水指标呈现南方丰水地区大于北方缺水地区、发达地区高于欠发达地区的特点。

从水资源分区来看，人均日用水量最大的为珠江区，达 171L；东南诸河区、长江区和西南诸河区也较大，均在 115L 以上；黄河区、淮河区、海河区、松花江区、西北诸河区和辽河区在 80～90L 左右。水资源一级区 2011 年城镇居民生活人均日用水量见图 4－4－7。

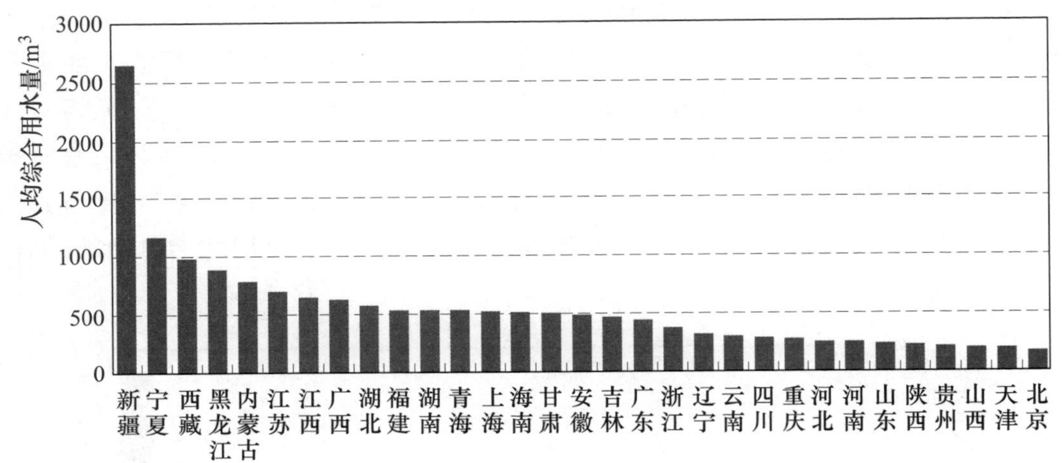

图 4－4－6　省级行政区 2011 年人均综合用水量

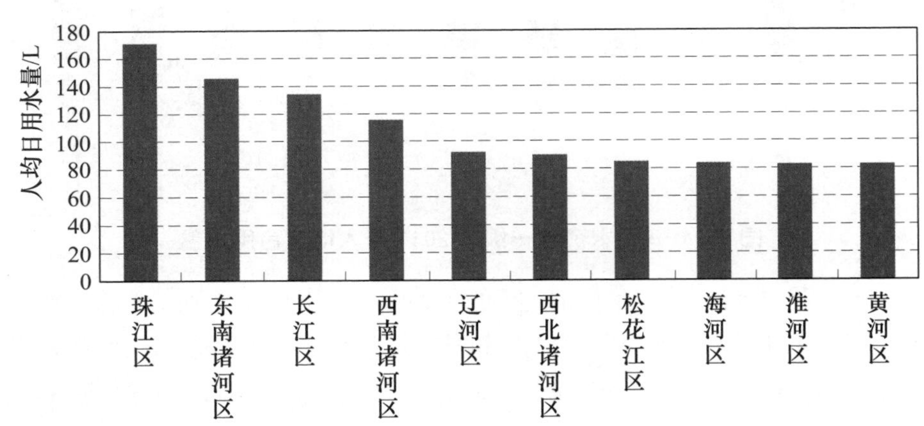

图 4－4－7　水资源一级区 2011 年城镇居民生活人均日用水量

从省级行政分区看，广东、上海、福建、广西、海南、重庆和西藏 7 省（自治区、直辖市）的城镇居民生活人均日用水量较高，均在 150L 以上；天津、内蒙古、山东、甘肃、青海和宁夏 6 省（自治区、直辖市）的城镇居民生活人均日用水量较低，均在 75L 以下。省级行政区 2011 年城镇居民生活人均日用水量见图 4－4－8。

2. 农村居民生活用水

2011 年全国农村居民生活人均日用水量（指毛用水量）为 73L，北方地区为 57L，南方地区为 90L。东、中、西部地区农村居民生活人均日用水量分别为 82L、77L 和 64L。

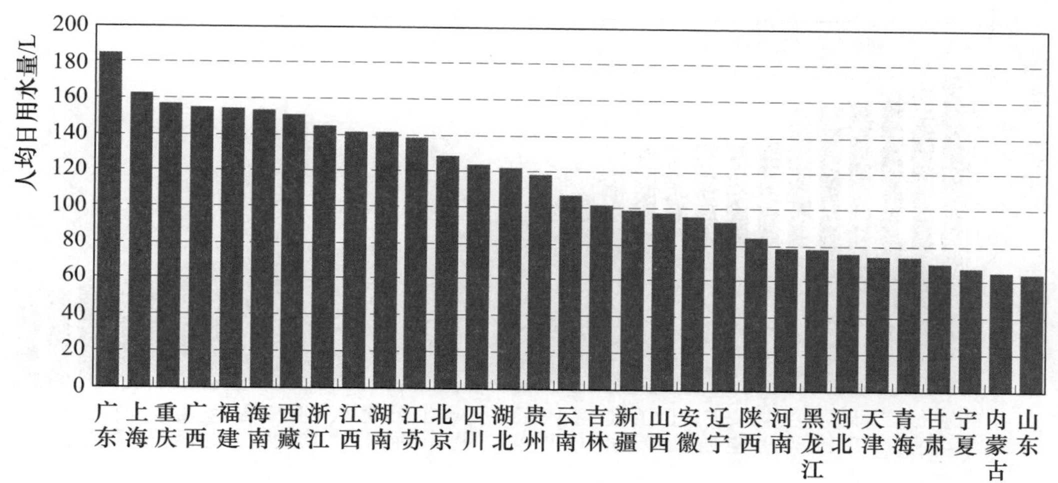

图 4-4-8　省级行政区 2011 年城镇居民生活人均日用水量

从水资源分区看，东南诸河区、珠江区、长江区农村居民生活人均日用水量均在 80L 以上，松花江区、海河区、西北诸河区、西南诸河区、淮河区均在 50～70L 左右，最小的为黄河区，为 44L。水资源一级区 2011 年农村居民生活人均日用水量见图 4-4-9。

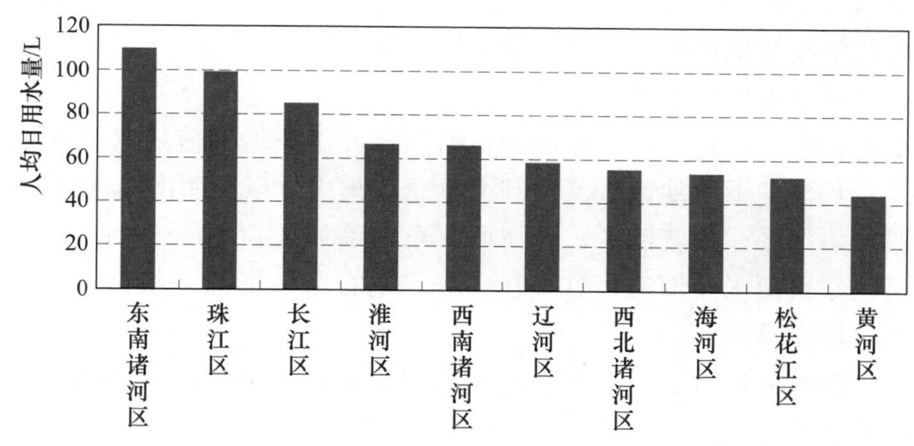

图 4-4-9　水资源一级区 2011 年农村居民生活人均日用水量

从省级行政分区看，海南、上海、广东、浙江、湖南和福建 6 省（直辖市）的农村居民生活人均日用水量较高，均在 100L 以上；宁夏、青海、甘肃、西藏、内蒙古、山西、河北和吉林 8 省（自治区）的农村居民生活人均日用水量较低，均在 50L 以下。省级行政区 2011 年农村居民生活人均日用水量见图 4-4-10。

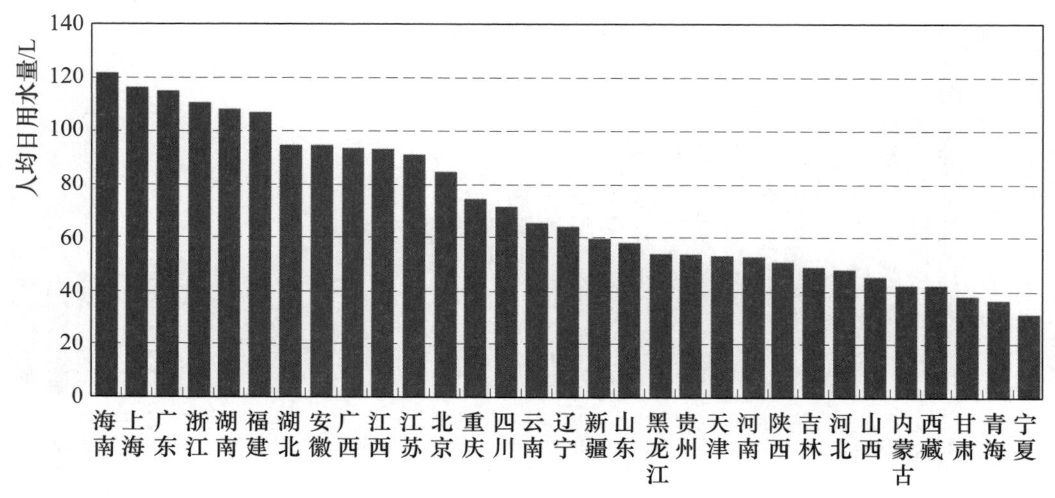

图 4-4-10　省级行政区 2011 年农村居民生活人均日用水量

（三）工业用水水平

2011 年全国万元工业增加值用水量（指毛用水量）为 63.8m³（按当年价格计算）。北方地区用水效率较高，万元工业增加值用水量为 29.6m³；南方地区用水效率较低，万元工业增加值用水量为 69.7m³。东、中、西部地区万元工业增加值毛用水量分别为 46.5m³、69.8m³ 和 43.3m³。总体来看，北方缺水地区和经济发达地区万元工业增加值用水量指标相对较小，南方丰水地区和欠发达地区用水指标相对较大。

从水资源分区看，长江区和西南诸河区万元工业增加值用水量在 70m³ 以上，主要与长江中下游地区直流冷却火电企业集中，以及西南诸河区产业结构有关；西北诸河区、松花江区、珠江区、东南诸河区在 40～50m³ 左右；海河区、辽河区、黄河区和淮河区在 20～35m³ 左右。水资源一级区 2011 年万元工业增加值用水量见图 4-4-11。

从省级行政分区看，万元工业增加值用水量超过 100m³ 的有西藏、上海、安徽、湖南和湖北；江苏、广西、重庆、江西和福建在 70～90m³ 左右；在 20～60m³ 左右的有 17 个省（自治区）；小于 20m³ 的有天津、山东、北京、陕西 4 省（直辖市）。省级行政区 2011 年万元工业增加值用水量见图 4-4-12。

（四）灌溉用水水平

2011 年全国耕地灌溉亩均用水量（指毛用水量）为 466m³，其中北方地区和南方地区的耕地灌溉亩均用水量分别为 385m³ 和 605m³。

从水资源分区看，珠江区耕地灌溉亩均用水量在 900m³ 以上，缘于双季水稻所占比重较大；长江区、东南诸河区、西南诸河区和西北诸河区在 500～

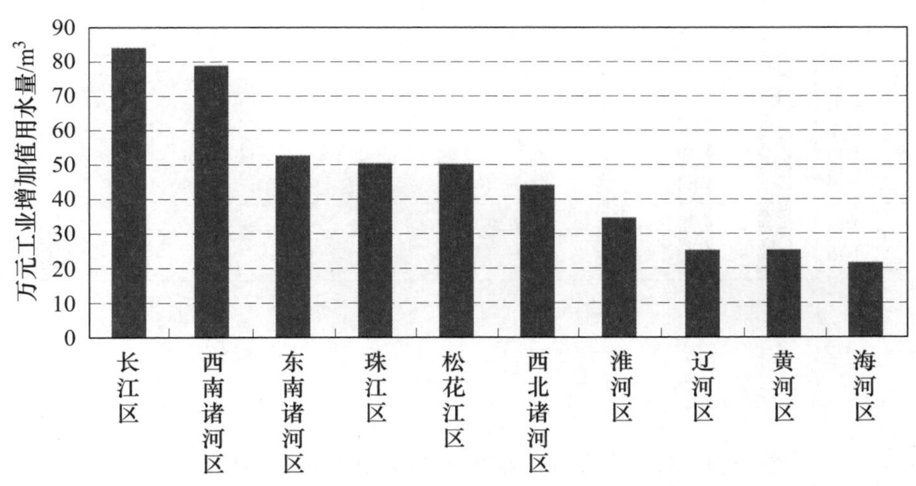

图 4-4-11 水资源一级区 2011 年万元工业增加值用水量

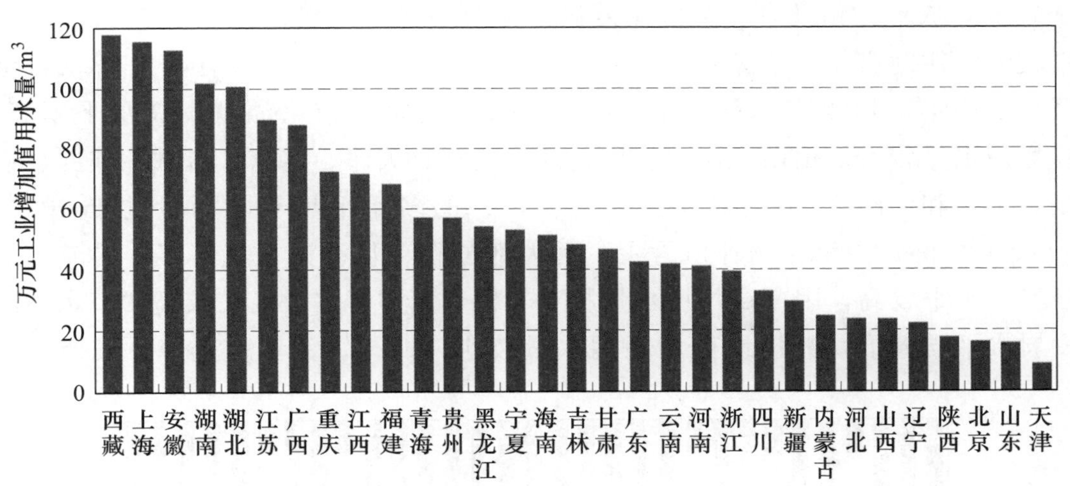

图 4-4-12 省级行政区 2011 年万元工业增加值用水量

600m³ 左右，主要与长江区、东南诸河区和西南诸河区水稻种植比重较大，西北诸河区干旱少雨、农业主要靠人工灌溉有关；黄河区、辽河区和松花江区在 400～500m³ 左右；海河区和淮河区低于 300m³，其中海河区由于严重缺水，节水灌溉面积比例较高，农田灌溉用水有效利用系数较高，因而亩均用水量较低。水资源一级区 2011 年耕地灌溉亩均用水量见图 4-4-13。

从省级行政分区看，广西、海南、广东、宁夏和江西 5 省（自治区）的耕地灌溉亩均用水量在 800～1000m³ 左右，福建、青海、新疆、西藏和甘肃 5 省（自治区）在 600～800m³ 左右，河南、山东、河北和山西 4 省低于 250m³。各省级行政区的亩均用水量与降水量、节水灌溉发展水平及其种植结

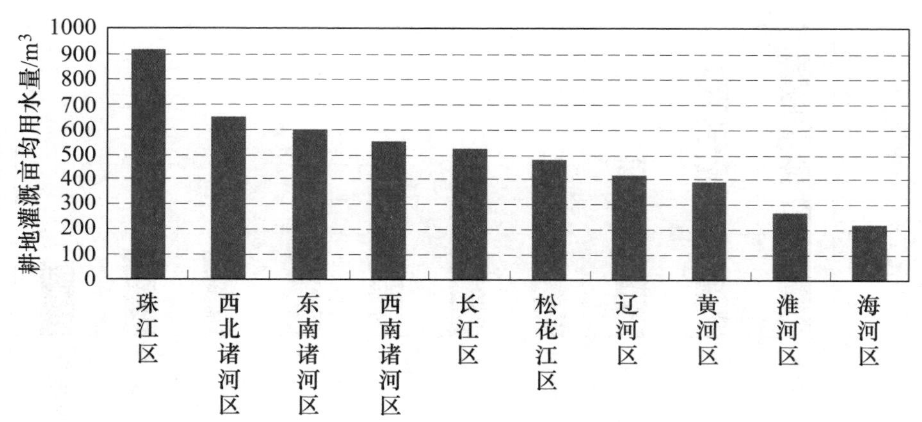

图 4－4－13　水资源一级区 2011 年耕地灌溉亩均用水量

构存在较大的关系。根据我国的降雨带分布，新疆的多年平均年降雨量仅为 155mm，农业种植几乎完全依赖灌溉，而且不少地区的取用水距离较长，损失较大，耕地亩均用水量达 677m³；内蒙古、宁夏、青海和甘肃 4 省（自治区）的多年平均年降雨量处于 200～400mm 之间，节水灌溉发展水平不高，亩均用水量较大；山西、河北、黑龙江、西藏、天津、北京、吉林、陕西、辽宁、山东和河南 11 省（自治区、直辖市）的多年平均年降雨量处于 400～800mm 之间，以旱作物种植为主，且大部分省（自治区、直辖市）的节水灌溉发展水平较高，因而亩均用水量相对较低，其中华北地区在较高的节水灌溉发展水平支撑下，其耕地亩均毛用水量较小；四川、江苏、上海、安徽、贵

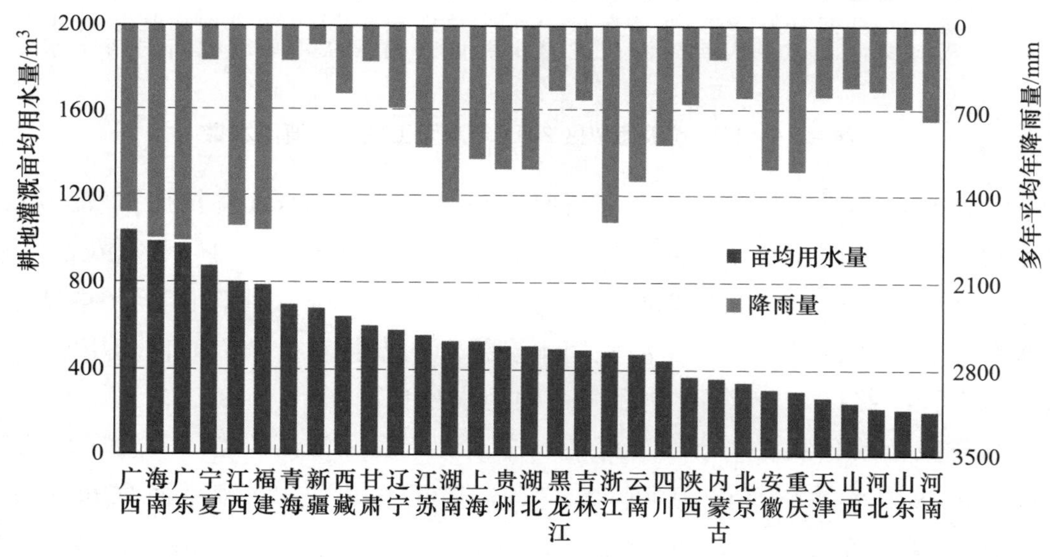

图 4－4－14　省级行政区 2011 年耕地灌溉亩均用水量与多年平均年降雨量

州、湖北、重庆、云南、湖南、广西、浙江、江西、福建、海南和广东 15 省（自治区）的多年平均年降雨量在 800mm 以上，水稻种植占比较大，亩均用水量也相对较大，其中广西、江西、福建、海南和广东 5 省（自治区）的耕地亩均用水量在 750m^3 以上。省级行政区 2011 年耕地灌溉亩均用水量与多年平均年降雨量见图 4－4－14。

第五章　江河治理保护情况

本章重点介绍了我国河流防洪治理达标情况、地表水和地下水水源地情况、入河湖排污口分布及管理情况等。

第一节　普查方法与口径

一、河湖治理

河流治理保护是指采取各种治理防护措施，改善河流边界条件和水流流态，以适应自然以及人类各种需求和保护生态改善环境的状况。河流治理防护工程主要包括河流堤防加固工程、河道主槽疏浚工程、整治控导及防护工程等。

本次河流治理情况普查范围为流域面积 $100km^2$ 及以上所有河流，湖泊治理情况普查范围为水面面积 $10km^2$ 及以上有防洪任务湖泊。

普查指标均为静态指标，主要采取档案查阅、底图量算、实地调查等方式获取数据；河流（或河段）长度、湖泊岸线以及堤防长度等指标主要基于河湖基本情况普查的河流水系底图，采用 GIS 方法，复核量算确定。根据河湖基本情况普查成果，统一组织编制以县级行政区为单元的流域面积 $100km^2$ 及以上河流名录，作为治理保护河流（或河段）清查的基础。依据普查工作底图和河流名录，基于各河流特点及重要节点划分普查河段，提出县域内治理保护河流（或河段）湖泊名录，并组织填报清查表；普查采取以档案查阅、底图量算、实地访问、现场查勘等内外业结合的方式开展，界河段（国际界河除外）普查由河流右岸（指面向河流下游方向）所在县级行政区的普查机构负责。

二、地表水和地下水水源地

地表水水源地指向城乡生活和工业供水而划定的地表水水源区域，包括河流型水源地和湖库型水源地。本次重点普查向城乡集中供水的地表水饮用水水源地。地下水水源地指向城乡生活和工业供水的地下水集中开采区，如自来水供水企业的水源地、村镇集中供水工程的水源地、单位自备水源地等。

地表水水源地普查范围为向城镇集中供水的地表水饮用水水源地，以及农村集中供水且供水人口1万人及以上或日供水量1000m^3及以上的地表水饮用水水源地；地下水水源地普查范围为日取水能力在5000m^3及以上的集中式地下水水源地。本次参考有关标准按照不同供水规模对地表水水源地进行了划分，分为1万m^3/d以下、1万（含）～5万m^3/d、5万（含）～15万m^3/d、15万m^3/d及以上。

水源地普查的静态指标主要采取档案查阅、实地访问等方式获取数据。动态指标为水源地供水量，地表水水源地供水量主要依据水源地取水口建立的逐月取水量台账确定，没有建立台账的按照耗电量法、耗油量法或用水定额法间接推算。地下水水源地供水量根据水源地范围内的机电井取水量计算；已安装计量设施的机电井，根据水表、流速仪及堰槽等计量设施的实际计量水量确定；未安装水量计量设施的机电井，采用耗电量法、耗油量法或出水量法间接推算年取水量。

三、入河湖排污口

入河湖排污口是指直接或者通过沟、渠、管道等设施向河流（含河流上的水库）、湖泊排放污水的排污口，是造成水质污染、水环境恶化、影响供水安全和生态安全的主要因素。

普查范围为江河湖库上的所有入河湖排污口，重点普查规模以上（即入河湖废污水量为300t/d及以上或10万t/a及以上）入河湖排污口，规模以下排污口进行简单调查。本次普查不包括排入不与外界联系的独立死水坑塘的排污口、入河湖雨水排放口、农田沥水及涝水（退水）排放口、未作为排污用的截洪沟和导洪沟汇入口、用于景观补水的中水排放口、排入灌区渠道内的排污口。本次参考有关标准按照不同排污规模对入河湖排污口进行了划分，分为10万t/a以下、10万（含）～100万t/a、100万（含）～1000万t/a、1000万t/a及以上。

按照“在地原则”，以乡镇为最小普查单元，开展入河湖排污口清查登记与普查填报。根据计量设施安装情况，分别采取不同的数据采集方式获取入河湖废污水量：安装计量设施的直接采用计量记录成果；无计量设施但重要的入河湖排污口，本次普查进行了临时监测或借用已有监测数据推算全年废污水量；没有计量也无监测的排污口，按照工业企业生产用水量、居民生活用水量等结合废水排放系数、排污比等参数综合推算入河湖废污水量。

第二节　河　流　治　理

一、总体治理情况

本次普查全国流域面积 100km² 及以上有防洪任务的河流[1] 15638 条，占全国流域面积 100km² 及以上河流总数的 68.3%。有防洪任务河段长度为 37.39 万 km，占全国流域面积 100km² 及以上河流总长度的 33.5%，已治理河段[2]长度为 12.34 万 km，治理达标河段[3]长度为 6.45 万 km。全国河流治理及达标情况见图 5-2-1。

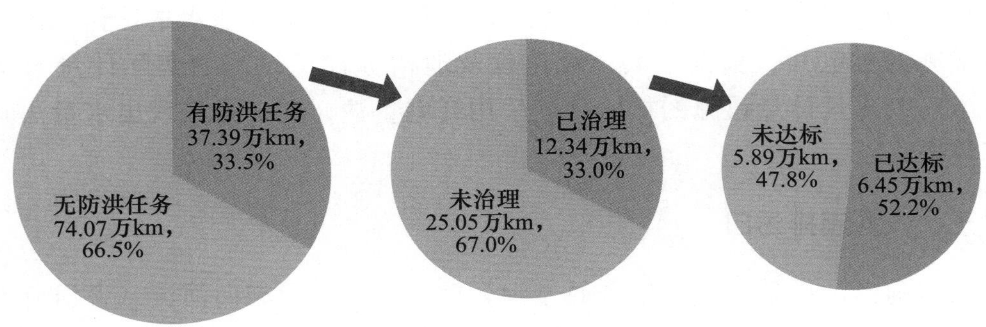

图 5-2-1　全国河流治理及达标情况

1. 有防洪任务河段

全国有防洪任务的河段长度共 37.39 万 km，其中规划防洪标准 50 年一遇及以上河段长度为 2.97 万 km，占全国有防洪任务河段长度的 8.0%；20（含）～50 年一遇的河段长度 12.56 万 km，占有防洪任务河段长度的 33.5%；20 年一遇以下的河段长度为 21.86 万 km，占有防洪任务河段长度的 58.5%。全国不同规划防洪标准河段长度见表 5-2-1。

水资源一级区中，长江区有防洪任务的河段长度最长，为 11.86 万 km；西南诸河区、东南诸河区和辽河区有防洪任务的河段长度较短，分别为 1.28 万 km、1.56 万 km 和 2.28 万 km。从有防洪任务的河段长度占其河流长度比

---

[1] 有防洪任务的河流指在流域综合规划、防洪规划以及区域规划等有关规划中确定的承担防洪保护区防洪任务的河流或河段，以及虽没有系统规划但有防洪要求、进行过防洪治理的河流。

[2] 已治理河段是指在具有防洪任务的河段中，曾经采取一定的治理措施进行治理，现状存在治理工程且具有一定防洪能力的河段。

[3] 治理达标河段是指在已治理河段中，河段防洪能力满足或基本满足规划防洪标准的河段。

表 5-2-1　　全国不同规划防洪标准河段长度　　单位：km

水资源一级区	合计	20 年一遇以下	20（含）～30 年一遇	30（含）～50 年一遇	50（含）～100 年一遇	100 年一遇及以上
全　国	373933	218585	104082	21513	23379	6374
松花江区	36134	15431	14268	3276	2911	248
辽河区	22788	12903	7031	1103	1346	405
海河区	31368	16608	9542	986	3739	493
黄河区	36660	20639	9505	3128	1335	2053
淮河区	40135	19144	16130	1207	2805	849
长江区	118604	80278	23412	6964	6754	1196
其中：太湖流域	5196	575	1791	930	1692	207
东南诸河区	15592	8838	4864	482	1006	402
珠江区	36083	20634	9734	2091	2936	688
西南诸河区	12795	10068	1682	751	279	15
西北诸河区	23774	14042	7914	1525	268	25

例看，平原区占比较高的淮河区和海河区有防洪任务河段长度占比较高，分别为 73.0%和 67.9%；人口较少的西北诸河区和山区占比较高的西南诸河区有防洪任务河段长度占比较低，分别为 9.2%和 11.7%。水资源一级区河流总长度及有防洪任务河段长度见图 5-2-2。

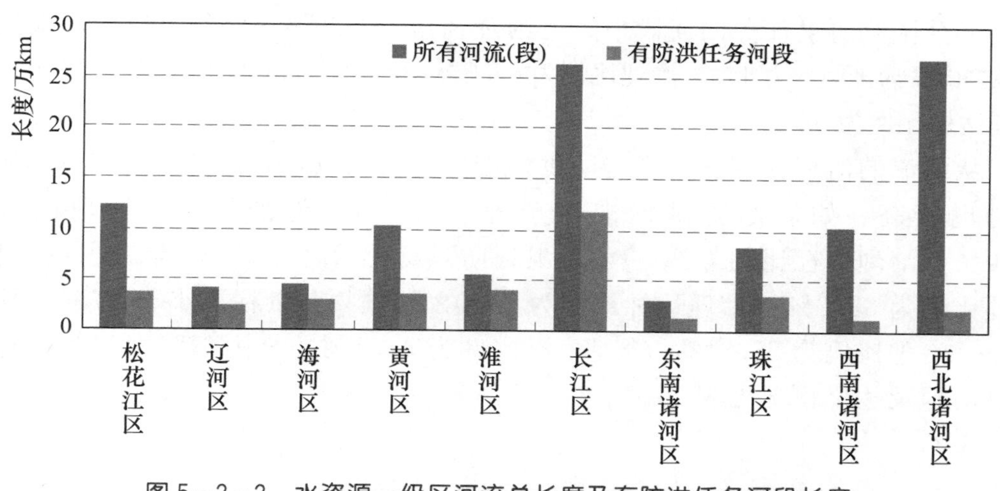

图 5-2-2　水资源一级区河流总长度及有防洪任务河段长度

省级行政区中，中东部的多数省级行政区防洪任务相对较重，有防洪任务河段长度大于2万km的有湖南、湖北和黑龙江3省，有防洪任务河段长度分别为2.22万km、2.04万km和2.03万km；有防洪任务河段长度小于1万km的除4直辖市外，还包括海南、宁夏、青海、贵州、福建和山西6省（自治区）。从有防洪任务河段长度占比（占其河流总长度比例）看，平原区、人口密集地区有防洪任务河段长度占比较高，如上海、北京、山东和江苏4省（直辖市），占比分别为99.7%、85.0%、77.2%和72.3%；青海、西藏、新疆和海南4省（自治区）占比较低，分别为5.4%、7.8%、11.9%和12.1%。省级行政区河流总长度及有防洪任务河段长度见图5-2-3。

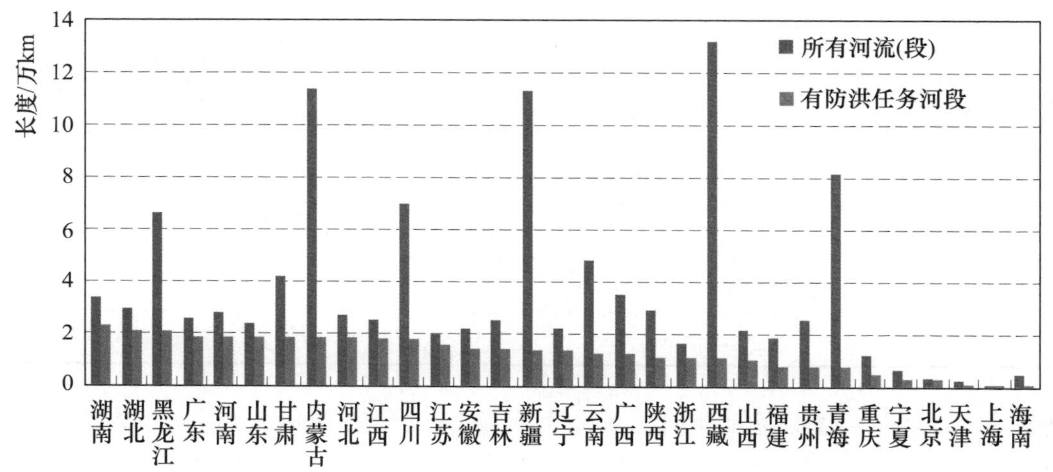

图5-2-3 省级行政区河流总长度及有防洪任务河段长度

2. 治理达标情况

从全国有防洪任务的河段中，已治理河段总长度为12.34万km，未治理河段❶长度为25.05万km，治理比例为33.0%；治理达标河段长度为6.45万km，治理达标比例为52.2%。

从河流的治理程度看，规划防洪标准较高的河段，其治理比例和达标比例相对也较高，如规划防洪标准大于等于50年一遇的河段，治理比例为68.0%，治理达标比例为68.8%；规划防洪标准介于20～50年一遇的河段，治理比例为38.0%，治理达标比例为54.0%；规划防洪标准小于20年一遇的河段，治理比例为25.3%，治理达标比例为44.7%。全国不同规划防洪标准河段治理及达标情况见表5-2-2。

❶ 未治理河段是指在具有防洪任务的河段中，需要治理但现状基本为天然状态、两岸没有堤防或堤防标准非常低，基本没有防洪能力的河段。

总体来看，我国流域面积较大的河流和平原地区重要河流治理及达标比例相对较高。流域面积 10000km^2 及以上河流治理比例为 42.7%，治理达标比例为 59.8%；平原区河流治理比例为 64.8%，治理达标比例为 52.4%；流域面积小于 3000km^2 的中小河流治理及达标比例相对较低，治理比例为 23.9%，治理达标比例为 48.6%。不同流域面积的河流干流治理及达标情况见表 5-2-3。

表 5-2-2　　全国不同规划防洪标准河段治理及达标情况

防洪标准	有防洪任务河段长度/km	已治理河段		治理达标河段	
		长度/km	治理比例/%	长度/km	治理达标比例/%
合计	373933	123407	33.0	64479	52.2
20 年一遇以下	218585	55378	25.3	24754	44.7
20（含）～30 年一遇	104082	37200	35.7	19932	53.6
30（含）～50 年一遇	21512	10586	49.2	5850	55.3
50（含）～100 年一遇	23379	15592	66.7	10337	66.3
100 年一遇及以上	6375	4651	73.0	3606	77.5

注　治理比例＝已治理河段长度/有防洪任务河段长度；治理达标比例＝治理达标河段长度/已治理河段长度。

表 5-2-3　　不同流域面积的河流干流治理及达标情况

流域面积/km^2	有防洪任务河段长度/km	已治理河段		治理达标河段	
		长度/km	比例/%	长度/km	比例/%
10000 及以上	62739	26800	42.7	16040	59.8
3000（含）～10000	40716	13680	33.6	7015	51.3
100（含）～3000	225879	54020	23.9	26276	48.6
平原河流	44599	28907	64.8	15148	52.4

注　河流治理河长均指干流河长。

从水资源一级区治理情况看，长江区已治理河段长度为 3.62 万 km，治理达标长度为 1.69 万 km，治理比例和治理达标比例分别为 30.6%、46.5%；黄河区已治理河段长度为 0.95 万 km，治理达标长度为 0.66 万 km，治理比例和治理达标比例分别为 26.0%、69.5%。淮河区治理比例和治理达标比例均相对较高，分别为 52.3%和 62.5%；海河区治理比例为 46.1%，相对较高，而治理达标比例为 32.2%，则相对较低；西北诸河区和西南诸河区治理比例较低，分别为 14.2%和 13.4%。水资源一级区河段治理及达标情况见表

5－2－4，有防洪任务河段治理比例见图5－2－4，已治理河段达标比例见图5－2－5，全国河流治理程度分布见附图 B17。

表 5－2－4　　　水资源一级区河段治理及达标情况

水资源一级区	有防洪任务河段		已治理河段		治理达标河段	
	长度/km	占总河长比例/%	长度/km	治理比例/%	长度/km	治理达标比例/%
全国	373933	33.5	123407	33.0	64479	52.2
北方地区	190859	30.3	70857	37.1	37383	52.8
南方地区	183074	37.8	52551	28.7	27095	51.6
松花江区	36134	29.3	13447	37.2	6107	45.4
辽河区	22788	53.0	9049	39.7	4747	52.5
海河区	31368	67.9	14451	46.1	4648	32.2
黄河区	36660	35.6	9526	26.0	6619	69.5
淮河区	40135	73.0	21006	52.3	13139	62.5
长江区	118604	45.6	36246	30.6	16860	46.5
其中：太湖流域	5196	79.0	3609	69.5	3114	86.3
东南诸河区	15592	50.0	5765	37.0	3636	63.1
珠江区	36083	43.4	8830	24.5	5422	61.4
西南诸河区	12795	11.7	1710	13.4	1177	68.8
西北诸河区	23774	9.2	3378	14.2	2123	62.8

注　治理比例＝已治理河段长度/有防洪任务河段长度；治理达标比例＝治理达标河段长度/已治理河段长度。

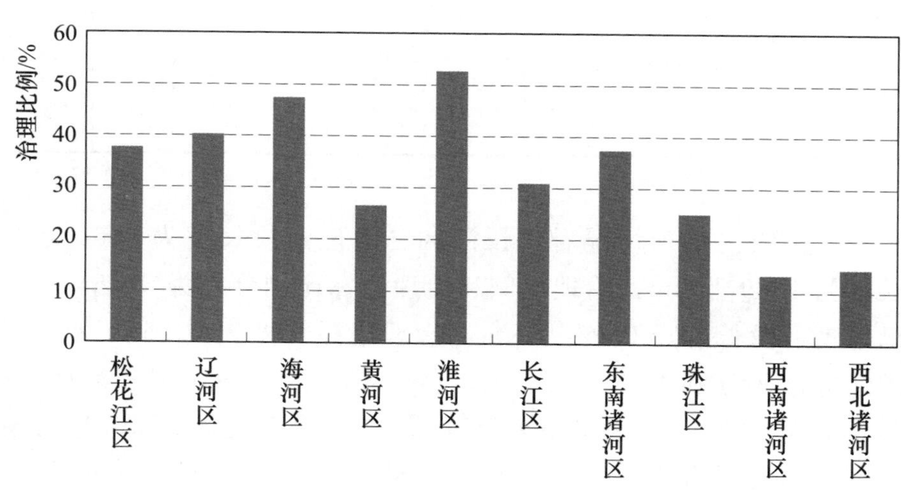

图 5－2－4　水资源一级区有防洪任务河段治理比例

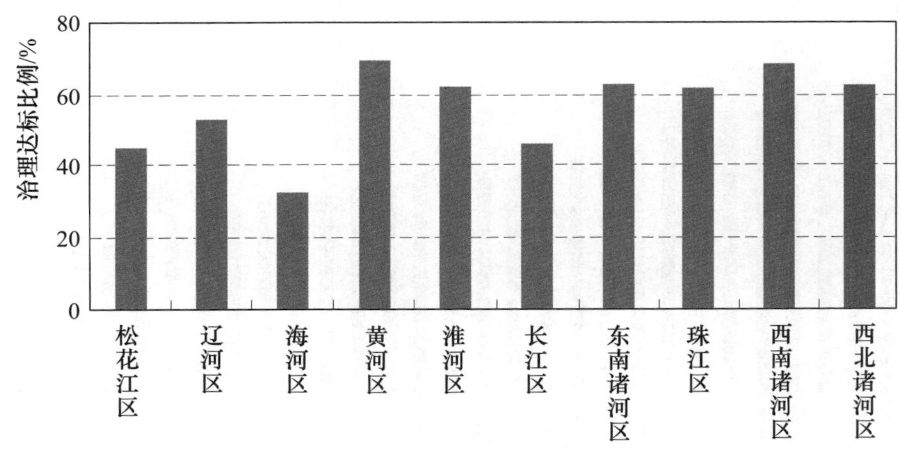

图 5-2-5　水资源一级区已治理河段达标比例

从省级行政区河流治理情况看，江苏、安徽、山东和湖北 4 省防洪任务相对较重，治理比例相对较高，均在 50%以上；湖南、江西、四川和甘肃 4 省治理比例相对较低，不足 25%；江苏、广东、山东、河南 4 省治理达标比例较高，均在 50%以上；湖北、黑龙江、河北和安徽 4 省治理达标比例相对较低，不足 40%。省级行政区有防洪任务河段治理比例见图 5-2-6、已治理河段达标比例见图 5-2-7，省级行政区河流治理及达标情况见附表 A25。

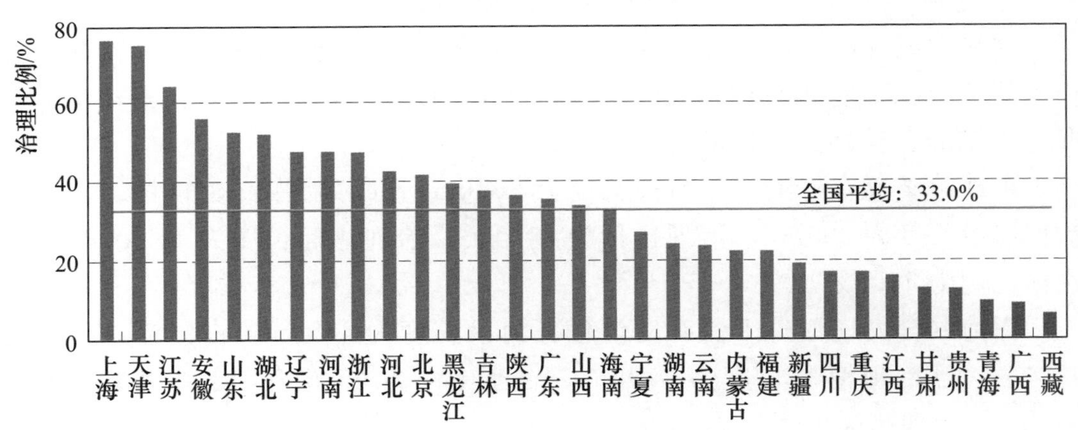

图 5-2-6　省级行政区有防洪任务河段治理比例

二、七大江河干流及主要支流治理情况

长江、黄河、淮河、海河、松花江、辽河、珠江等七大江河是我国江河治理和防洪建设的重点，其干流及其主要支流治理情况如下。

1. 松花江

松花江干流（以嫩江为主源）有防洪任务河段长度（含嫩江）为

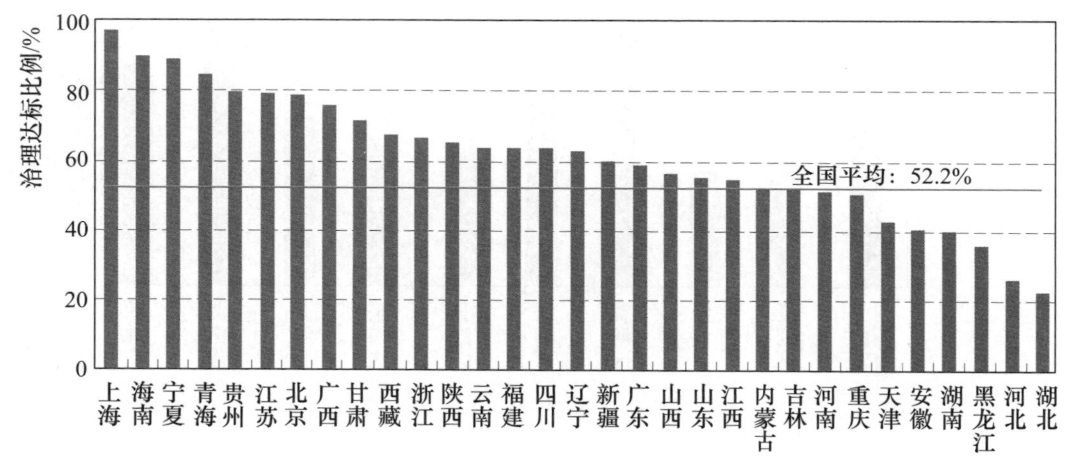

图 5-2-7　省级行政区已治理河段达标比例

1405km，占河流总长度的 61.7%；已治理河段长度为 1187km，治理比例为 84.5%；治理达标长度为 859km，治理达标比例为 72.4%。

第二松花江干流有防洪任务河段长度为 739km，占河流总长度的 83.8%；已治理河段长度为 384km，治理比例为 52.0%；治理达标长度为 369km，治理达标比例为 96.1%。

2. 辽河

辽河干流（以西辽河为主源）有防洪任务河段长度为 1078km，占河流总长度的 78.0%；已治理河段长度为 918km，治理比例为 85.2%；治理达标长度为 495km，治理达标比例为 53.9%。

东辽河干流有防洪任务河段长度为 368km，占河流总长度的 97.7%；已治理河段长度为 300km，治理比例为 81.4%；治理达标长度为 145km，治理达标比例为 48.3%。

浑河（含大辽河）干流有防洪任务河段长度为 485km，占河流总长度的 98.0%；已治理河段长度为 318km，治理比例为 65.6%；治理达标长度为 297km，治理达标比例为 93.4%。

3. 海河

海河干流全长 76km，已全部治理并达标。

潮白河（不含潮白新河）干流有防洪任务河段长度为 392km，占河流总长度的 94.7%；已治理河段长度为 159km，治理比例为 40.6%；治理达标长度为 119km，治理达标比例为 75.0%。

永定河干流有防洪任务河段长度为 715km，占河流总长度的 82.3%；已治理河段长度为 361km，治理比例为 50.5%；治理达标长度为 160km，治理达标比例为44.3%。

漳卫河（漳河与卫河汇合口以下）干流长度为366km，全部有防洪任务；已治理河段长度为349km，治理比例为95.4%；治理达标长度为156km，治理达标比例为44.7%。

4. 黄河

黄河干流有防洪任务河段长度为3024km，占河流总长度的53.2%；已治理河段长度为1818km，治理比例为60.1%；治理达标长度为1408km，治理达标比例为77.4%。

渭河干流有防洪任务河段长度为830km，占河流总长度的100%；已治理河段长度为439km，治理比例为52.9%；治理达标长度为358km，治理达标比例为81.5%。

汾河干流有防洪任务河段长度为630km，占河流总长度的88.4%；已治理河段长度为496km，治理比例为78.7%；治理达标长度为338km，治理达标比例为68.1%。

5. 淮河

淮河干流（含入江水道）有防洪任务河段长度为869km，占河流总长度的85.4%；已治理河段长度为567km，治理比例为65.2%；治理达标长度为402km，治理达标比例为70.9%。

沙颍河干流有防洪任务河段长度为516km，占河流总长度的84.2%；已治理河段长度为516km，治理比例为100%；治理达标长度为364km，治理达标比例为70.5%。

涡河干流长度为441km，全部有防洪任务；已治理河段长度为371km，治理比例为84.1%；治理达标长度为351km，治理达标比例为94.6%。

沂河干流有防洪任务河段长度为260km，占河流总长度的72.8%；已治理河段长度为174km，治理比例为66.9%；治理达标长度为164km，治理达标比例为94.3%。

沭河干流有防洪任务河段长度为250km，占河流总长度的80.6%；已治理河段长度为187km，治理比例为75.1%；治理达标长度为172km，治理达标比例为91.8%。

6. 长江

长江干流（含金沙江、通天河、沱沱河）有防洪任务河段长度为2668km，占河流总长度的42.4%；已治理河段长度1811km，治理比例67.9%；治理达标长度为1140km，治理达标比例为62.9%。

岷江（以大渡河为主源）干流有防洪任务河段长度为551km，占河流总长度的44.4%；已治理河段长度为158km，治理比例为28.7%；治理达标长度为88km，治理达标比例为55.9%。

湘江干流有防洪任务河段长度为664km，占河流总长度的70.0%；已治理河段长度为250km，治理比例为37.7%；治理达标长度为149km，治理达标比例为59.9%。

汉江干流有防洪任务河段长度为1132km，占河流总长度的74.1%；已治理河段长度为790km，治理比例为69.8%；治理达标长度为262km，治理达标比例为33.2%。

赣江干流有防洪任务河段长度为643km，占河流总长度的80.8%；已治理河段长度为267km，治理比例为41.5%；治理达标长度为129km，治理达标比例为48.2%。

7. 珠江

西江干流有防洪任务河段长度为935km，占河流总长度的44.8%；已治理河段长度为324km，治理比例为34.7%；治理达标长度为296km，治理达标比例为91.4%。

北江干流有防洪任务河段长度为394km，占河流总长度的82.9%；已治理河段长度为181km，治理比例为45.9%；治理达标长度为103km，治理达标比例为56.9%。

东江干流有防洪任务河段长度为370km，占河流总长度的73.0%；已治理河段长度为143km，治理比例为38.6%；治理达标长度为78km，治理达标比例为54.5%。

七大江河干流及主要支流治理及达标情况见表5-2-5。

表5-2-5　　七大江河干流及主要支流治理及达标情况

流　域	主要河流	有防洪任务河段		已治理河段		治理达标河段		备　注
		长度/km	占总河长比例/%	长度/km	治理比例/%	长度/km	治理达标比例/%	
松花江流域	松花江	1405	61.7	1187	84.5	859	72.4	以嫩江为主源
	第二松花江	739	83.8	384	52.0	369	96.1	
辽河流域	辽河	1078	78.0	918	85.2	495	53.9	
	东辽河	368	97.7	300	81.4	145	48.3	
	浑河	485	98.0	318	65.6	297	93.4	

续表

流　域	主要河流	有防洪任务河段		已治理河段		治理达标河段		备　注
		长度/km	占总河长比例/%	长度/km	治理比例/%	长度/km	治理达标比例/%	
海河流域	海河	76	100	76	100	76	100	西河闸以下
	潮白河	392	94.7	159	40.6	119	75	密云水库以下，不含潮白新河
	永定河	715	82.3	361	50.5	160	44.3	
	漳卫河	366	100	349	95.4	156	44.7	漳河、卫河汇合口以下
黄河流域	黄河	3024	53.2	1818	60.1	1408	77.4	
	渭河	830	100	439	52.9	358	81.5	
	汾河	630	88.4	496	78.7	338	68.1	
淮河流域	淮河	869	85.4	567	65.2	402	70.9	含入江水道
	沙颍河	516	84.2	516	100	364	70.5	
	涡河	441	100	371	84.1	351	94.6	
	沂河	260	72.8	174	66.9	164	94.3	
	沭河	250	80.6	187	75.1	172	91.8	
长江流域	长江	2668	42.4	1811	67.9	1140	62.9	含金沙江、通天河
	岷江	551	44.4	158	28.7	88	55.9	以大渡河为主源
	湘江	664	70.0	250	37.7	149	59.9	
	汉江	1132	74.1	790	69.8	262	33.2	
	赣江	643	80.8	267	41.5	129	48.2	
珠江流域	西江	935	44.8	324	34.7	296	91.4	
	北江	394	82.9	181	45.9	103	56.9	
	东江	370	73.0	143	38.6	78	54.5	

注　表中河流治理情况均为河流干流成果。

三、中小河流治理情况

本次普查我国有防洪任务的中小河流[1]共计13280条，占有防洪任务河流

[1] 本章所指中小河流为流域面积100（含）～3000km^{2}的河流，不包含平原河流。

总条数的84.9%；其中有防洪任务河段长度为22.59万km，占中小河流总长度的25.6%；已治理河段长度为5.40万km，治理比例为23.9%；治理达标河段长度为2.63万km，治理达标比例为48.6%。全国中小河流治理及达标情况见表5-2-6。

表5-2-6　　全国中小河流治理及达标情况

流域面积/km²	有防洪任务河流数量/条	有防洪任务河段		已治理河段		治理达标河段	
		长度/km	占总河长比例/%	长度/km	治理比例/%	长度/km	治理达标比例/%
100（含）～3000	13280	225879	25.6	54020	23.9	26276	48.6
其中：200（含）～3000	6827	166192	28.3	40586	24.4	20263	49.9

1. 有防洪任务河段

中小河流有防洪任务河段长度22.59万km。其中，防洪标准小于20年一遇的河段长度为15.58万km，占中小河流有防洪任务河段长度的69.0%；大于等于20年一遇的河段长度为7.0万km，占31.0%，其中大于等于50年一遇的河段长度为0.62万km，仅占2.7%。按照流域面积分类汇总，流域面积较大的河流，其规划防洪标准大于20年一遇的河段长度所占比例相对较高。全国中小河流不同规划防洪标准河段长度及比例见表5-2-7。

表5-2-7　　全国中小河流不同规划防洪标准河段长度及比例

规划防洪标准	流域面积/km²						长度/km	比例/%
	100（含）～200		200（含）～1000		1000（含）～3000			
	长度/km	比例/%	长度/km	比例/%	长度/km	比例/%		
合计	59687	100	112202	100	53990	100	225879	100
20年一遇以下	45839	76.8	77995	69.5	31994	59.3	155829	69.0
20（含）～30年一遇	11303	18.9	28320	25.2	16996	31.5	56619	25.1
30（含）～50年一遇	1213	2.0	3445	3.1	2557	4.7	7215	3.2
50年一遇及以上	1331	2.2	2442	2.2	2443	4.5	6216	2.7

水资源一级区中，淮河区和海河区中小河流有防洪任务的河段长度比例较高，分别为62.9%和55.1%；西北诸河区和西南诸河区较低，分别为5.8%和11.1%。

省级行政区中，湖南、广东、江西、河南、湖北、四川和甘肃7省中小河流防洪治理任务相对较重，有防洪任务的中小河流河段长度均大于1万km，

7省有防洪任务的中小河流长度占全国有防洪任务的中小河流河段长度的39.1%。中东部地区的多数中小河流有防洪任务，如天津、北京和江苏3省（直辖市）中小河流有防洪任务河段长度占比在80%以上。西部省区多数中小河流没有防洪任务，如青海、新疆和西藏3省（自治区）有防洪任务河段长度比例均在10%以下。上海市的中小河流均为平原河流，未包含在本节所述的中小河流统计中。省级行政区中小河流总长度及有防洪任务河段长度见图5-2-8，省级行政区中小河流有防洪任务河段情况见附表A25。

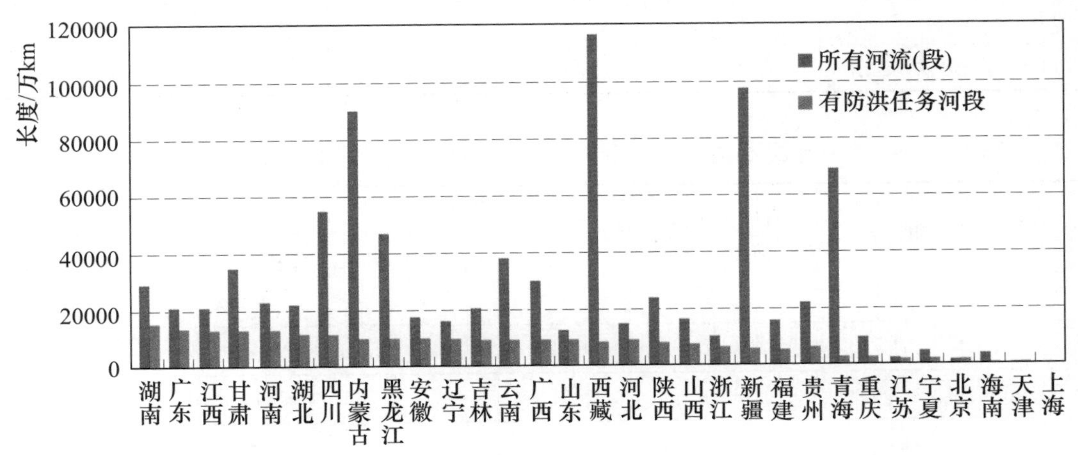

图5-2-8　省级行政区中小河流总长度及有防洪任务河段长度

2. 治理达标情况

全国中小河流已治理河段长度为5.40万km，治理比例为23.9%；治理达标河段长度为2.63万km，治理达标比例为48.6%。已治理河段中，规划防洪标准小于20年一遇的已治理长度为3.28万km，治理比例为21.1%，治理达标长度为1.45万km，治理达标比例为44.1%；规划防洪标准大于等于20年一遇的已治理长度为2.12万km，治理比例为30.3%，治理达标长度为1.18万km，治理达标比例为55.7%。规划防洪标准较高的河段，其治理比例及治理达标比例相对也较高。全国中小河流不同规划防洪标准河段治理及达标情况见表5-2-8。

中小河流治理呈现流域面积较大的河流治理比例及治理达标比例相对较高的特点。流域面积介于1000（含）～3000km^{2}的中小河流已治理河段长度为1.48万km，治理比例为27.4%，治理达标河段长度为0.74万km，治理达标比例为50.2%；流域面积小于200km^{2}的中小河流已治理河段长度为1.34万km，治理比例为22.5%，治理达标河段长度为0.60万km，治理达标比例为44.8%。全国不同流域面积的中小河流治理及达标情况见表5-2-9。

表 5-2-8　全国中小河流不同规划防洪标准河段治理及达标情况

规划防洪标准	有防洪任务河段长度/km	已治理河段		治理达标河段	
		长度/km	治理比例/%	长度/km	治理达标比例/%
合计	225879	54020	23.9	26276	48.6
20年一遇以下	155829	32822	21.1	14466	44.1
20（含）～30年一遇	56619	15873	28.0	8273	52.1
30（含）～50年一遇	7215	2332	32.3	1393	59.8
50年一遇及以上	6216	2993	48.1	2144	71.6

表 5-2-9　全国不同流域面积的中小河流治理及达标情况

流域面积/km^2	有防洪任务河段长度/km	已治理河段		治理达标河段	
		长度/km	治理比例/%	长度/km	治理达标比例/%
合计	225879	54020	23.9	26276	48.6
1000（含）～3000	53990	14772	27.4	7415	50.2
200（含）～1000	112202	25814	23.0	12848	49.8
100（含）～200	59687	13434	22.5	6013	44.8

水资源一级区中，淮河区、辽河区和东南诸河区中小河流治理比例相对较高，治理比例分别为42.7%、33.9%和32.9%；西北诸河区和西南诸河区相对较低，治理比例分别为10.5%和11.8%。从水资源一级区治理达标比例来看，黄河区、东南诸河区、西南诸河区和西北诸河区中小河流治理达标比例较高，均在60%以上；松花江区、海河区和长江区治理达标比例较低，分别为34.7%、39.5%和44.0%。水资源一级区中小河流治理及达标情况见表5-2-10，水资源一级区中小河流治理比例见图5-2-9，治理达标比例见图5-2-10。

表 5-2-10　水资源一级区中小河流治理及达标情况

水资源一级区	有防洪任务河段		已治理河段		治理达标河段	
	长度/km	占总河长比例/%	长度/km	治理比例/%	长度/km	治理达标比例/%
全国	225879	25.6	54020	23.9	26276	48.6
松花江区	17995	19.5	4572	25.4	1588	34.7
辽河区	14630	43.6	4963	33.9	2482	50.0

续表

水资源一级区	有防洪任务河段		已治理河段		治理达标河段	
	长度/km	占总河长比例/%	长度/km	治理比例/%	长度/km	治理达标比例/%
海河区	13664	55.1	4203	30.8	1658	39.5
黄河区	23772	27.6	4244	17.9	2782	65.5
淮河区	21609	62.9	9235	42.7	4589	49.7
长江区	74717	36.3	15814	21.2	6951	44.0
其中：太湖流域	641	68.6	240	37.5	202	84.1
东南诸河区	10978	43.7	3611	32.9	2177	60.3
珠江区	26024	37.3	4891	18.8	2336	47.8
西南诸河区	9245	11.1	1091	11.8	676	61.9
西北诸河区	13247	5.8	1396	10.5	1037	74.3

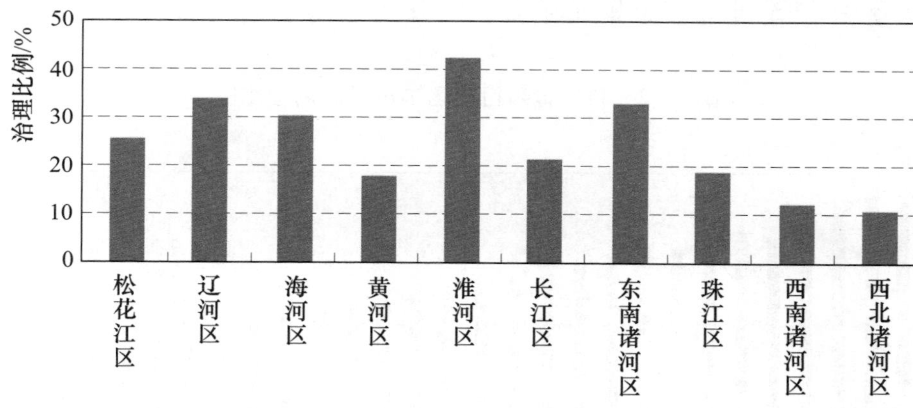

图 5-2-9　水资源一级区中小河流治理比例

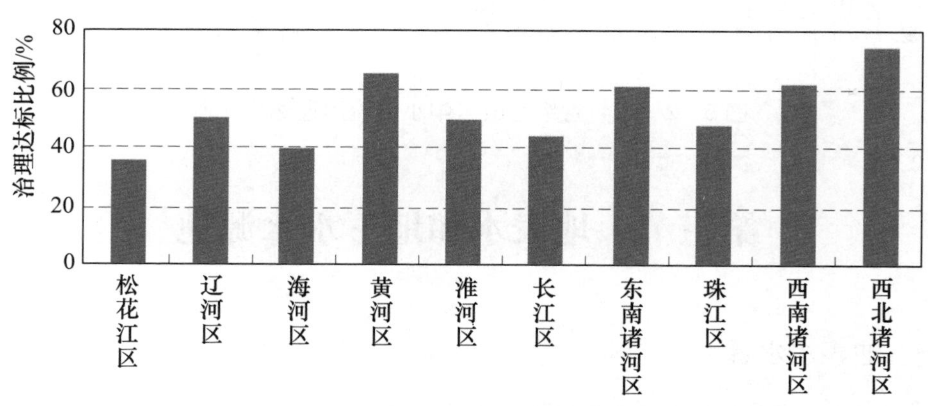

图 5-2-10　水资源一级区中小河流治理达标比例

我国东部地区经济相对发达，中小河流治理比例相对较高，为33.3%；中部地区次之，中小河流治理比例为27.9%；西部地区最低，中小河流治理比例为13.8%。河南和湖北2省中小河流防洪任务相对较重，治理比例较高，分别为41.9%和36.5%；江西、四川、甘肃和内蒙古4省（自治区）治理比例较低，不足15%。省级行政区中小河流治理比例见图5-2-11、治理达标比例见图5-2-12，省级行政区中小河流治理及达标情况见附表A25。

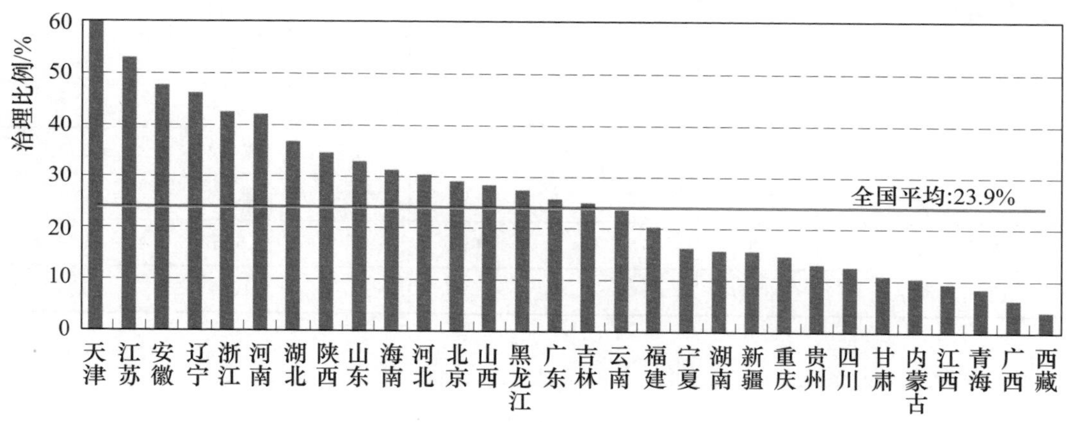

图5-2-11 省级行政区中小河流治理比例

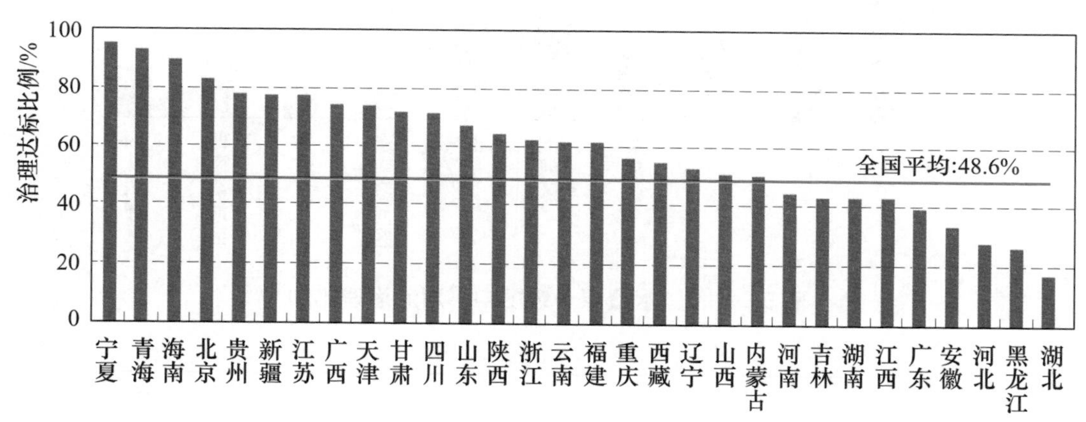

图5-2-12 省级行政区中小河流治理达标比例

第三节 地表水和地下水水源地

一、地表水水源地

本次普查全国地表水水源地总数量11656处，2011年地表水水源地总供水量 595.78 亿 m^3。地表水水源地呈现南方多、北方少的特点，南方地区以河流型水源地供水为主，数量多但规模相对较小；北方地区以水库型水源地供水为主，数量较少但规模相对较大。

（一）水源地数量与供水量

按日供水规模[1]统计，全国供水规模在 15 万 m^3/d 及以上的地表水水源地数量为 349 处，2011 年供水量为 381.60 亿 m^3，分别占全国地表水水源地总数量和总供水量的 3.0%和 64.0%；供水规模在 1 万 m^3/d 以下的地表水水源地数量为 9131 处，2011 年供水量为 38.13 亿 m^3，分别占全国地表水水源地总数量和总供水量的 78.3%和 6.5%。总体而言，供水规模较大的地表水水源地虽然数量较少，但总供水量较大；供水规模较小的地表水源地数量多且分布广，其总供水量相对较小。全国不同规模地表水水源地数量和 2011 年供水量见表 5-3-1。

表 5-3-1　全国不同规模地表水水源地数量和 2011 年供水量

供水规模/(万 m^3/d)	水源地数量		2011 年供水量	
	数量/处	比例/%	供水量/亿 m^3	比例/%
合计	11656	100	595.78	100
15 及以上	349	3.0	381.60	64.0
5（含）～15	589	5.1	101.94	17.1
1（含）～5	1587	13.6	74.11	12.4
1 以下	9131	78.3	38.13	6.5

注　供水规模用日供水量表示。下同。

1. 水源类型

全国河流型、湖泊型和水库型地表水水源地数量分别为 7104 处、169 处和 4383 处，占全国地表水水源地数量比例分别为 60.9%、1.5%和 37.6%，2011 年供水量分别为 338.08 亿 m^3、18.84 亿 m^3 和 238.86 亿 m^3，分别占 56.7%、3.2%和 40.1%。地表水水源地供水水源以河流和水库为主。全国不同水源类型地表水水源地供水量比例见图 5-3-1。

2. 供水能力

全国地表水水源地总供水能力为 29252.2 万 m^3/d，设计供水人口

[1] 参照《饮用水水源保护区划分技术规范》（HJ/T 338—2007）等关于地下水水源地的规模划分标准，按照日供水量 1 万 m^3 以下、1 万（含）～5 万 m^3、5 万（含）～15 万 m^3、15 万 m^3 及以上对地表水水源地数量及供水量进行了分级统计分析。

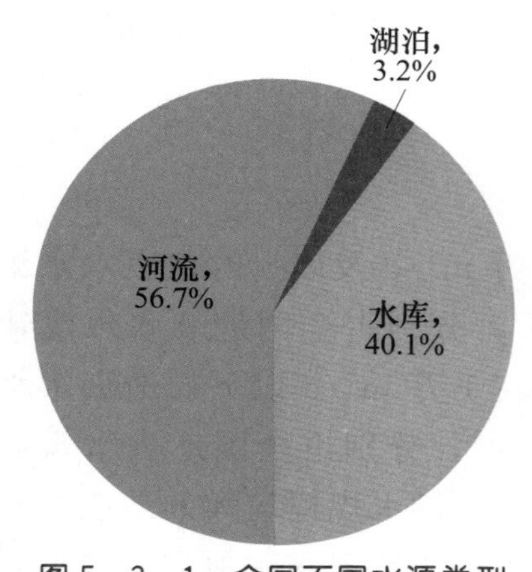

图 5-3-1　全国不同水源类型地表水水源地供水量比例

63736.4 万。按日供水规模分类统计，供水规模在 1 万 m^3/d 及以上的地表水水源地供水能力为 27549.8 万 m^3/d，供水人口为 53597.5 万，分别占全国地表水水源地总供水能力、总供水人口的 94.2%和 84.1%；其中 15 万 m^3/d 及以上的地表水水源地供水能力为 19565.6 万 m^3/d，供水人口为 30577.0 万，分别占 66.9%和 48.0%。由此可见，我国以 1 万 m^3/d 以上的大中型水源地供水为主。全国不同规模地表水水源地供水能力及供水人口见表 5-3-2。

表 5-3-2　全国不同规模地表水水源地供水能力及供水人口

供水规模/（万 m^3/d）	供水能力		供水人口	
	日供水量/（万 m^3/d）	比例/%	数量/万	比例/%
合计	29252.2	100	63736.4	100
15 及以上	19565.6	66.9	30577.0	48.0
5（含）～15	4634.6	15.8	11690.0	18.3
1（含）～5	3349.6	11.5	11330.5	17.8
1 以下	1702.4	5.8	10138.9	15.9

（二）分布情况

我国南方地区地表水资源相对丰富，居民生活用水以地表水为主，地表水水源地数量明显多于北方。南方地区共有地表水水源地 10070 处，占全国地表水水源地总数量的 86.4%，2011 年供水量为 460.42 亿 m^3，占全国地表水水源地总供水量的 77.3%；其中长江区、珠江区和东南诸河区水源地数量分别为 6356 处、2134 处和 1138 处，分别占全国地表水水源地总数量的 54.5%、18.3%和 9.8%，2011 年供水量分别为 229.70 亿 m^3、157.79 亿 m^3 和 69.70 亿 m^3，占全国地表水水源地总供水量的 38.6%、26.5%和 11.7%。

北方地区共有地表水水源地 1586 处，占全国地表水水源地总数量的 13.6%，2011 年供水量 135.36 亿 m^3，占全国地表水水源地总供水量的 22.7%；其中海河区、辽河区和松花江区地表水水源地数量分别为 113 处、120 处和 141 处，分别占全国地表水水源地总数量的 1.0%、1.0%和 1.2%，2011 年供水量分别为 45.73 亿 m^3、17.37 亿 m^3 和 14.89 亿 m^3，分别占全国地表水水源地总供水量的7.7%、2.9%和2.5%。

从水源类型看，南方地表水水源地以河流供水为主，其河流型、湖泊型和水库型水源地2011年供水量所占比例分别为65.6%、3.6%、30.8%；其中长江区和珠江区河流型水源地供水量比例较高，分别为73.0%和69.9%。北方地表水水源地以水库供水为主，其河流型、湖泊型和水库型水源地2011年供水量所占比例分别为26.5%、1.9%和71.6%，其中海河区、辽河区和松花江区水库型水源地供水量比例较高，分别为91.5%、86.4%和73.1%。水资源一级区地表水水源地数量与2011年供水量见表5-3-3。

表5-3-3　水资源一级区地表水水源地数量与2011年供水量

水资源一级区	水源地数量/处				2011年供水量/亿 m^3			
	小计	供水水源			小计	供水水源		
		河流	湖泊	水库		河流	湖泊	水库
全国	11656	7104	169	4383	595.78	338.08	18.84	238.86
北方地区	1586	855	27	704	135.36	35.92	2.56	96.88
南方地区	10070	6249	142	3679	460.42	302.17	16.28	141.97
松花江区	141	84	0	57	14.89	4.01	0	10.88
辽河区	120	54	0	66	17.37	2.36	0	15.02
海河区	113	32	1	80	45.73	3.91	0	41.83
黄河区	476	318	0	158	22.06	9.79	0	12.27
淮河区	552	228	26	298	30.17	13.55	2.56	14.07
长江区	6356	4188	127	2041	229.70	167.77	15.20	46.72
其中：太湖流域	127	70	15	42	50.61	34.04	13.68	2.88
东南诸河区	1138	521	2	615	69.70	22.63	0.60	46.47
珠江区	2134	1221	7	906	157.79	110.34	0.02	47.42
西南诸河区	442	319	6	117	3.23	1.43	0.45	1.36
西北诸河区	184	139	0	45	5.13	2.30	0	2.82

从我国水源地东、中、西部地区分布看，地表水水源地数量自东向西逐级递增，而供水量则相反。东、中、西部地区地表水水源地数量分别为3042处、3327处、5287处，2011年供水量分别为371.77亿 m^3、131.90亿 m^3、92.11亿 m^3。东部地区大中型地表水水源地数量较多，全国日供水量5万 m^3 以上的水源地938处，有497处分布在东部地区；西部地区小型地表水水源地数量较多，全国日供水量1万 m^3 以下的水源地9131处，有4618处分布在西部地区。

省级行政区中，四川、广东、贵州、云南和安徽5省地表水水源地数量较多，分别占全国总数的12.6%、8.9%、7.2%、7.2%和7.0%；地表水资源丰沛、经济发达、人口稠密、集中供水程度较高的广东、浙江和江苏3省地表水水源地2011年供水量较大，分别为132.67亿m^3、55.48亿m^3和53.57亿m^3，分别占全国总供水量的22.3%、9.3%和9.0%。省级行政区地表水水源地数量与2011年供水量见附表A26及图5-3-2、图5-3-3，全国重点地表水水源地（日供水规模5万m^3及以上）分布情况见附图B18。

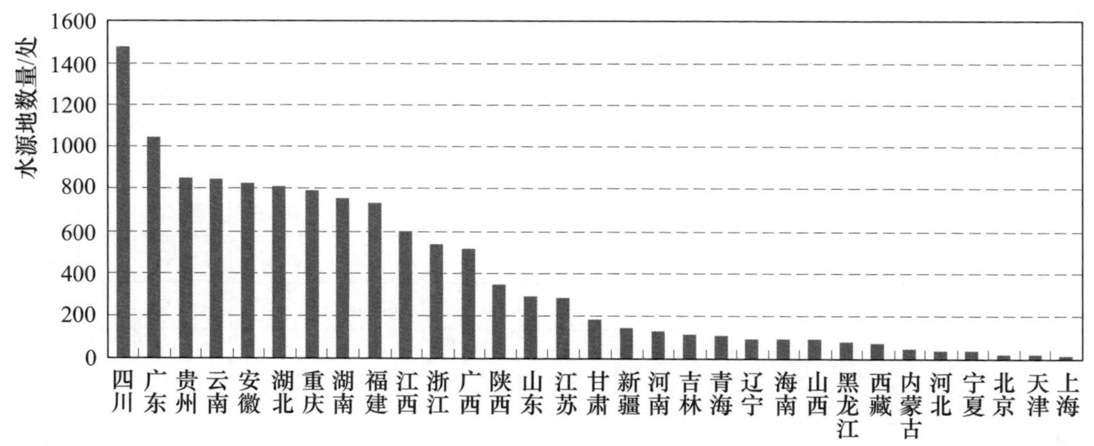

图5-3-2　省级行政区地表水水源地数量

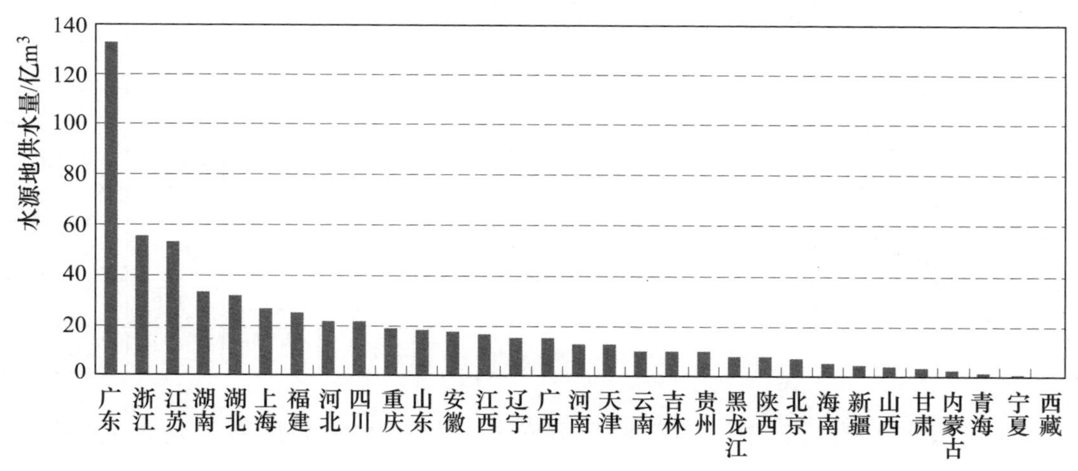

图5-3-3　省级行政区地表水水源地2011年供水量

二、地下水水源地

1. 水源地数量与供水量

全国规模以上地下水水源地共1841处，其中特大型水源地17处、大型

136 处、中型 864 处、小型 824 处，中小型水源地数量占 91.7%；2011 年开采地下水 85.90 亿 m^3，其中特大型水源地开采 6.37 亿 m^3、大型 21.49 亿 m^3、中型 42.35 亿 m^3、小型 15.69 亿 m^3，中小型水源地的开采量占 67.6%。全国地下水水源地数量与供水量情况见表 5-3-4，不同规模地下水水源地数量比例和供水量比例分别见图 5-3-4 和图 5-3-5。

表 5-3-4　　全国地下水水源地数量与供水量情况

供水规模/（万 m^3/d）	水源地		供水		备　注
	数量/处	比例/%	供水量/亿 m^3	比例/%	
合计	1841	100	85.90	100	
15 及以上	17	0.9	6.37	7.4	特大型水源地
5（含）～15	136	7.4	21.49	25.0	大型水源地
1（含）～5	864	46.9	42.35	49.3	中型水源地
0.5（含）～1	824	44.8	15.69	18.3	小型水源地

注　依据《供水水文地质勘察规范》（GB 50027—2001）和《饮用水水源保护区划分技术规范》（HJ/T 338—2007）对水源地的规模划分标准，本书地下水水源地规模划分标准如下：特大型：日供水量≥15 万 m^3；大型：5 万 m^3≤日供水量<15 万 m^3；中型：1 万 m^3≤日供水量<5 万 m^3；小型：日供水量<1 万 m^3。

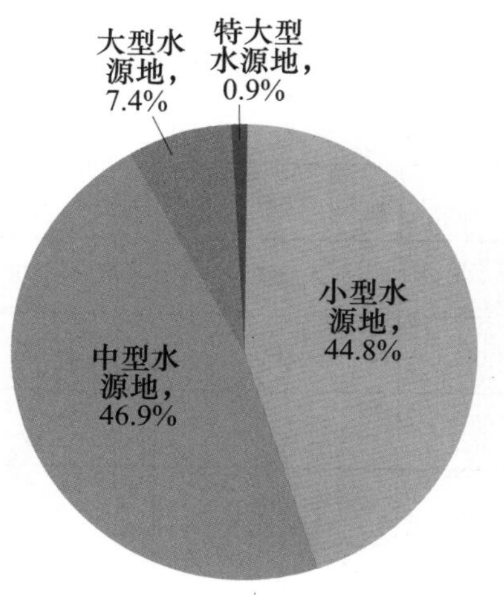

图 5-3-4　不同规模地下水水源地数量比例

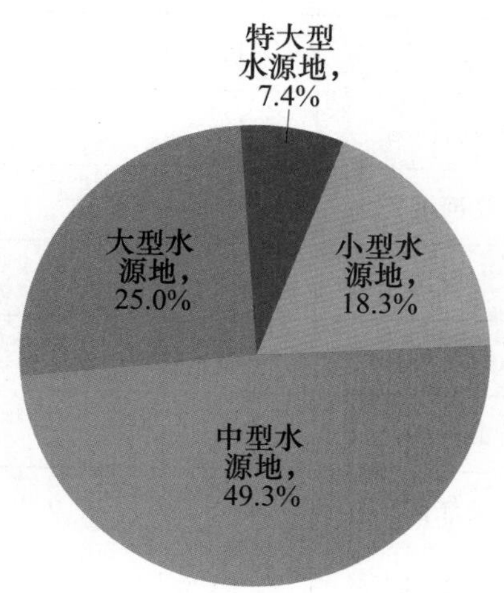

图 5-3-5　不同规模地下水水源地供水量比例

我国规模以上地下水水源地（日供水规模 0.5 万 m^3 及以上）主要用于城镇生活，其次是工业。全国规模以上地下水水源地 1841 处中，城镇生活用途的水源地 1260 处，乡村生活用途的水源地 113 处，工业用途的水源地 468 处。

2011年规模以上地下水水源地开采量中，供给城镇生活62.90亿m^3，占规模以上地下水水源地供水总量的73.2%；供给工业21.68亿m^3，占25.2%；供给乡村生活1.33亿m^3，占1.6%。

2. 分布情况

规模以上地下水水源地主要集中在水资源较为缺乏的北方地区，共1601处，2011年地下水供水量77.76亿m^3，分别占规模以上地下水水源地总数和地下水水源地供水总量的87.0%、90.5%；南方地区规模以上地下水水源地240处，2011年地下水供水量8.13亿m^3，分别占规模以上地下水水源地总数和地下水水源地供水总量的13.0%、9.5%。水资源一级区规模以上地下水水源地数量和2011年供水量分别见表5-3-5、表5-3-6和图5-3-6、图5-3-7。

表5-3-5　水资源一级区规模以上地下水水源地数量　单位：处

水资源一级区	合计	供水规模			
		15万m^3/d及以上	5万（含）～15万m^3/d	1万（含）～5万m^3/d	0.5万（含）～1万m^3/d
全国	1841	17	136	864	824
北方地区	1601	17	131	741	712
南方地区	240	0	5	123	112
松花江区	158	0	4	78	76
辽河区	182	1	23	88	70
海河区	391	9	35	167	180
黄河区	397	3	30	169	195
淮河区	301	1	14	159	127
长江区	160	0	2	89	69
其中：太湖流域	1	0	0	0	1
东南诸河区	17	0	0	7	10
珠江区	53	0	3	21	29
西南诸河区	10	0	0	6	4
西北诸河区	172	3	25	80	64

表 5-3-6 水资源一级区规模以上地下水水源地 2011 年供水量 单位：亿 m^3

水资源一级区	合计	供水规模			
		15 万 m^3/d 及以上	5 万（含）～15 万 m^3/d	1 万（含）～5 万 m^3/d	0.5 万（含）～1 万 m^3/d
全国	85.90	6.37	21.49	42.35	15.69
北方地区	77.76	6.37	20.77	37.02	13.61
南方地区	8.14	0	0.72	5.33	2.09
松花江区	6.29	0	0.60	4.15	1.54
辽河区	12.56	1.27	4.63	5.46	1.20
海河区	21.00	3.67	5.79	8.18	3.37
黄河区	16.43	0.71	3.99	7.82	3.92
淮河区	12.32	0.04	2.34	7.54	2.40
长江区	5.22	0	0.18	3.96	1.07
其中：太湖流域	0.04	0	0	0	0.04
东南诸河区	0.29	0	0	0.18	0.12
珠江区	1.60	0	0.53	0.67	0.40
西南诸河区	1.03	0	0	0.52	0.51
西北诸河区	9.16	0.68	3.42	3.86	1.19

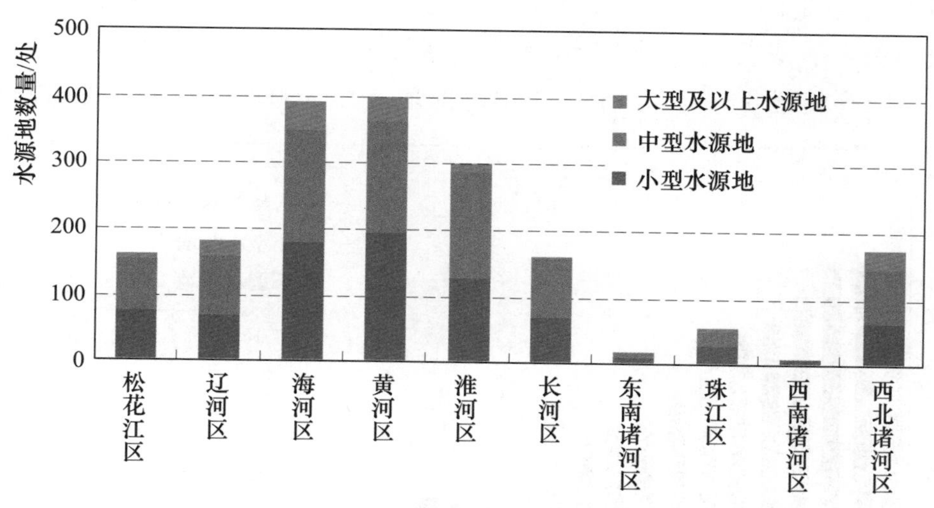

图 5-3-6 水资源一级区规模以上地下水水源地数量

各省级行政区规模以上地下水水源地数量和供水量差异较大，规模以上地下水水源地主要集中在黄淮海地区和东北地区。山东省规模以上地下水水源地数量最多，占全国总数的 11.5%；山东、内蒙古、河北、河南、辽宁、山西 6

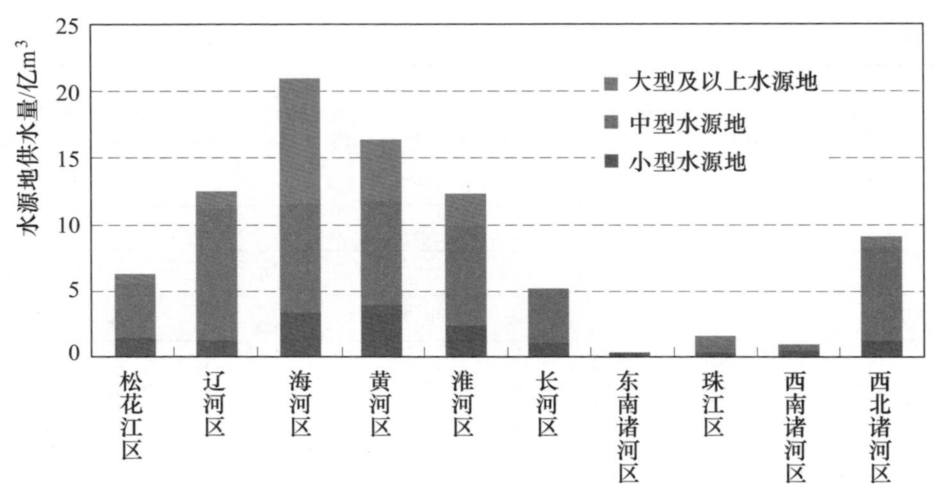

图5-3-7 水资源一级区规模以上地下水水源地2011年供水量

省（自治区）规模以上地下水水源地数量共计1020处，占全国总数的55.4%；南方各省规模以上地下水水源地普遍较少，海南、上海和重庆3省（直辖市）无规模以上地下水水源地。辽宁省规模以上地下水水源地供水量最多，占全国规模以上地下水水源地2011年供水总量的13.1%；辽宁、河北、山东、山西、新疆、内蒙古、北京、河南8省（自治区、直辖市）规模以上地下水水源地2011年供水量共计59.72亿m³，占全国规模以上地下水水源地2011年供水总量的69.5%。省级行政区规模以上地下水水源地数量及供水量见附表A27，省级行政区规模以上地下水水源地数量和2011年供水量情况分别见图5-3-8和图5-3-9，全国规模以上地下水水源地分布情况见附图B19。

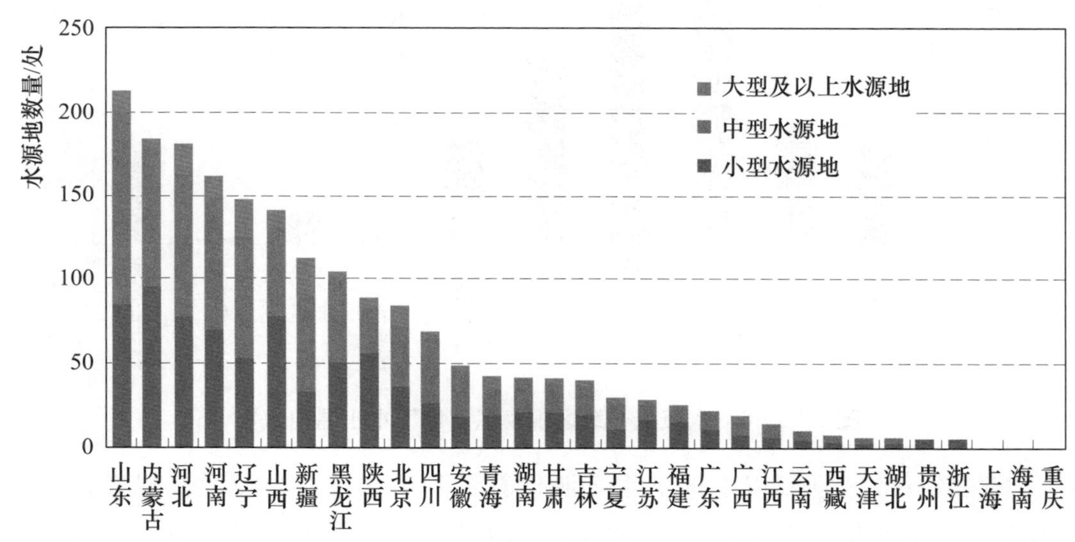

图5-3-8 省级行政区规模以上地下水水源地数量

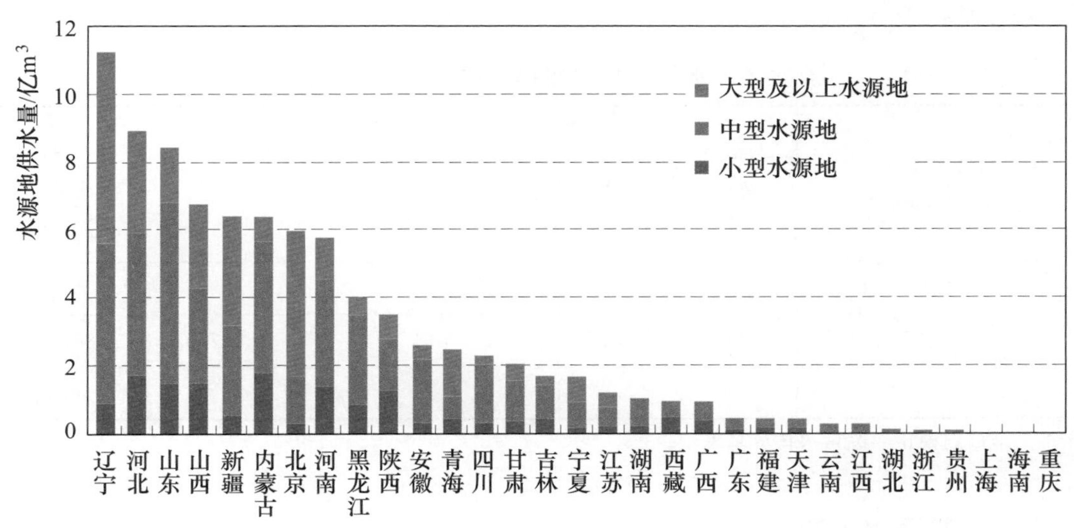

图 5-3-9 省级行政区规模以上地下水水源地 2011 年供水量

第四节 入河湖排污口

一、排污口数量

全国共普查入河湖排污口 120617 个，其中规模以上❶入河湖排污口 15489 个，占全国入河湖排污口总数量的 12.8%，规模以下❷入河湖排污口 105128 个，占全国入河湖排污口总数量的 87.2%。规模以上排污口入河湖废污水量约占入河湖废污水总量的 90%。

我国各地经济社会发展、城镇布局、用水状况等差异较大，入河湖排污口规模相差悬殊。全国有年废污水量排放规模 1000 万 t 及以上入河湖排污口 794 个，占全国总数量的 0.7%，其入河湖废污水量占入河湖废污水总量的 52.1%；年废污水量排放规模 100 万（含）～1000 万 t 之间的排污口 4247 个，占全国总数量的 3.5%，其入河湖废污水量占入河湖废污水总量的 32.0%；年废污水量排放规模 10 万（含）～100 万 t 之间的排污口 8524 个，占全国总数量的 7.1%，其入河湖废污水量占入河湖废污水总量的 5.9%；年废污水量排放规模 10 万 t 以下的排污口 107052 个，占全国总数量的 88.7%，其入河湖废污水量占入河湖废污水总量的 10.0%。全国不同废污水排放规模的排污口数

❶ 规模以上指入河湖废污水量为 300t/d 及以上或 10 万 t/a 及以上的入河湖排污口。

❷ 规模以下指入河湖废污水量为 10 万 t/a 以下且 300t/d 以下的入河湖排污口。

量及比例见表5-4-1。

表5-4-1 全国不同废污水排放规模的排污口数量及比例

排放规模①/(万t/a)	排污口		排放规模①/(万t/a)	排污口	
	数量/个	比例/%		数量/个	比例/%
合计	120617	100	10(含)~100	8524	7.1
1000及以上	794	0.7	10以下	107052	88.7
100(含)~1000	4247	3.5			

① 排放规模用年废污水排放量表示。

二、废污水来源

规模以上入河湖排污口中，工业企业排污口、生活排污口、城镇污水处理厂、市政排污口和其他排污口数量分别为6878个、3586个、2765个、1591个和669个，分别占规模以上排污口总数的44.4%、23.2%、17.8%、10.3%和4.3%，其2011年入河湖废污水量占规模以上排污口入河湖废污水量比例分别为17.7%、9.1%、60.2%、10.1%和2.9%。

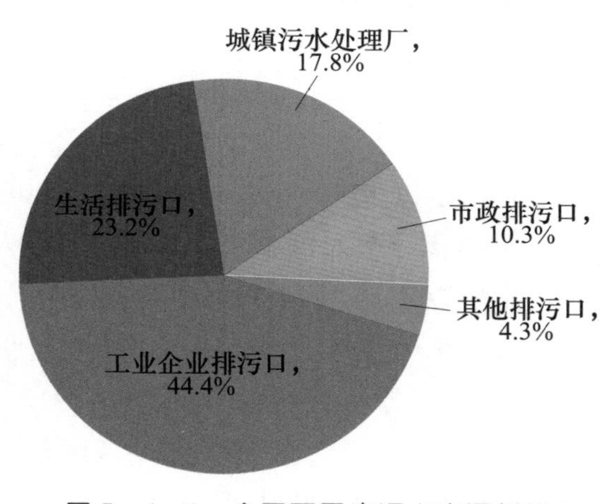

图5-4-1 全国不同废污水来源规模以上排污口数量比例

按废污水类型统计，工业、生活和混合废污水类型排污口分别为6161个、4282个和5046个，分别占规模以上排污口总数的39.8%、27.6%和32.6%，其2011年入河湖废污水量占比分别为15.4%、20.5%和64.1%。全国不同废污水来源规模以上排污口数量比例见图5-4-1。

三、废污水去向

废污水经入河湖排污口排入水域类型分为河流、湖泊和水库。全国规模以上排污口中，排入河流的有15122个，排入湖泊的有202个，排入水库的有165个，分别占全国规模以上排污口总数的97.6%、1.3%和1.1%。在规模以上排污口中，排入河流的废污水量占入河湖废污水总量的98.0%。

四、排污口分布

入河湖排污口数量与各地区地形地貌、人口密度、经济社会发展程度、工业化和城镇化水平以及用水状况等有关。全国120617个入河湖排污口中，东部地区数量较多，东、中、西部地区数量分别为69474个、20534个和30609个，所占比例分别为57.6%、17.0%和25.4%。

全国15489个规模以上入河湖排污口中，南方地区数量为11275个，占72.8%，北方地区数量为4214个，占27.2%；入河湖废污水量南方地区占64.1%，北方地区占35.9%。东、中、西部地区数量分别为6281个、4758个和4450个，所占比例分别为40.6%、30.7%和28.7%，入河湖废污水量比例分别为53.6%、26.9%和19.5%。

1. 水资源一级区

水资源一级区中，长江区、珠江区规模以上入河湖排污口数量分别为6477个和3332个，分别占全国规模以上入河湖排污口总数的41.8%和21.5%；西北诸河区和西南诸河区规模以上入河湖排污口数量较少，分别为124个和291个，分别占全国规模以上入河湖排污口总数的0.8%和1.9%。

各水资源一级区中，东南诸河区和西南诸河区工业企业排污口数量比例（占其规模以上排污口比例）较高，分别为67.7%和59.1%；辽河区、松花江区和海河区相对较低，分别为28.0%、31.0%和31.9%。水资源一级区工业企业入河湖排污口数量比例见图5-4-2。

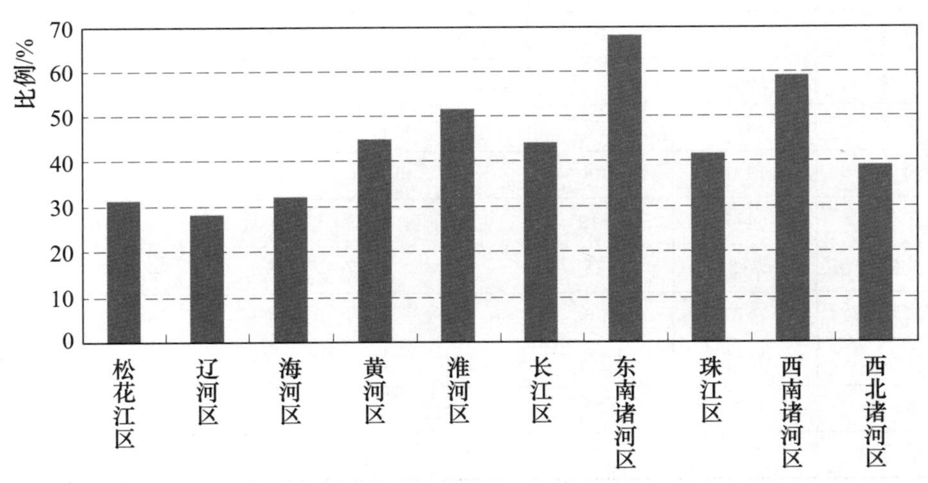

图5-4-2　水资源一级区工业企业入河湖排污口数量比例

西北诸河区、辽河区和海河区污水处理厂排污口数量比例（占其规模以上排污口比例）较高，分别为26.6%、26.4%和25.3%；西南诸河区、东南诸河区和珠江区相对较低，分别为8.2%、12.3%和13.3%。水资源一级区污水处理厂排污口数量比例见图5-4-3。水资源一级区不同废污水来源规模以上排污口数量见表5-4-2。

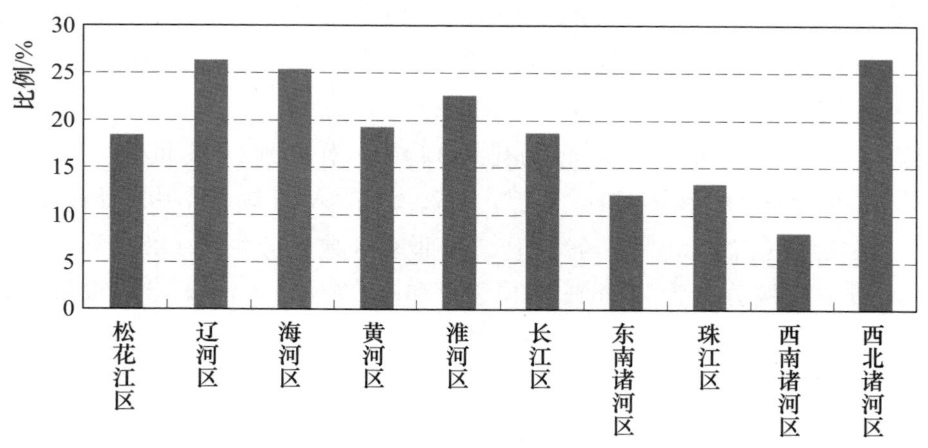

图5-4-3 水资源一级区污水处理厂排污口数量比例

表5-4-2 水资源一级区不同废污水来源规模以上排污口数量 单位：个

水资源一级区	合计	工业企业	生活	城镇污水处理厂	市政	其他
全国	15489	6878	3586	2765	1591	669
北方地区	4214	1717	916	952	388	241
南方地区	11275	5161	2670	1813	1203	428
松花江区	419	130	111	77	83	18
辽河区	382	107	89	101	58	27
海河区	1003	320	284	254	84	61
黄河区	955	427	210	185	78	55
淮河区	1331	686	200	302	70	73
长江区	6477	2849	1556	1203	698	171
其中：太湖流域	712	355	33	245	67	12
东南诸河区	1175	796	150	144	39	46
珠江区	3332	1344	925	442	440	181
西南诸河区	291	172	39	24	26	30
西北诸河区	124	47	22	33	15	7

2. 省级行政区

从规模以上入河湖排污口数量分布看，广东、湖南、四川、江苏、重庆、湖北6省（直辖市）规模以上排污口数量较多，分别为2214个、1346个、1011

个、1003个、915个和909个，共计7398个，占全国规模以上入河湖排污口总数的47.8%；西藏、宁夏、青海和新疆4省（自治区）规模以上排污口数量较少。省级行政区规模以上入河湖排污口数量见附表A28和图5-4-4。

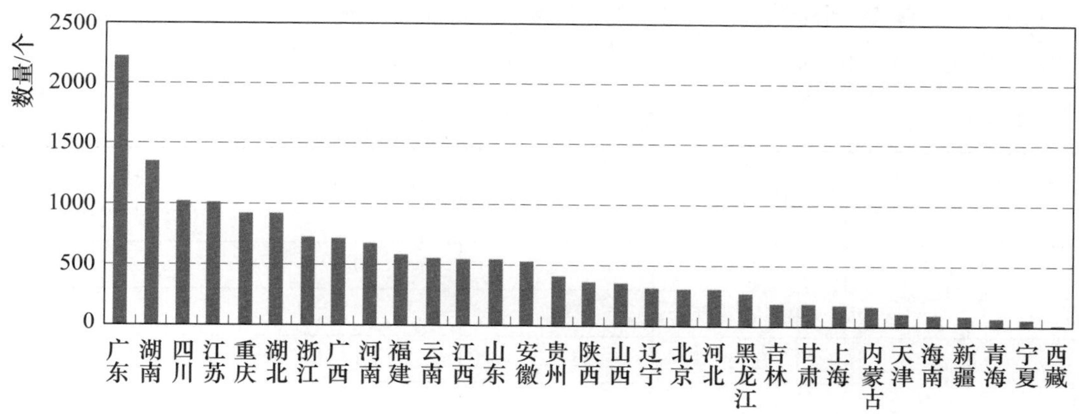

图5-4-4 省级行政区规模以上入河湖排污口数量

污水来源方面，省级行政区工业企业入河湖排污口数量占其规模以上排污口总数量比例相对较高的有福建、浙江、云南和山东4省，分别为69.2%、67.5%、61.8%和55.0%；较低的有上海、北京、天津和西藏4省（自治区、直辖市），均不足25%。污水处理厂排污口数量比例相对较高的有宁夏、内蒙古、山东、江苏、上海和新疆6省（自治区、直辖市），均高于30.0%；西藏、湖南、湖北、甘肃、福建5省（自治区）数量比例较低，分别为6.7%、8.9%、9.4%、9.8%和10.1%。省级行政区规模以上不同废污水来源排污口数量见附表A28，比例见图5-4-5。

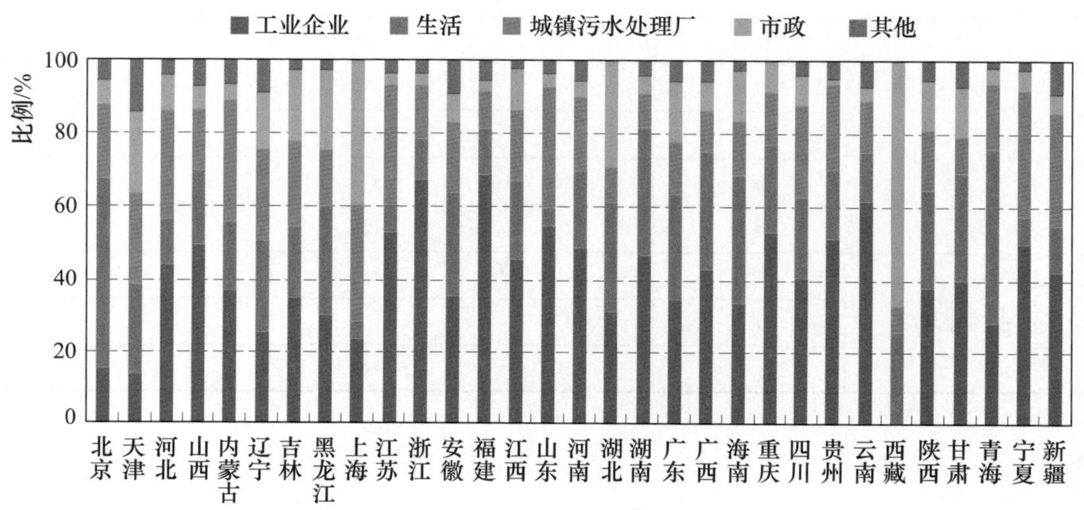

图5-4-5 省级行政区规模以上不同废污水来源排污口数量比例

3. 七大江河及主要支流

全国河流的排污口总数量（含规模以下）119735 个，平均每 100km 河长有 8 个排污口。七大江河干流及主要支流中，湘江排污口分布最为密集，每 100km 河长有 50 个排污口；渭河、涡河、岷江-大渡河上排污口也较多，每 100 公里河长有 30 多个。七大流域主要河流排污口数量见表 5－4－3。

表 5－4－3 七大流域主要河流排污口数量

流 域	主要河流	河长/km	排污口数量/个	单位河长排污口数量/(个/100km)
松花江流域	松花江	2276	85	4
	第二松花江	882	49	6
辽河流域	辽河	1383	11	1
	东辽河	377	30	8
	浑河	495	56	11
海河流域	滦河	995	25	3
	永定河	869	101	12
黄河流域	黄河	5687	249	4
	汾河	713	156	22
	渭河	830	247	30
淮河流域	淮河	1018	74	7
	渒河	267	34	13
	沙颍河	613	51	8
	涡河	411	141	34
长江流域	长江	6296	1585	25
	岷江	1240	373	30
	汉江	1528	247	16
	湘江	948	477	50
	赣江	796	137	17
珠江流域	西江	2087	186	9
	北江	475	80	17
	东江	507	144	28

注 表中河流排污口数量均为河流干流成果。

第六章　水土流失与治理情况

本章重点介绍我国土壤侵蚀的分布与程度情况，侵蚀沟道的数量与特征，水土保持措施的数量及其治理情况。

第一节　调查方法与标准

一、调查方法

本次普查采取基础资料分析、内业数据提取、模型分析计算、外业实地调查复核等多种技术方法和手段，对我国的土壤侵蚀状况、侵蚀沟道情况和水土流失治理情况进行了系统地调查分析。

1．土壤侵蚀调查

我国地域辽阔，地质地貌、降水、风力、土壤和植被等自然条件复杂，各地土壤侵蚀的成因、类型与程度均有所不同。本次普查按照水力侵蚀、风力侵蚀和冻融侵蚀三类进行了调查评价。土壤侵蚀调查采取分层系统抽样、野外调查、遥感解译、空间分析、模型计算的方式。工作流程主要包括资料准备、野外调查、数据处理和土壤侵蚀状况评价等 4 个环节。

（1）资料准备。收集整理全国土地利用数据、遥感影像、土壤图、1∶5 万数字线划图、气象数据和野外调查单元的 1∶1 万地形图等基础资料，制作野外调查单元工作底图。

（2）野外调查。根据不同侵蚀类型区，按照不同密度布设土壤侵蚀野外调查单元，在调查单元工作底图上勾绘地块边界，填写野外调查表，拍摄景观照片。

（3）数据处理。数字化野外调查成果图，建立地块属性表，形成野外调查清绘图。整理气象数据、野外调查表（纸质和电子）、景观照片等。

（4）土壤侵蚀状况评价。通过统计报送的各地降水、风速等气象资料计算分析降雨侵蚀力、风力因子等外营力因素，利用国家普查土壤资料计算全国不同土壤的侵蚀特性，利用 DEM 提取地形因子，通过对遥感数据解译与反演分析获得植被、表土湿度、年冻融日循环天数、日均冻融相变水量等侵蚀影响因子，利用野外调查单元数据经过空间分析获得水土保持工程措施、耕作措施、地表粗糙度等侵蚀因子，利用侵蚀模型定量计算土壤流失量，对全国水力侵蚀、风力侵蚀、冻融侵蚀情况进行分析评价。

2. 侵蚀沟道调查

侵蚀沟道普查范围为西北黄土高原区和东北黑土区。根据两个区域侵蚀沟道的特点，西北黄土高原区侵蚀沟道普查以DEM空间分析和水文分析技术为主，辅以遥感影像判读；东北黑土区侵蚀沟道普查主要依靠遥感影像解译，辅以DEM分析。工作流程分为资料准备、沟道提取、现场核查和数据汇总等4个阶段。

（1）资料准备。收集2.5m分辨率遥感影像和1∶5万数字线划图。

（2）沟道提取。利用基础资料，按省级行政区开展沟道辨识及沟道面积、沟道长度、沟道纵比、起讫经纬度、沟道类型等指标的提取，生成侵蚀沟道解译矢量图。

（3）现场核查。根据套有侵蚀沟道解译矢量图的纸质影像图，标注相应野外核查指标数值，对侵蚀沟道的真实性、长度或起讫经纬度、沟道类型等进行现场验证。

（4）数据汇总。对解译矢量图进行接边，建立侵蚀沟道数据库，以县级行政区划为单元，按照侵蚀沟道类型对沟道数量、沟道面积、沟道长度进行汇总并计算沟壑密度。

3. 水土保持措施普查

采用查阅资料和现场调查的方法，获取基本农田、水土保持林、种草、经济林、封禁治理、淤地坝、坡面水系工程、小型蓄水保土工程等普查指标，同时对库容在50～500m^3的水土保持治沟骨干工程进行详查。工作流程包括资料准备、数据分析、数据审核和数据汇总等4个阶段。

（1）资料准备。收集水利、林业、农业、水土保持的统计资料和专题调查资料，以及水土保持工程及相关行业工程的设计、建设和验收资料。

（2）数据分析。分析年鉴、年度统计报表、工程设计与验收资料，获取普查指标的数量、分布。

（3）数据审核。通过县级复核，地市级、省级和国家级审核等环节进行数据质量的控制。

（4）数据汇总。按照省级和全国对数据进行汇总。

二、有关标准

（一）水土保持分区

根据《全国水土保持区划导则（试行）》，我国国土面积共划分为8个水土保持一级区、41个水土保持二级区。水土保持一级区主要体现水土流失的自然条件及水土流失成因的区内相对一致性和区间最大差异性，用于确定全国水土保持工作战略部署与水土流失防治方略，反映水土资源保护、开发和合理利用的总体格局。水土保持二级区主要用于确定区域水土保持总体布局和防治途径，主要反映区域特定优势地貌特征、水土流失特点、植被区带分布特征等的区内相对一致性和区间最大差异性。全国水土保持分区情况见表6-1-1。

表6-1-1 全国水土保持区划

水土保持一级区	水土保持二级区
东北黑土区	大小兴安岭山地区、长白山-完达山山地丘陵区、东北漫川漫岗区、松辽平原风沙区、大兴安岭东南山地丘陵区、呼伦贝尔丘陵平原区
北方风沙区	内蒙古中部高原丘陵区、河西走廊及阿拉善高原区、北疆山地盆地区、南疆山地盆地区
北方土石山区	辽宁环渤海山地丘陵区、燕山及辽西山地丘陵区、太行山山地丘陵区、泰沂及胶东山地丘陵区、华北平原区、豫西南山地丘陵区
西北黄土高原区	宁蒙覆沙黄土丘陵区、晋陕蒙丘陵沟壑区、汾渭及晋城丘陵阶地区、晋陕甘高原沟壑区、甘宁青山地丘陵沟壑区
南方红壤区	江淮丘陵及下游平原区、大别山-桐柏山山地丘陵区、长江中游丘陵平原区、江南山地丘陵区、浙闽山地丘陵区、南岭山地丘陵区、华南沿海丘陵台地区、海南及南海诸岛丘陵台地区、台湾山地丘陵区
西南紫色土区	秦巴山山地区、武陵山山地丘陵区、川渝山地丘陵区
西南岩溶区	滇黔桂山地丘陵区、滇北及川西南高山峡谷区、滇西南山地区
青藏高原区	柴达木盆地及昆仑山北麓高原区、若尔盖-江河源高原山地区、羌塘-藏西南高原区、藏东-川西高山峡谷区、雅鲁藏布河谷及藏南山地区

（二）侵蚀强度标准

1. 水力侵蚀强度标准

按照《土壤侵蚀分类分级标准》（SL 190—2007）划分水力侵蚀强度，轻度及以上属于水力侵蚀面积。

2. 风力侵蚀强度标准

按照《土壤侵蚀分类分级标准》（SL 190—2007）判断风力侵蚀强度，轻度及以上属于风力侵蚀面积。

3. 冻融侵蚀强度标准

参照《土壤侵蚀分类分级标准》（SL 190—2007），将冻融侵蚀强度分为微度、轻度、中度、强烈、极强烈和剧烈等6级。本次普查通过典型区域试验

（西藏自治区南木林县）、典型样点和野外调查单元^{137}Cs采样分析、专家咨询等工作，综合确定全国冻融侵蚀强度标准。

水力侵蚀和风力侵蚀强度分级标准见表6-1-2，冻融侵蚀强度分级综合指数见表6-1-3。

表6-1-2　　　　水力侵蚀和风力侵蚀强度分级标准

侵蚀强度级别	水力侵蚀模数/[t/(km^2·a)]	风力侵蚀模数/[t/(km^2·a)]
微度	200以下，500以下，1000以下①	200以下
轻度	200（含）～2500，500（含）～2500，1000（含）～2500	200（含）～2500
中度	2500（含）～5000	2500（含）～5000
强烈	5000（含）～8000	5000（含）～8000
极强烈	8000（含）～15000	8000（含）～15000
剧烈	15000及以上	15000及以上

① 东北黑土区和北方土石山区为200t/（km^2·a）以下，南方红壤丘陵区和西南土石山区为500t/（km^2·a）以下，西北黄土高原区为1000t/（km^2·a）以下。

表6-1-3　　　　冻融侵蚀强度分级综合指数

区域	微度侵蚀	轻度侵蚀	中度侵蚀	强烈侵蚀	极强烈侵蚀	剧烈侵蚀
青藏高原	1.84以下	1.84（含）～2.04	2.04（含）～2.24	2.24（含）～2.76	2.76（含）～3.08	3.08及以上
西北高山区	1.92以下	1.92（含）～2.12	2.12（含）～2.36	2.36（含）～2.76	2.76（含）～3.08	3.08及以上
东北地区	1.28以下	1.28（含）～2.24	2.24（含）～2.36	2.36（含）～2.76	2.76（含）～3.08	3.08及以上

第二节　土　壤　侵　蚀

一、总体情况

全国水力侵蚀、风力侵蚀、冻融侵蚀面积分别为129.32万km^2、165.59万km^2、66.10万km^2，合计土壤侵蚀面积❶361.01万km^2。其中，轻度、中

❶ 土壤侵蚀面积是指轻度及以上强度的侵蚀面积总和。

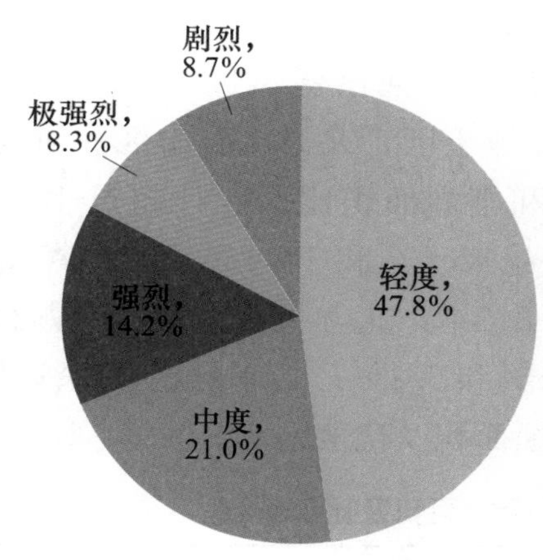

图 6-2-1 全国土壤侵蚀不同强度侵蚀面积比例

度、强烈、极强烈和剧烈侵蚀的面积分别为 172.55 万 km^2、75.72 万 km^2、51.11 万 km^2、30.31 万 km^2 和 31.32 万 km^2。全国土壤侵蚀不同强度侵蚀面积比例见图 6-2-1。

我国土壤侵蚀的分布具有明显的地域性和集中性特征，侵蚀强度等级较高的更为集中。水力侵蚀在全国 31 个省（自治区、直辖市）都有不同程度的存在，广泛分布于东北黑土区、北方土石山区、西北黄土高原区、南方红壤丘陵区、西南土石山区等；风力侵蚀主要分布在西北戈壁沙漠和华北、东北沙地风沙区；冻融侵蚀主要分布在青藏高原冰川冻土区、西北高山极高山区和东北高纬度地区。全国土壤侵蚀类型和强度分布情况见附图 B20。

二、水力侵蚀

全国水力侵蚀总面积 129.32 万 km^2，占全国总面积的 13.7%。其中，轻度、中度、强烈、极强烈和剧烈侵蚀的面积分别为 66.76 万 km^2、35.14 万 km^2、16.87 万 km^2、7.63 万 km^2 和 2.92 万 km^2。轻度侵蚀面积最大，占侵蚀总面积的 1/2 以上，中度侵蚀面积次之，两项合计占侵蚀总面积的 78.8%；强烈及其以上的面积占 21.2%。全国水力侵蚀不同强度侵蚀面积比例见图 6-2-2。

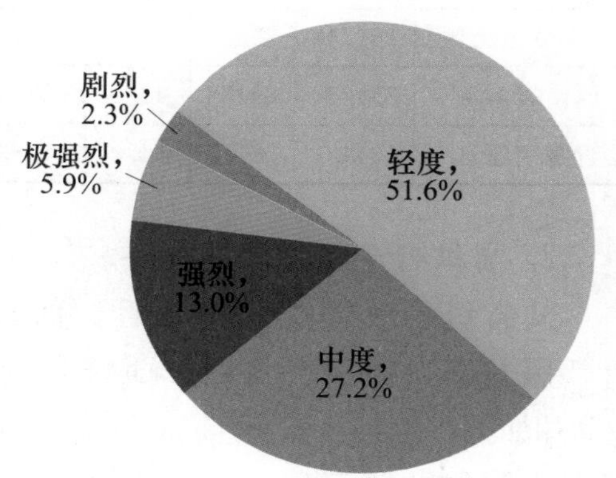

图 6-2-2 全国水力侵蚀不同强度侵蚀面积比例

1. 水土保持一级区

水土保持一级区中，水力侵蚀面积最大的是西南岩溶区，侵蚀面积达 20.44 万 km^2，占全国水力侵蚀总面积的 15.8%；其次是西北黄土高原区，侵蚀面积 18.64 万 km^2，占全国水力侵蚀总面积的 14.4%；北方土石山区、东北黑土区、西南紫色土区和南方红壤区的水力侵蚀面积接近，介于 16.02 万～16.62 万 km^2，分别占全国水力侵蚀面积的 12%左右；青藏高原区和北方风沙区水力侵蚀面积最小，分别为 13.44 万 km^2 和 11.50 万 km^2，占全国水力侵蚀总面积的比例分别为 10.4%和 8.9%。

蚀总面积的比例分别为10.4%和8.9%。

从各级水力侵蚀强度面积所占比例来看，强烈侵蚀比例超过10%的有6个区，由大到小排序为：西北黄土高原区、东北黑土区、北方土石山区、西南紫色土区、西南岩溶区和南方红壤区。极强烈和剧烈面积比例合计超过10%的有西南紫色土区和西南岩溶区2个区，分别为12.8%和12.1%；东北黑土区和西北黄土高原区比例接近，分别为8.8%和8.2%；北方土石山区、南方红壤区和青藏高原区比例接近，分别为6.2%、6.1%和6.1%；最小的北方风沙区为1.7%。水土保持一级区水力侵蚀不同强度侵蚀面积及比例情况见表6-2-1。

表6-2-1　水土保持一级区水力侵蚀不同强度侵蚀面积及比例情况

水土保持一级区	总面积/km²	轻度		中度		强烈		极强烈		剧烈	
		面积/km²	比例/%	面积/km²	比例/%	面积/km²	比例/%	面积/km²	比例/%	面积/km²	比例/%
全国	1293246	667594	51.6	351449	27.2	168687	13.0	76273	5.9	29243	2.3
东北黑土区	164969	83053	50.3	42631	25.8	24703	15.0	10970	6.7	3612	2.2
北方风沙区	114951	85132	74.1	23561	20.4	4349	3.8	1591	1.4	318	0.3
北方土石山区	166183	83598	50.2	48868	29.4	23369	14.1	8077	4.9	2271	1.4
西北黄土高原区	186418	94896	50.9	40633	21.8	35588	19.1	12243	6.6	3058	1.6
南方红壤区	160203	84500	52.8	46044	28.7	19838	12.4	7728	4.8	2093	1.3
西南紫色土区	161748	73813	45.6	45215	28.0	22065	13.6	14390	8.9	6265	3.9
西南岩溶区	204353	89488	43.8	62514	30.6	27625	13.5	16064	7.9	8662	4.2
青藏高原区	134421	73114	54.4	41983	31.2	11150	8.3	5210	3.9	2964	2.2

2. 省级行政区

从省级行政区的分布来看，面积较大的四川、云南、内蒙古、新疆、甘肃、黑龙江、陕西、山西、西藏和贵州10省（自治区）侵蚀面积占全国侵蚀总面积的63.5%，位居前3位的四川、云南和内蒙古3省（自治区）侵蚀面积占全国侵蚀总面积的25.2%。省级行政区水力侵蚀面积见图6-2-3，省级行政区水力侵蚀面积及比例情况见附表A29。

水力侵蚀面积占行政区面积比例（以下简称“水力侵蚀面积比例”）超过25%的有山西、重庆、陕西、贵州、辽宁、云南和宁夏等7省（自治区、直辖市），主要集中在西北黄土高原区、西南岩溶区和西南紫色土区；低于全国平均水平（13.7%）的有广东、安徽、福建等12个省（自治区、直辖市），主要集中在东南沿海地区、西北干旱地区和青藏高寒地区。省级行政区水力侵蚀面积比例见图6-2-4。

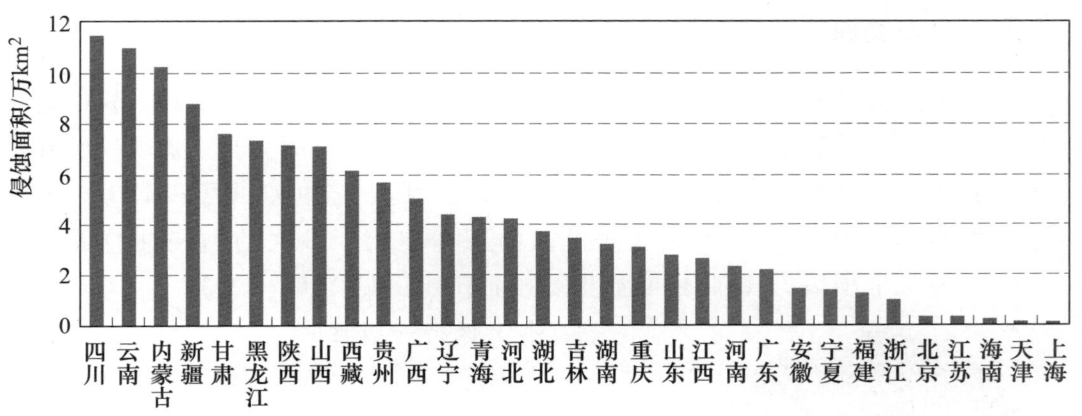

图6-2-3　省级行政区水力侵蚀面积

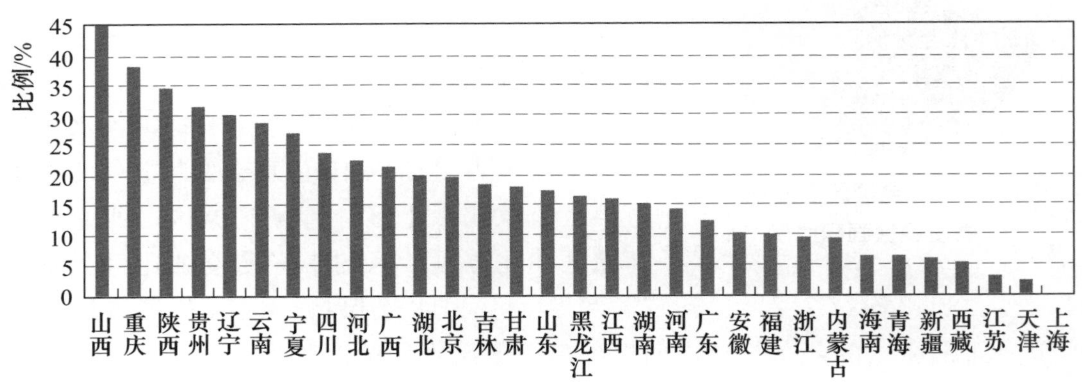

图6-2-4　省级行政区水力侵蚀面积比例

从地形看，水力侵蚀主要发生在我国二级阶梯上；从气候看，主要集中在半湿润和半干旱地区，即湿润向干旱、温暖向高寒气候的过渡区。根据水力侵蚀面积比例，可以将全国水力侵蚀分为4个区域：①侵蚀最为严重的黄土高原地区，其中山西省水力侵蚀面积比例为44.9%，居全国第一；②侵蚀比较严重的西南紫色土和东北黑土区，其中重庆、贵州、云南、四川和广西等5省（自治区、直辖市）水力侵蚀面积比例在21.3%～38.0%，辽宁和吉林省水力侵蚀面积比例分别为29.7%和18.2%；③侵蚀居中的北方土石山区和南方红壤区的长江中下游地区，其中河北、北京、山东、河南、湖北、湖南和江西等省（直辖市），水力侵蚀面积比例在13.5%～20%之间；④侵蚀较轻的东南沿海地区、西北干旱地区和青藏高寒地区，包括广东、安徽、浙江、福建、海南、青海、西藏、新疆和江苏等省（自治区），水力侵蚀面积比例介于1.6%～11.8%之间。

三、风力侵蚀

全国风力侵蚀总面积165.59万km^2，占全国总面积的17.5%。其中，轻度、中度、强烈、极强烈和剧烈侵蚀的面积分别为71.60万km^2、21.74万km^2、21.82万km^2、22.04万km^2和28.39万km^2。其中轻度侵蚀面积最大，占侵蚀总面积的43.2%；其他各级强度侵蚀面积基本相当，大约占侵蚀总面积的13%～17%。全国风力侵蚀不同强度侵蚀面积比例见图6-2-5。

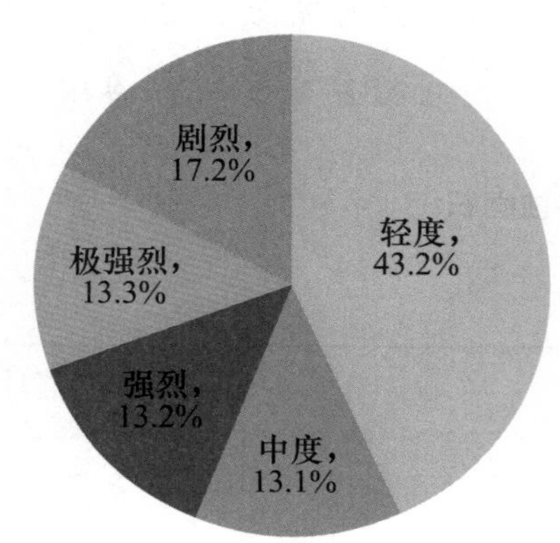

图6-2-5　全国风力侵蚀不同强度侵蚀面积比例

1. 水土保持一级区

水土保持一级区中，风力侵蚀主要发生在北方风沙区、青藏高原区、东北黑土区、西北黄土高原区和北方土石山区，面积分别为131.09万km^2、18.43万km^2、8.81万km^2、4.88万km^2和2.38万km^2，南方红壤区、西南紫色土区和西南岩溶区没有风力侵蚀。

从风力侵蚀各级强度比例来看，各水土保持一级区风力侵蚀以中轻度侵蚀为主，北方土石山区、东北黑土区、青藏高原区、西北黄土高原区和北方风沙区的中轻度侵蚀比例分别为82.1%、80.2%、57.7%、55.7%和54.1%。水土保持一级区各等级风力侵蚀侵蚀面积和比例存在差异，如青藏高原区风力侵蚀面积为18.43万km^2，剧烈侵蚀比例为4.3%；北方土石山区风力侵蚀面积为2.38万km^2，剧烈侵蚀比例为10.9%，见表6-2-2。

表6-2-2　水土保持一级区风力侵蚀不同强度侵蚀面积及比例情况

水土保持一级区	总面积/km^2	轻度		中度		强烈		极强烈		剧烈	
		面积/km^2	比例/%	面积/km^2	比例/%	面积/km^2	比例/%	面积/km^2	比例/%	面积/km^2	比例/%
全国	1655917	716017	43.2	217423	13.1	218159	13.2	220381	13.3	283937	17.2
东北黑土区	88078	52414	59.5	18229	20.7	7230	8.2	4710	5.4	5495	6.2
北方风沙区	1310958	549916	41.9	159805	12.2	155744	11.9	180258	13.8	265235	20.2
北方土石山区	23780	16266	68.4	3251	13.7	359	1.5	1307	5.5	2597	10.9
西北黄土高原区	48798	20821	42.6	6335	13.0	8152	16.7	10817	22.2	2673	5.5
青藏高原区	184304	76600	41.6	29804	16.2	46675	25.3	23288	12.6	7937	4.3

2. 省级行政区

我国风力侵蚀主要分布在河北、山西、内蒙古、辽宁、吉林、黑龙江、四川、西藏、陕西、甘肃、青海、宁夏和新疆等13个省（自治区）。省级行政区风力侵蚀面积及比例情况见附表A30。

从省级行政区分布看，风力侵蚀主要集中在新疆、内蒙古、青海和甘肃等4省（自治区），占全国风力侵蚀总面积的比例分别为48.2%、31.8%、7.6%和7.6%；黑龙江、四川、宁夏、河北、辽宁、陕西、山西7省（自治区）的风力侵蚀面积均在1万km^2以下，占全国风力侵蚀总面积的比例均不足1%。省级行政区风力侵蚀面积见图6-2-6。

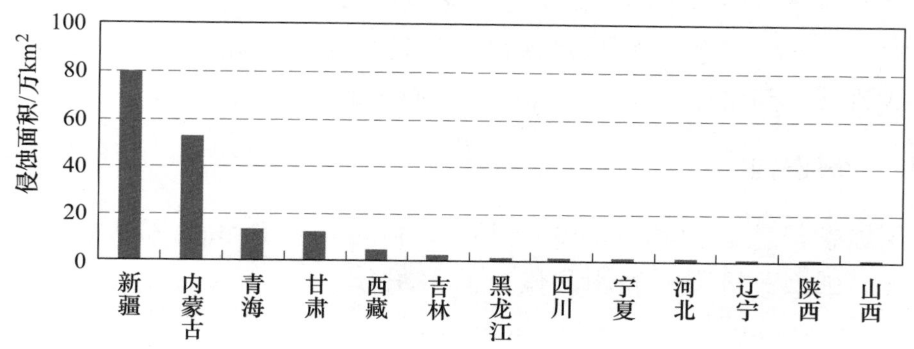

图6-2-6　省级行政区风力侵蚀面积

从风力侵蚀面积占行政区面积比例（以下简称“风力侵蚀面积比例”）来看，从大到小依次为新疆、内蒙古、甘肃、青海、宁夏、吉林、西藏、河北、黑龙江、四川、辽宁、陕西、山西，所占比例分别为48.7%、43.9%、28.6%、17.6%、8.6%、7.1%、2.9%、2.7%、2.0%、1.4%、1.3%、0.9%、0.04%。省级行政区风力侵蚀面积比例见图6-2-7。

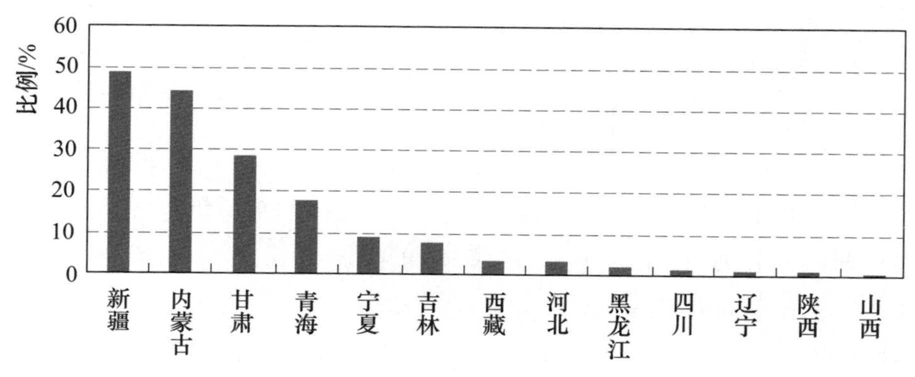

图6-2-7　省级行政区风力侵蚀面积比例

从省级行政区风力侵蚀空间分布来看，新疆维吾尔自治区风力侵蚀主要分布在塔里木盆地和准格尔盆地及其周边区域，以及自治区的东部地区。内蒙古自治区风力侵蚀面积和强度自东向西均呈现出逐渐增加的趋势，仅锡林郭勒盟和阿拉善盟的侵蚀面积约占自治区的62.7%。甘肃省风力侵蚀主要分布在酒泉市7个县（市、区）和武威市的民勤县，其侵蚀面积约占全省的89.2%。吉林省风力侵蚀主要分布在白城市的通榆县、洮南市、大安市，其侵蚀面积约占全省的67.4%。黑龙江省风力侵蚀主要分布在大庆市的大同区、肇源县、林甸县和杜尔伯特蒙古族自治县，其侵蚀面积约占全省的70.1%。辽宁省风力侵蚀主要分布在阜新市的彰武县，侵蚀面积约占全省的49.9%。陕西省风力侵蚀主要分布在榆林市的榆阳区、神木县、靖边县、定边县，其侵蚀面积约占全省的98.5%。宁夏回族自治区风力侵蚀主要分布在银川市的灵武市和吴忠市的盐池县，其侵蚀面积约占自治区总面积的45.8%。

四、冻融侵蚀

我国冻融侵蚀总面积66.10万km^2，占全国总面积的6.9%。其中，轻度、中度、强烈、极强烈和剧烈侵蚀的面积分别为34.19万km^2、18.83万km^2、12.42万km^2、0.65万km^2和0.01万km^2。全国冻融侵蚀不同强度侵蚀面积比例见图6-2-8。

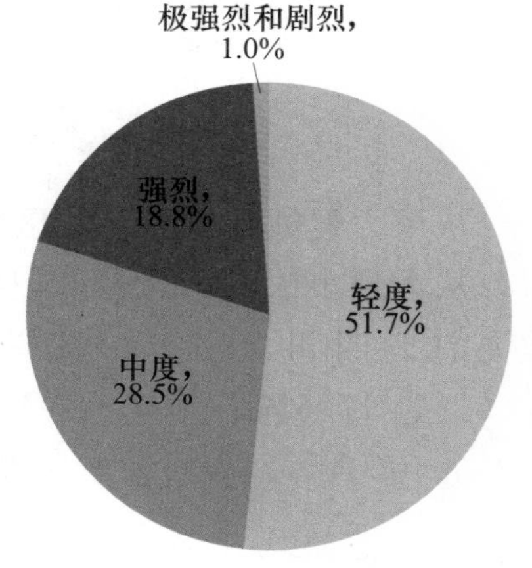

图6-2-8 全国冻融侵蚀不同强度侵蚀面积比例

（一）水土保持一级区

水土保持一级区中，青藏高原区是我国冻融侵蚀的主要分布区，冻融侵蚀面积53.21万km^2，占全国冻融侵蚀总面积的80.5%。北方土石山区、西南岩溶区的冻融侵蚀面积非常小，都在10km^2以下。各水土保持一级区的冻融侵蚀面积从大到小的顺序为青藏高原区、北方风沙区、东北黑土区、西南紫色土区、西北黄土高原区、西南岩溶区、北方土石山区、南方红壤区（没有冻融侵蚀面积）。

从冻融侵蚀各级强度比例来看，西南岩溶区和西南紫色土区以强烈侵蚀为主，强烈侵蚀比例分别达到了57.0%和43.9%。其他一级区冻融侵蚀以中轻度侵蚀为主，如青藏高原区、北方风沙区，西北黄土高原区，中轻度侵蚀比例分别为77.1%、91.7%和79.6%，而东北黑土区和北方土石山区没有强烈及以上冻融侵蚀分布。水土保持一级区冻融侵蚀不同强度侵蚀面积及比例情况见表6-2-3。

（二）省级行政区

我国冻融侵蚀主要分布在内蒙古、黑龙江、四川、云南、西藏、甘肃、青海和新疆 8 省（自治区）。省级行政区冻融侵蚀面积及比例情况见附表 A31。

表 6-2-3　水土保持一级区冻融侵蚀不同强度侵蚀面积及比例情况

水土保持一级区	总面积 /km²	轻度		中度		强烈		极强烈		剧烈	
		面积 /km²	比例 /%	面积 /km²	比例 /%	面积 /km²	比例 /%	面积 /km²	比例 /%	面积 /km²	比例 /%
全国	660956	341846	51.7	188324	28.5	124217	18.8	6463	0.98	106	0.02
北方风沙区	98319	55739	56.7	34376	34.98	8185	8.3	19	0.02	0	0
东北黑土区	28567	26747	93.6	1821	6.4	0	0	0	0	0	0
青藏高原区	532069	258646	48.6	151594	28.5	115369	21.68	6354	1.2	106	0.02
西北黄土高原区	849	447	52.7	228	26.9	157	18.4	17	2.0	0	0
西南岩溶区	4	0.35	9.8	0.65	19.3	2	57.0	1	13.9	0	0
西南紫色土区	1149	266	23.2	305	26.5	505	44.0	72	6.3	0	0

从省级行政区的分布来看，冻融侵蚀面积主要集中在西藏、青海和新疆 3 省（自治区），分别占全国冻融侵蚀总面积的比例为 48.9%、23.6% 和 14.2%。西藏自治区冻融侵蚀面积为 32.32 万 km²，占其行政区总面积的 26.9%；青海省冻融侵蚀面积为 15.58 万 km²，占其行政区总面积的 22.4%。省级行政区冻融侵蚀面积及其比例分别见图 6-2-9 和图 6-2-10。

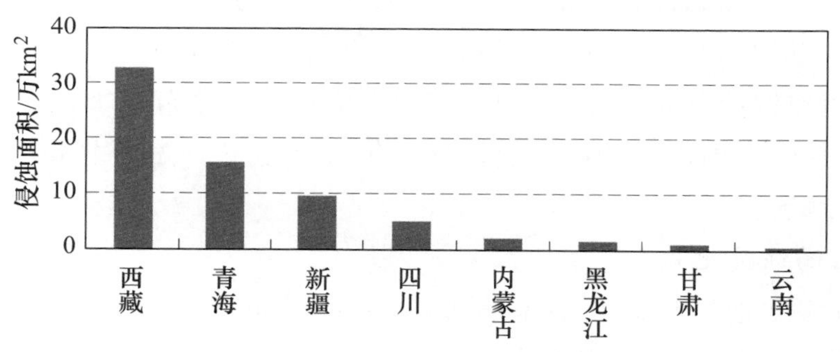

图 6-2-9　省级行政区冻融侵蚀面积

我国冻融侵蚀区可以划分为青藏高原区、西北高山区和东北高纬度地区。青藏高原区包括四川、云南、西藏、青海、甘肃省（自治区）和新疆维吾尔自治区南部喀喇昆仑山地区的冻融侵蚀区；西北高山区包括新疆维吾尔自治区的天山、博格达山、阿尔泰山的冻融侵蚀区；东北高纬度地区包括内蒙古自治区和黑龙江省的冻融侵蚀区。各区域冻融侵蚀面积与强度情况如下。

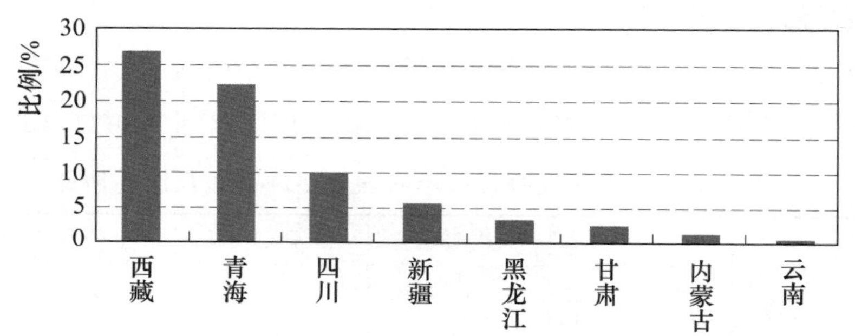

图 6-2-10 省级行政区冻融侵蚀面积比例

1. 青藏高原区

青藏高原区冻融侵蚀总面积 59.74 万 km²，占全国冻融侵蚀面积的 90.4%。在我国冻融侵蚀的 3 大分区中，青藏高原区冻融侵蚀面积最大，侵蚀强度也最高。其轻度、中度、强烈、极强烈和剧烈的冻融侵蚀面积分别为 29.99 万 km²、17.19 万 km²、11.89 万 km²、0.64 万 km² 和 0.01 万 km²，所占比例分别为 50.2%、28.8%、19.9%、1.08%和 0.02%。西藏自治区冻融侵蚀强度较高，全国 99.9%的剧烈侵蚀、94.1%的极强烈侵蚀和 68.2%的强烈侵蚀分布在西藏自治区。青海省冻融侵蚀面积达 15.58 万 km²，轻度以上的冻融侵蚀面积所占比例与全国平均水平相当。

2. 西北高山区

西北高山区冻融侵蚀总面积 3.50 万 km²，占全国冻融侵蚀面积的 5.3%。其轻度、中度、强烈和极强烈的冻融侵蚀面积分别为 1.51 万 km²、1.46 万 km²、0.53 万 km² 和 0.002 万 km²，所占比例分别为 43.1%、41.7%、15.1%和 0.1%，无剧烈侵蚀分布。西北高山区冻融侵蚀主要分布在天山、阿尔泰山和博格达山，其中天山山脉的南支脉冻融侵蚀强度较高，是西北高山区冻融侵蚀比较强烈的地区。

3. 东北高纬度地区

东北高纬度地区冻融侵蚀总面积 2.86 万 km²，占全国冻融侵蚀面积的 4.3%。东北高纬度地区面积最小，侵蚀强度等级也最低，轻度和中度侵蚀面积分别为 2.68 万 km² 和 0.18 万 km²，所占比例分别为 93.6%和 6.4%，无强烈、极强烈和剧烈侵蚀分布。

第三节 侵 蚀 沟 道

侵蚀沟道是指因水土流失尤其是沟蚀形成的沟道。我国西北黄土高原区和东北黑土区沟道侵蚀严重，沟壑纵横，造成严重的水土流失。本次普查重点为西北黄土高原区和东北黑土区的侵蚀沟道。西北黄土高原区重点普查长度不小于500m的侵蚀沟道，东北黑土区重点普查长度在100～5000m之间的侵蚀沟道。普查的内容包括侵蚀沟道的数量、面积与分布。

一、总体情况

我国西北黄土高原区和东北黑土区侵蚀沟道数量共96.24万条，沟道面积190863km^2，沟道长度75.88万km。从沟道数量看，甘肃省侵蚀沟道数量最多，占侵蚀沟道总数量的27.9%；其次为陕西、黑龙江、山西、内蒙古等4省（自治区），分别占14.6%、12.0%、11.3%、11.3%。从沟道面积看，西北黄土高原沟道侵蚀面积较大，东北黑土区沟道侵蚀面积较小。甘肃省面积最大，占侵蚀沟道总面积的28.3%；其次是陕西省和山西省，分别占23.5%、16.8%。从沟道长度看，甘肃省侵蚀沟道长度最长，占侵蚀沟道总长度的28.2%；其次为内蒙古自治区和陕西省，分别占19.3%和16.4%。省级行政区侵蚀沟道数量、面积与长度见表6-3-1。

表6-3-1　　省级行政区侵蚀沟道数量、面积与长度

省级行政区	沟道数量/万条	沟道面积/km^2	沟道长度/万km
全国	96.24	190863	75.88
山西	10.89	32025	8.56
内蒙古	10.90	16158	14.68
河南	4.09	11564	3.69
陕西	14.09	44833	12.48
甘肃	26.84	54103	21.37
青海	5.18	20849	4.84
宁夏	1.67	9831	1.68
辽宁	4.72	199	2.07
吉林	6.30	374	1.98
黑龙江	11.55	929	4.52

二、西北黄土高原区

西北黄土高原区侵蚀沟道总数量为66.67万条，总长度为56.33万km，总面积为18.72万km^2。其中，长度在500～1000m的侵蚀沟道数量51.97万条，占侵蚀沟道总数的78.0%，面积10.16万km^2，占侵蚀沟道总面积的

54.3%；长度在1000m及以上的侵蚀沟道数量14.70万条，占总数的22.0%，面积8.56万km^2，占总面积的45.7%。西北黄土高原区侵蚀沟道数量、长度与面积见表6-3-2。

表6-3-2　　西北黄土高原区侵蚀沟道数量、长度与面积

侵蚀沟道级别①	沟道数量/万条			沟道长度/万km			沟道面积/万km^2		
	丘陵沟壑区	高原沟壑区	合计	丘陵沟壑区	高原沟壑区	合计	丘陵沟壑区	高原沟壑区	合计
合计	55.64	11.03	66.67	47.1	9.23	56.33	15.67	3.05	18.72
500（含）～1000m	43.31	8.66	51.97	29.76	5.97	35.73	8.43	1.73	10.16
1000m及以上	12.33	2.37	14.70	17.34	3.26	20.6	7.24	1.32	8.56

①　侵蚀沟道级别用侵蚀沟道的长度表示。

在西北黄土高原区中，甘肃省侵蚀沟道数量最多，占区域侵蚀沟道总数量的40.3%；其次为陕西省，占21.1%；侵蚀沟道数量最少的为宁夏回族自治区，占2.51%。侵蚀沟道面积与数量基本一致，甘肃省和陕西省面积较大，占区域侵蚀沟道总面积的比例分别达到28.9%和23.9%；宁夏回族自治区、河南省及内蒙古自治区侵蚀沟道面积较小，分别占5.3%、6.2%、7.5%。西北黄土高原区各省（自治区）侵蚀沟道数量与面积见附表A32，各省（自治区）侵蚀沟道面积占全区沟道面积比例见图6-3-1。

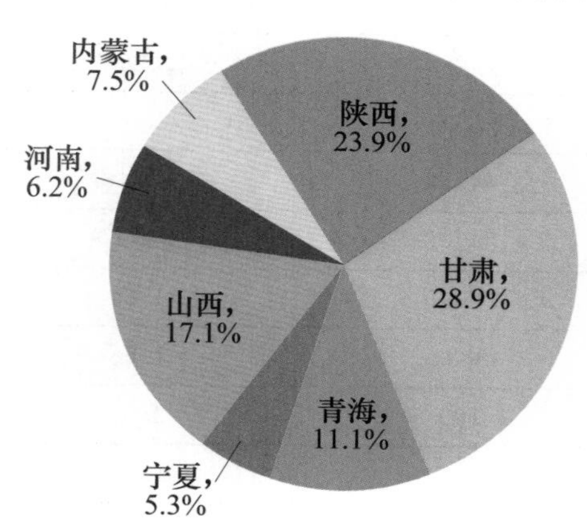

图6-3-1　西北黄土高原区各省（自治区）侵蚀沟道面积占全区沟道面积比例

按西北黄土高原区侵蚀类型统计，高原沟壑区侵蚀沟道共11.03万条，沟道面积3.05万km^2；丘陵沟壑区侵蚀沟道共55.64万条，沟道面积15.67万km^2。高原沟壑区侵蚀沟道数量占侵蚀沟道总数的16.5%，丘陵沟壑区占83.5%。

高原沟壑区侵蚀沟道主要分布于甘肃省东部、陕西省延安南部和渭河以北、山西省南部等地区，平均沟道纵比为20.42%，沟道沟壑密度1.25km/km^2。丘陵沟壑区依据地形地貌差异分为5个副区。其中，第一、第二副区主要分布于陕西省北部、山西省西北部和内蒙古自治区南部，平均沟道纵比分别为19.93%、14.06%，沟壑密度分别为3.4～7.6km/km^2、3.0～5.0km/km^2；第三、第四副区主要分布于青海省东部、甘肃省中部、河南省西部，平均沟道

纵比分别为19.69%、20.38%，沟壑密度分别为2.0～4.0km/km²、1.3～3.6km/km²；第五副区属宁夏回族自治区中部干旱带，平均沟道纵比为12.75%，沟壑密度为1.4～2.5km/km²。

三、东北黑土区

东北黑土区侵蚀沟道总数量为29.57万条，总长度为19.55万km，总面积为3648km²。其中，稳定沟[1]的数量3.35万条，占11.3%，面积612km²，占16.8%；发展沟的数量26.22万条，占88.7%，面积3036km²，占83.2%。东北黑土区侵蚀沟道数量、长度与面积见表6-3-3。

表6-3-3 东北黑土区侵蚀沟道数量、长度与面积

侵蚀沟道类型		沟道数量/万条	沟道长度/万km	沟道面积/km²
合计		29.57	19.55	3648
发展沟	100（含）～200	5.98	0.93	101
	200（含）～500	13.11	4.29	623
	500（含）～1000	4.67	3.64	614
	1000（含）～2500	2.06	4.81	926
	2500（含）～5000	0.42	3.16	772
稳定沟		3.35	2.71	612

在东北黑土区中，黑龙江省侵蚀沟道数量最多，占区域侵蚀沟道总数量的39.2%；辽宁省最少，占16.0%。内蒙古自治区侵蚀沟道面积最大，占区域侵蚀沟道总面积的58.9%；辽宁省最小，占5.4%。东北黑土区各省（自治区）侵蚀沟道数量与面积见附表A33，各省（自治区）侵蚀沟道面积占全区沟道面积比例见图6-3-2。

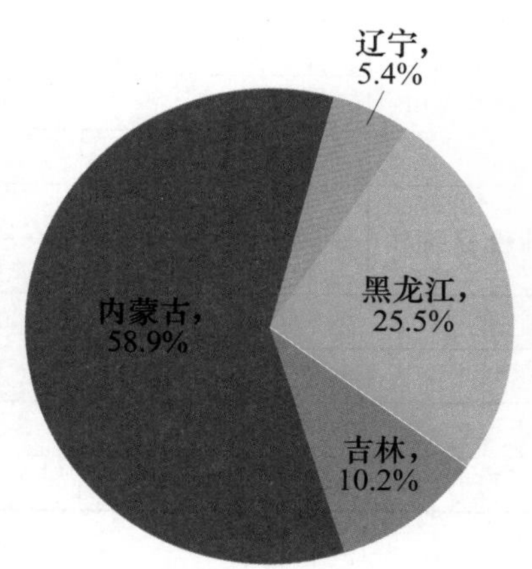

图6-3-2 东北黑土区各省（自治区）侵蚀沟道面积占全区沟道面积比例

东北黑土区主要位于松花江流域和辽河流域。松花江流域共有侵蚀沟道22.45万条，占侵蚀沟道总数的75.9%。其中发展沟19.98万条，占发展沟总数的76.2%；稳定沟2.47万

[1] 在东北黑土区，侵蚀沟道分为发展沟和稳定沟两种类型。稳定沟是指沟谷不再下切加深，沟头和沟边不再发展，植被盖度大于30%的侵蚀沟道；除此之外的沟道为发展沟。

条，占稳定沟总数的73.9%；侵蚀沟道面积为0.33万km^2，占侵蚀沟道总面积的91.1%；侵蚀沟道长度为16.02万km，占侵蚀沟道总长度的81.9%，平均沟道纵比为8.0%。

辽河流域内共有侵蚀沟7.11万条，占侵蚀沟道总数的24.1%。其中发展沟6.24万条，占发展沟总数的23.8%；稳定沟0.88万条，占稳定沟总数的26.2%；侵蚀沟道面积为0.04万km^2，占侵蚀沟总面积的8.9%；侵蚀沟长度为3.53万km，占侵蚀沟总长度的18.1%，平均沟道纵比为10.0%。

第四节　水土流失治理

本节重点介绍了我国水土保持治理措施情况。

一、总体治理情况

全国现存的水土保持措施总面积为98.86万km^2，其中梯田17.01万km^2，坝地0.34万km^2，其他基本农田2.68万km^2，乔木林29.79万km^2，灌木林11.40万km^2，经济林11.23万km^2，种草4.11万km^2，封禁治理21.02万km^2，其他水土保持措施1.28万km^2。

表6-4-1　全国主要水土保持措施面积

单位：万km^2

治理措施		治理面积
合计		98.86
基本农田	梯田	17.01
	坝地	0.34
	其他基本农田	2.68
水土保持林	乔木林	29.79
	灌木林	11.40
经济林		11.23
种草		4.11
封禁治理		21.02
其他		1.28

在我国现存的水土保持措施中，按治理措施分，工程措施（包括梯田、坝地和其他基本农田等）面积为20.03万km^2，植物措施（包括乔木林、灌木林、经济林、种草和封禁治理等）面积为77.85万km^2，其他措施面积为1.28万km^2。以乔木林、封禁治理和梯田等3种措施为主，共占措施总面积的68.6%；而坝地、其他基本农田和其他等3种措施较少，只占措施总面积的4.4%。全国主要水土保持措施面积及其比例分别见表6-4-1和图6-4-1。

二、区域治理情况

1. 水土保持一级区

在全国现状水土保持措施面积中，东北黑土区10.19万km^2，北方风沙区

3.91 万 km^2，北方土石山区 15.70 万 km^2，西北黄土高原区 17.08 万 km^2，南方红壤区 19.82 万 km^2，西南紫色土区 14.63 万 km^2，西南岩溶区 14.38 万 km^2，青藏高原区 3.15 万 km^2。水土保持一级区中，南方红壤区水土保持措施面积最大，其次是西北黄土高原区、北方土石山区、西南紫色土区、西南岩溶区和东北黑土区，北方风沙区和青藏高原区较小。水土保持一级区水土保持措施面积见表 6－4－2，面积比例见图 6－4－2。

表 6－4－2　　水土保持一级区水土保持措施面积　　单位：km^2

水土保持一级区	合计	基本农田			水土保持林		经济林	种草	封禁治理	其他
		梯田	坝地	其他	乔木林	灌木林				
全国	988638	170120	3379	26798	297872	113981	112301	41131	210212	12844
东北黑土区	101889	3196	0	4317	41672	10654	6857	5420	24927	4846
北方风沙区	39131	274	86	350	7953	14054	371	4327	11354	362
北方土石山区	157041	23169	1372	7822	57233	22478	20169	3388	20780	630
西北黄土区	170761	31255	1759	11087	35577	39432	12366	15845	23187	253
南方红壤区	198151	51740	36	1679	63099	5523	25216	1014	48398	1446
西南紫色土区	146322	29163	117	914	44136	8789	16708	1256	43428	1811
西南岩溶区	143843	30570	0	543	42174	7219	29662	3272	30192	211
青藏高原区	31500	753	9	86	6028	5832	952	6609	7946	3285

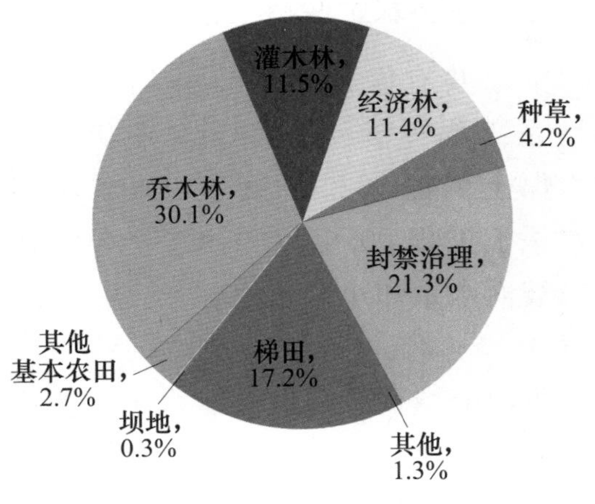

图 6－4－1　全国主要水土保持措施面积比例

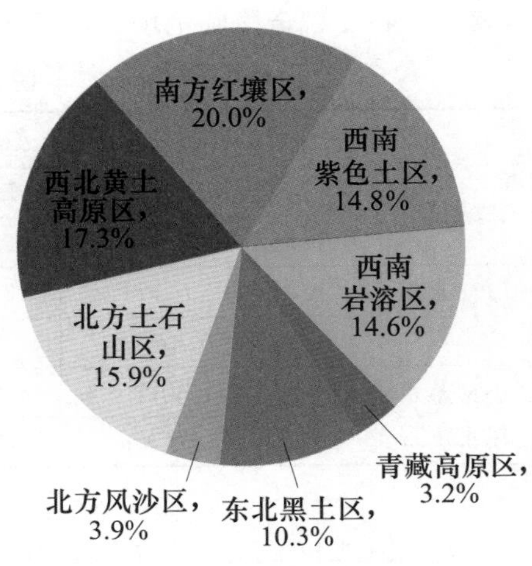

图 6－4－2　水土保持一级区水土保持措施面积比例

2. 省级行政区

从省级行政区分布来看，全国水土保持措施主要分布在河北、山西、内蒙古、辽宁、江西、湖北、四川、贵州、云南、陕西、甘肃等11个省（自治区），其水土保持措施面积均大于4万km^2，共占全国水土保持措施面积的67.92%；水土保持措施面积大于6万km^2的有内蒙古、四川、云南、陕西、甘肃5个省（自治区）；水土保持措施面积介于0.5万～1万km^2的有江苏、青海、新疆3个省（自治区）；水土保持措施面积小于0.5万km^2的有北京、天津、上海、海南、西藏5个省（自治区、直辖市）。省级行政区水土保持措施数量见附表A34，水土保持措施面积见图6-4-3。

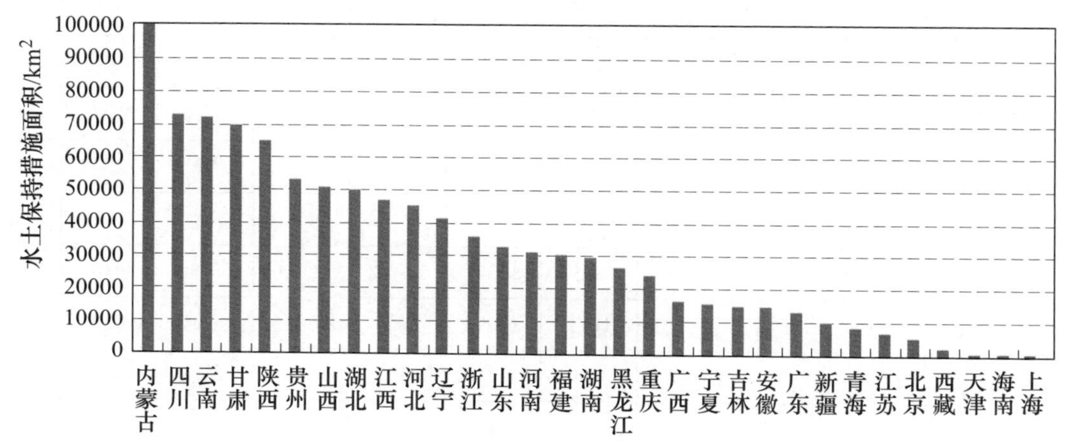

图6-4-3 省级行政区水土保持措施面积

表6-4-3 全国淤地坝、坡面水系和小型蓄水保土工程情况

水土保持工程		数 量
淤地坝	数量/万座	5.84
	淤地面积/万km^2	0.09
坡面水系工程	控制面积/万km^2	0.92
	长度/万km	15.46
小型蓄水保土工程	点状工程/万个	862.02
	线状工程/万km	80.65

三、主要水土保持工程

全国共有淤地坝[1] 5.84万座，坡面水系工程[2] 15.46万km，点状小型蓄水保土工程862.02万个，线状小型蓄水保土工程80.65万km。全国淤地坝、坡面水系和小型蓄水保土工程情况见表6-4-3。

黄河流域黄土高原共有水土保持治

[1] 淤地坝指在多泥沙沟道修建的以控制沟道侵蚀、拦泥淤地、减少洪水和泥沙灾害为主要目的的沟道治理工程设施。按库容，分为小型淤地坝（库容1万～10万m^3）、中型淤地坝（库容10万～50万m^3）和治沟骨干工程（库容50万～500万m^3）。

[2] 坡面水系工程指在坡面修建的用以拦蓄、疏导地表径流，防止山洪危害，发展山区灌溉的水土保持工程设施，主要分布在我国南方地区，如引水沟、截水沟、排水沟等。

沟骨干工程（库容为50万～500万m^3的淤地坝）5655座，总库容570069万m^3，已淤库容234724万m^3。其中，青海省170座、甘肃省551座、宁夏回族自治区325座、内蒙古自治区820座、陕西省2538座、山西省1116座、河南省135座。省级行政区水土保持治沟骨干工程情况见表6-4-4，工程数量比例和控制面积比例分别见图6-4-4、图6-4-5，工程分布见附图B21。

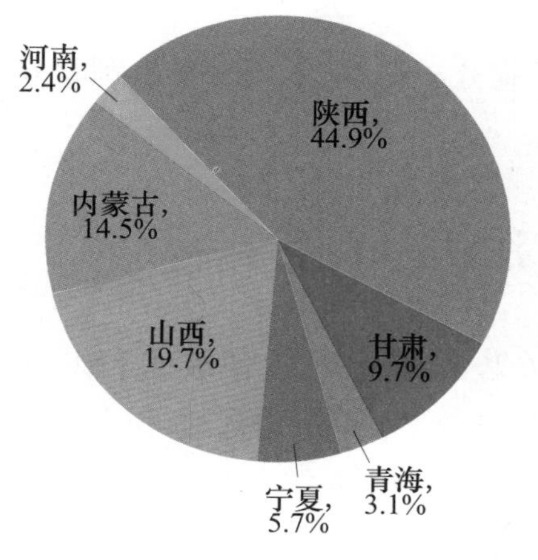

图6-4-4　省级行政区水土保持治沟骨干工程数量比例

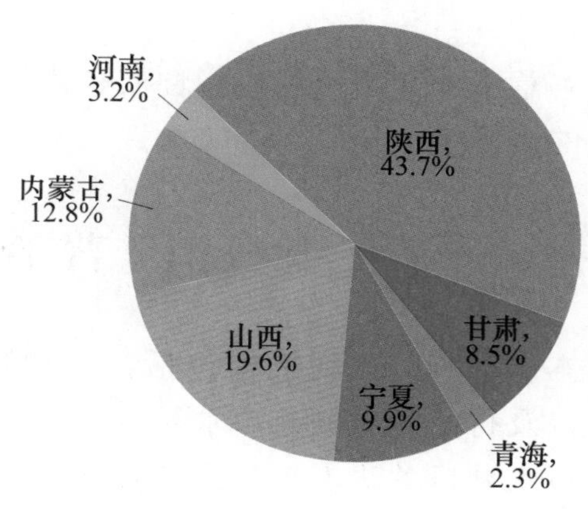

图6-4-5　省级行政区水土保持治沟骨干工程控制面积比例

水土保持治沟骨干工程主要分布在陕西、山西、内蒙古3省（自治区），工程数量占到总数量的79.1%，工程控制面积占总面积的76.1%。

表6-4-4　　省级行政区水土保持治沟骨干工程情况

省级行政区	工程数量/座	控制面积/km^2	总库容/万m^3	已淤库容/万m^3
全国	5655	29903	570069	234724
山西	1116	5874	92418	23213
内蒙古	820	3840	89810	14868
河南	135	946	12470	2359
陕西	2538	13063	293052	177771
甘肃	551	2528	38066	10094
青海	170	693	9622	2214
宁夏	325	2958	34631	4206

第七章　水利机构人员情况

本章主要介绍水利机构性质、规模、行业分布等情况，以及水利机构从业人员的情况等。

第一节　普查方法与口径

本次普查的水利机构包括：①水利机关法人单位，指各级水行政主管部门，以及行使某项或几项水行政管理职能的机关法人单位；②水利事业法人单位，指水利机关法人单位或其管理的法人单位，利用国有资产依法设立从事社会公共服务活动的法人单位；③水利企业法人单位，指水利机关法人或水利事业法人单位出资成立或控股的企业法人单位；④社团法人单位，指业务主管单位为水行政主管部门或其管理单位的社会团体法人单位；⑤乡镇水利管理单位，指从事乡镇一级水利综合管理及服务工作的相关机构；⑥其他水利单位，指上述5类单位之外从事水利活动的单位。（水利机关法人单位、水利事业法人单位、水利企业法人单位、社团法人单位以下统称为"水利法人单位"）

普查按"在地原则"对水利机构进行清查和普查登记，以水利机构法人单位为普查表的填报单位。利用第二次全国经济普查、农业普查和相关最新统计资料，以及水利统计资料等进行分析整理，生成《水利单位信息名录》，在各级水利普查机构进行补充、完善和校验审核后，形成县级《水利单位信息名录》和《全国行业能力建设情况普查单位目录》。

以《全国行业能力建设情况普查单位目录》为依据，以县级行政区为普查单元，对在册单位发放普查表。对不同的普查对象采取不同的普查方式，水行政主管部门或其所属单位管理的法人单位、乡镇水利管理单位采取发表调查；其他普查对象则从第二次全国经济普查等资料中提取相关指标数据进行填报。

第二节　水　利　机　构

截止到2011年年底，我国共有水利法人单位52447个，乡镇水利管理单位29416个（含5284个水利事业法人单位）。在水利法人单位中，机关法人单位3586个，占法人单位的6.9%；事业法人单位32370个，占法人单位的61.7%；企业法人单位7676个，占法人单位的14.6%；社团法人单位8815个，占法人单位的16.8%。

一、机关法人单位

本次普查的水利机关法人单位既包括国务院水行政主管部门和地方各级人民政府水行政主管部门，也包括行使某项或几项部分水行政管理职能的机关法人单位，如部分地方具有机关法人资格的防汛抗旱办公室，以及在特殊区域（如农垦、森工、县级及以上经济开发区、保护区等）内行使水行政管理职能的机关法人单位等。

2011年年底，全国共有水利机关法人单位3586个，其中省级水利机关法人单位51个，地级408个，县级3127个。省级行政区水利机关法人单位数量见图7-2-1。

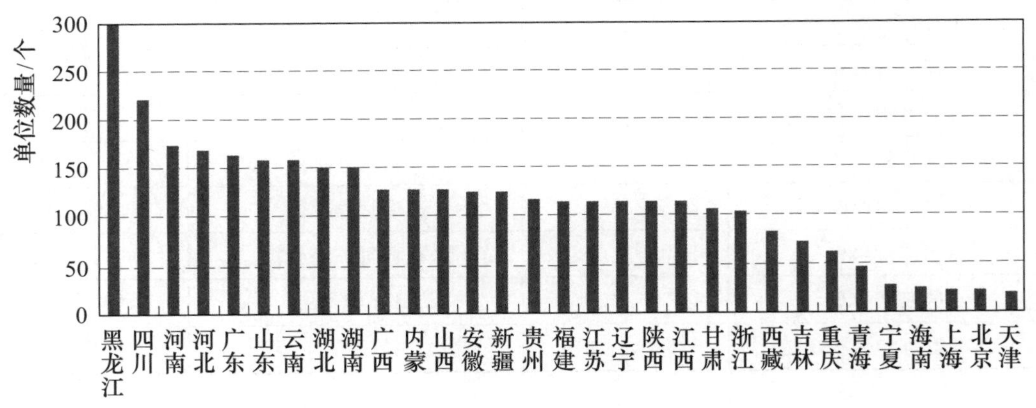

图7-2-1 省级行政区水利机关法人单位数量

从水利机关法人单位属性看，水利机关法人可分为水利、水务和其他三类。全国水利类机关法人单位有1447个，占40.3%；水务类机关法人单位有1444个，占40.3%；其他名称和属性的机关法人单位有695个，占19.4%。省级水利机关法人单位中，水利、水务和其他三类单位比例分别为59.6%、8.5%和31.9%；地级水利、水务和其他三类单位比例分别为47.0%、37.6%和15.4%；县级水利、水务和其他三类单位比例分别为39.2%、41.1%和19.7%。

二、事业法人单位

水利事业法人单位是指以实现社会公共利益为目的，由水利机关法人或其管理的法人单位，利用国有资产依法设立、从事水事社会公共服务活动的组织。根据普查结果，2011 年我国共有水利事业法人单位 32370 个。

从单位类型[1]看，水利事业法人单位中，水利工程综合管理单位最多，有 5879 个，水库管理单位有 4331 个，灌区管理单位有 2181 个，防汛抗旱管理单位有 2045 个，河道、堤防管理单位有 2003 个，水土保持单位有 1859 个，水政监察单位有 1523 个，水资源管理与保护单位有 1323 个，水利规划设计咨询单位有 1134 个，泵站管理单位有 958 个，水文单位有 576 个，引调水管理单位有 514 个，水闸管理单位有 478 个，流域管理单位有 316 个，水利科研咨询机构有 206 个。以上几类单位占全国水利事业法人单位总数的 78.2%。全国不同单位类型水利事业法人单位数量情况见表 7-2-1。

表 7-2-1　全国不同单位类型水利事业法人单位数量情况

单位类型	数量/个	比例/%	单位类型	数量/个	比例/%
合计	32370	100	水利规划设计咨询单位	1134	3.5
水利工程综合管理单位	5879	18.2	泵站管理单位	958	2.9
水库管理单位	4331	13.4	水文单位	576	1.8
灌区管理单位	2181	6.7	引调水管理单位	514	1.6
防汛抗旱管理单位	2045	6.3	水闸管理单位	478	1.5
河道、堤防管理单位	2003	6.2	流域管理单位	316	1.0
水土保持单位	1859	5.7	水利科研咨询机构	206	0.6
水政监察单位	1523	4.7	其他类型	7044	21.8
水资源管理与保护单位	1323	4.1			

从单位规模来看，水利事业法人单位人员数在 30 人及以下的有 2.68 万个，占全国水利事业法人单位总量的 82.7%；人员数在 31～120 人的有 0.47 万个，占 14.7%；人员数在 121 人及以上的有 850 个，占 2.6%。全国不同人员规模的水利事业法人单位数量比例见图 7-2-2，省级行政区水利事业法人单位数量见图 7-2-3。

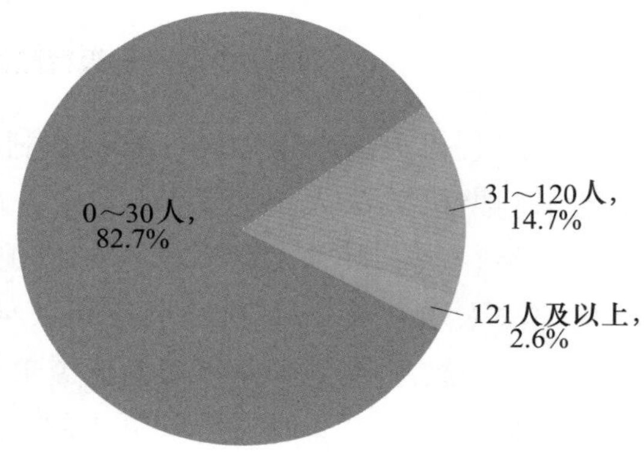

图 7-2-2　全国不同人员规模的水利事业法人单位数量比例

[1] 根据《普查实施方案》，在填报普查表时，主要依据单位名称来确定单位类型。

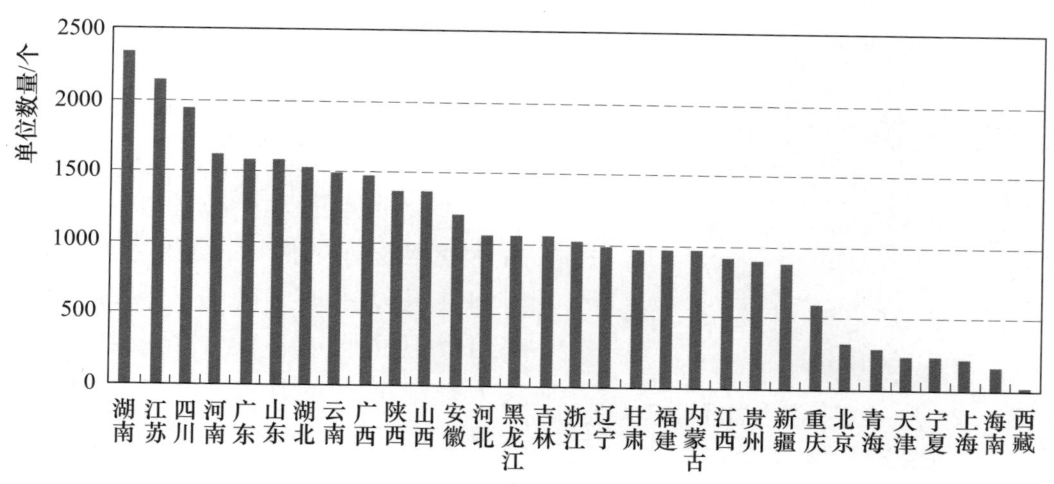

图 7-2-3 省级行政区水利事业法人单位数量

三、企业法人单位

本次普查的水利企业法人单位是指由水利机关法人或水利事业法人单位出资成立或控股的企业法人组织。根据普查成果，2011 年我国共有水利企业法人单位 7676 个。其中，水的生产和供应业企业数量最多，有 2195 个，占 28.6%；电力、热力生产和供应业企业有 1643 个，占 21.4%；土木工程建筑业企业有 1212 个，占 15.8%。全国不同行业类别水利企业法人单位数量情况见表 7-2-2。

表 7-2-2 全国不同行业类别水利企业法人单位数量情况

行业类别	单位数量/个	比例/%	行业类别	单位数量/个	比例/%
合计	7676	100	农、林、牧、渔服务业	100	1.3
水的生产和供应业	2195	28.6	研究和实验发展	28	0.4
电力、热力生产和供应业	1643	21.4	地质勘查业	27	0.4
土木工程建筑业	1212	15.8	国家机构	26	0.3
水利管理业	669	8.7	科技交流和推广服务业	18	0.2
专业技术服务业	648	8.4	其他	918	12
商务服务业	192	2.5			

从企业人员规模来看，人员数在 30 人及以下的水利企业法人单位有 4966 个，占 64.7%；人员数在 31～120 人的有 1799 个，占 23.4%；人员数在 121 人及以上的有 911 个，占 11.9%。全国不同人员规模的水利企业法人单位数

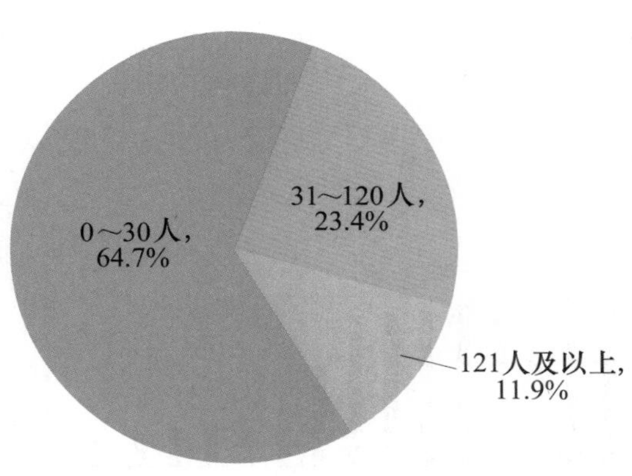

图7-2-4 全国不同人员规模的水利企业法人单位数量比例

量比例见图7-2-4，省级行政区水利企业法人单位数量见图7-2-5。

四、社团法人单位

社会团体法人单位指按照《社会团体登记管理条例》，经国务院民政部门和县级以上地方各级人民政府民政部门登记注册或备案，领取社会团体法人登记证书的社会团体，以及依法不需要办理法人登记、由机构编制管理部门管理其机关机构编制的群众团体。本次普查的社会团体法人单位包括以学术性和专业性为主的水利社会团体法人单位，承担水利信息交流、情况调查、培训和咨询服务的水利企业协会、水利工程协会、城镇供排水协会等，以及领取了社团法人证书的农民用水户合作组织等。

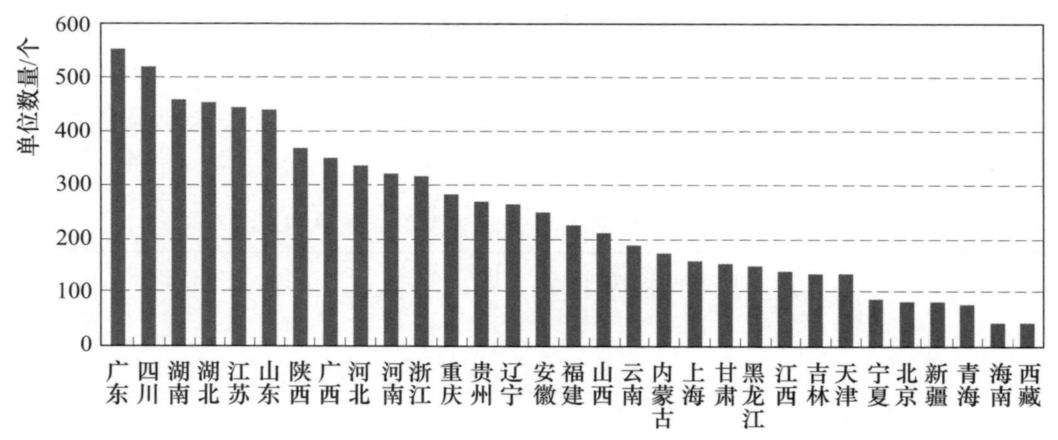

图7-2-5 省级行政区水利企业法人单位数量

据普查，2011年我国共有水利社会团体法人单位8815个。从社团类型分布看，农村用水户协会有7285个，占82.6%；其他类型社团有1530个，占17.4%。

省级行政区水利法人单位数量见附表A35。

五、乡镇水利管理单位

本次普查的乡镇水利管理单位是指在县级以下承担水利管理职能，或提供水事服务的机构，常见的单位类型有乡镇水利站、乡镇水利服务中心、乡镇水利所、乡镇农技水利服务中心、乡镇水利电力管理站、乡镇水利水产林果农技站、乡镇水利工作站、乡镇农业综合服务中心等。

2011 年我国共有乡镇水利管理单位 29416 个，其中水利（务、电）管理（服务、工作、推广）站（所、中心）有 16007 个，占全国乡镇水利管理单位总数的 54.4%；农业（农村经济）综合服务中心（站）有 11249 个，占 38.2%；其他单位类型的乡镇水利管理单位有 2160 个，占 7.4%。全国不同类型乡镇水利管理单位数量比例见图 7-2-6，省级行政区乡镇水利管理单位数量见附表 A35 和图 7-2-7。

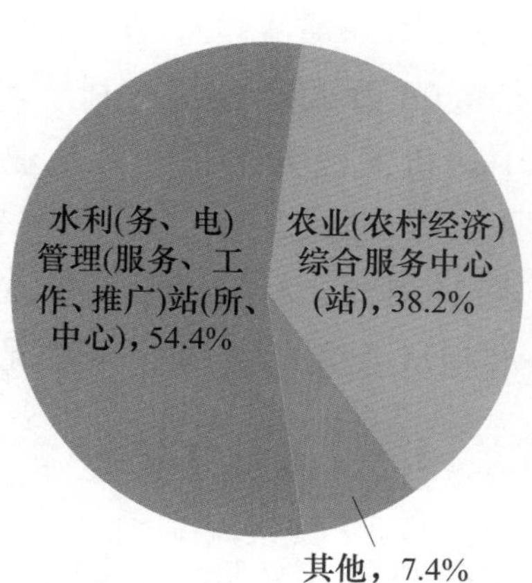

图 7-2-6 全国不同类型乡镇水利管理单位数量比例

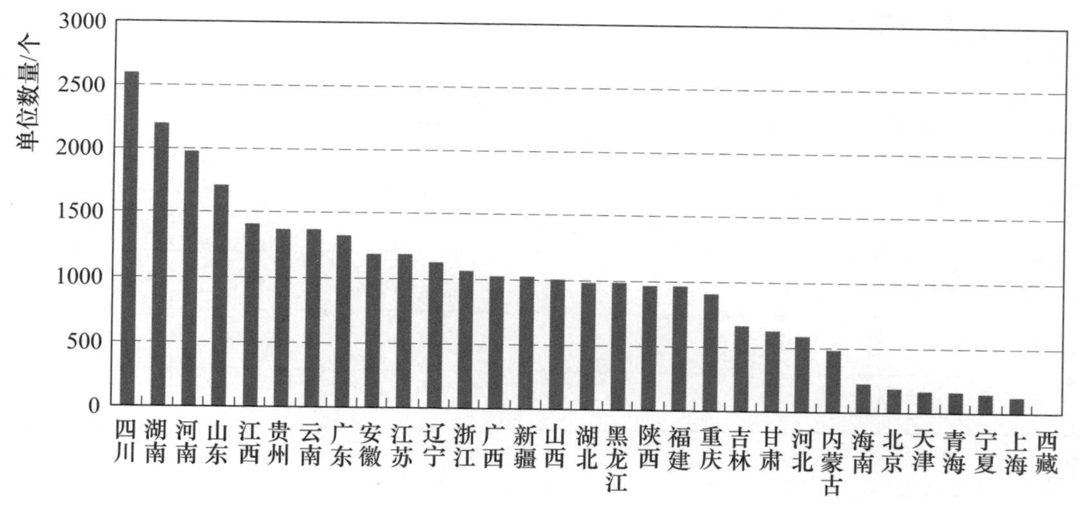

图 7-2-7 省级行政区乡镇水利管理单位数量

第三节 水利从业人员

水利从业人员是指在本次普查的水利机构中工作，并取得劳动报酬或收入的实有人员，包括在各类水利机关工作的在岗人员、兼职人员、再就业的离退休人员、借用的外单位人员和第二职业者等。

2011 年年底，在我国各类水利机构中，水利法人单位共有从业人员 139.06 万人，乡镇水利管理单位共有从业人员 20.55 万人。在水利法人单位中，机关法人单位共有从业人员 12.52 万人，占 9.0%；事业法人单位共有从业人员 72.19 万人，占 51.9%；企业法人单位的年末从业人员有 48.93 万人，占 35.2%；社会团体法人单位的年末从业人员有 5.42 万人，占 3.9%。全国水利从业人员数量分布情况见附图 B22。

一、机关法人单位

2011 年年底，我国水利机关法人单位共有从业人员 12.52 万人，占水利法人单位从业人员总数的 9.0%。

从学历分布来看，水利机关法人单位从业人员中共有 0.02 万人具有博士研究生学历，占 0.2%；0.31 万人具有硕士研究生学历，占 2.4%；4.11 万人具有大学本科学历，占 32.8%；4.43 万人具有大专学历，占 35.4%；1.55 万人具有中专学历，占 12.4%；高中及以下学历的从业人员有 2.10 万人，占 16.8%，具体情况见表 7-3-1。

表 7-3-1　全国水利机关法人单位 2011 年从业人员学历结构

学历	人数/人	比例/%	学历	人数/人	比例/%
合计	125176	100	大专	44255	35.4
博士研究生	212	0.2	中专	15539	12.4
硕士研究生	3050	2.4	高中及以下	20999	16.8
大学本科	41121	32.8			

不同省级行政区水利机关法人单位从业人员学历分布差异较大。上海具有大专及以上学历的从业人员比例最高，占 95.0%，而河北不足 60%。省级行政区水利机关法人单位 2011 年从业人员学历分布情况见附表 A36。

从年龄分布来看，36～45 岁的水利机关法人单位从业人员最多。年龄在 35 岁及以下的水利机关法人单位从业人员有 2.83 万人，占 22.6%；36～45 岁的有 4.44 万人，占 35.5%；46～55 岁的有 4.01 万人，占 32.0%；56 岁及以上的有 1.24 万人，占 9.9%。全国水利机关法人单位 2011 年从业人员年龄结构情况见表 7-3-2。

表 7-3-2 全国水利机关法人单位 2011 年从业人员年龄结构

年龄	人数/人	比例/%	年龄	人数/人	比例/%
合计	125176	100	36～45 岁	44411	35.5
56 岁及以上	12405	9.9	35 岁及以下	28257	22.6
46～55 岁	40103	32.0			

不同省级行政区水利机关法人单位从业人员年龄分布不同。西藏以 35 岁以下人员为主，占其从业人员的 48.9%；36～45 岁从业人员比例最高的是新疆，占其从业人员的 44.2%；46～55 岁从业人员比例最高的是重庆，占其从业人员的 43.3%；56 岁及以上从业人员所占比例最高的是辽宁，占 16.8%。省级行政区水利机关法人单位 2011 年从业人员年龄情况见附表 A37。

二、事业法人单位

2011 年年底，我国水利事业法人单位共有从业人员 72.19 万人，占水利法人单位从业人员总数的 51.9%。

从学历分布来看，水利事业法人单位从业人员中具有博士研究生学历的有 0.14 万人，占 0.2%；具有硕士研究生学历的共 1.06 万人，占 1.5%；具有大学本科学历的有 13.07 万人，占 18.1%；具有大专学历的有 17.99 万人，占 24.9%；中专学历的有 9.80 万人，占 13.6%；高中及以下学历的有 30.13 万人，占 41.7%。全国水利事业法人单位 2011 年从业人员学历结构分布情况见图 7-3-1。

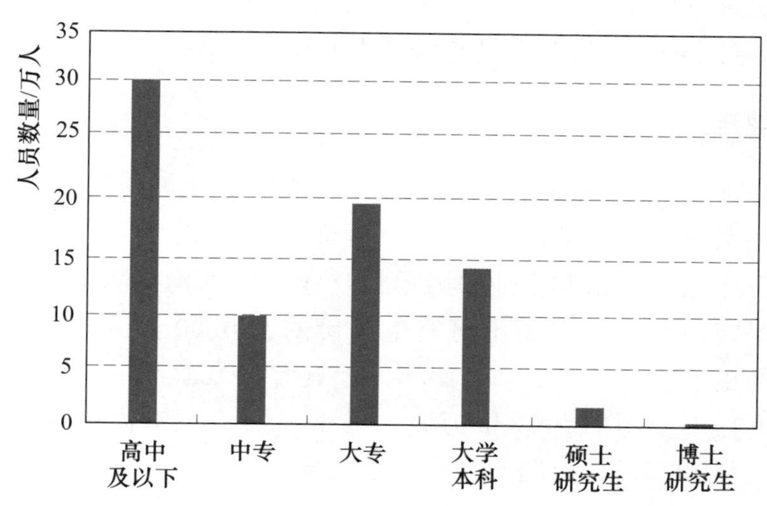

图 7-3-1 全国水利事业法人单位 2011 年从业人员学历结构分布

不同省级行政区事业法人单位从业人员学历分布不同。贵州大专及以上学历从业人员比例最高，占其从业人员总数的66.5%；北京、云南等11个省区大专及以上学历从业人员比重在50%～65%之间；海南大专及以上学历从业人员比重不足20%，为18.4%；其余18个省区大专及以上学历从业人员比重均在30%～50%之间。省级行政区水利事业法人单位2011年从业人员学历情况见附表A38。

从年龄分布来看，水利事业法人单位从业人员中，35岁及以下的有19.56万人，占27.1%；36～45岁的有27.99万人，占38.8%；46～55岁的有18.99万人，占26.3%；56岁及以上的有5.64万人，占7.8%。全国水利事业法人单位2011年从业人员年龄结构见表7-3-3。

表7-3-3　全国水利事业法人单位2011年从业人员年龄结构

年龄	人数/人	比例/%	年龄	人数/人	比例/%
合计	721855	100	36～45岁	279937	38.8
56岁及以上	56358	7.8	35岁及以下	195613	27.1
46～55岁	189947	26.3			

不同省级行政区水利事业法人单位从业人员年龄分布不同。35岁及以下从业人员占比最高的是西藏，为44.5%，内蒙古最低，为18.9%；36～45岁从业人员占比最高的是安徽，为27.3%，天津最低，为24.2%；46～55岁从业人员占比最高的是内蒙古，为32.8%，西藏最低，为19.1%；56岁及以上从业人员占比最高的是天津，为12.7%，西藏最低，为4.1%。省级行政区水利事业法人单位2011年从业人员年龄情况见附表A39。

三、企业法人单位

2011年年底，我国水利企业法人单位共有从业人员48.93万人，占水利法人单位年末从业人员总数的35.2%。

从学历分布来看，水利企业法人单位从业人员中具有博士研究生学历的有0.04万人，占0.1%；具有硕士研究生学历的有0.50万人，占1.0%；具有大学本科学历的有6.59万人，占13.5%；具有大专学历的有10.73万人，占21.9%；具有中专学历的有7.35万人，占15.0%；只有高中及以下学历的有23.72万人，占48.5%。全国水利企业法人单位2011年从业人员学历结构分布情况见图7-3-2。

不同省级行政区水利企业法人单位从业人员学历分布差异较大。北京大专

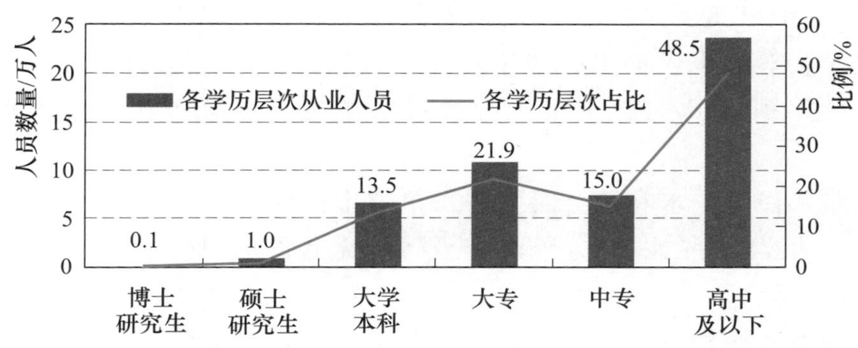

图 7-3-2 全国水利企业法人单位 2011 年从业人员学历结构分布

及以上学历从业人员比例最高，占水利企业法人单位从业人员总数的 67.9%。西藏大专及以上学历从业人员比重最低，仅 13.1%。省级行政区水利企业法人单位 2011 年从业人员学历情况见附表 A40。

从年龄分布来看，水利企业法人单位从业人员年龄在 35 岁及以下的有 16.82 万人，占 34.4%；年龄在 36～45 岁的有 18.59 万人，占 38.0%；年龄在 46～55 岁的有 10.51 万人，占 21.5%；年龄在 56 岁及以上的有 3.00 万人，占 6.1%。全国水利企业法人单位 2011 年从业人员年龄结构见表 7-3-4。

表 7-3-4 全国水利企业法人单位 2011 年从业人员年龄结构

年龄	人数/人	比例/%	年龄	人数/人	比例/%
合计	489332	100	36～45 岁	185918	38.0
56 岁及以上	30034	6.1	35 岁及以下	168231	34.4
46～55 岁	105149	21.5			

不同省级行政区水利企业法人单位从业人员的年龄分布不同。35 岁及以下的从业人员比重最高的是西藏，为 48.3%；36～45 岁从业人员占比最高的是四川，为 46.1%；46～55 岁从业人员占比最高的是上海，为 33.3%；56 岁及以上从业人员占比最高的也为上海，为 11.2%。省级行政区水利企业法人单位 2011 年从业人员年龄情况见附表 A41。

四、社团法人单位

2011 年年底，我国水利社会团体法人单位共有从业人员 5.42 万人，占水利法人单位从业人员总数的 3.9%。

从学历分布看，社会团体法人单位中共有大学本科及以上学历的从业人员

0.62万人，占11.5%，其中75%以上的大学本科及以上学历人员分布在水利、水电学会等学术咨询类社团中；大专及以下学历的从业人员4.79万人，占比88.5%，其中80%以上的大专及以下学历人员分布在农民用水合作组织中。

从人员年龄看，水利社会团体法人单位中，年龄在35岁及以下的从业人员有1.17万人，占比21.7%；36岁及以上的从业人员有4.24万人，占78.3%。

从人员专业职称看，水利社会团体法人单位中，具有专业技术职称的从业人员有1.52万人，占从业人员总数的28.0%。其中，具有高级技术职称的有0.17万人，占具有技术职称从业人员的比例为11.0%；中级及以下有1.35万人，占89.0%。

从区域分布情况来看，西部地区水利社会团体法人单位从业人员数量最多，为3.81万人，占70.26%；东部地区0.95万人，占17.47%；中部地区0.66万人，占12.27%。从每个省的平均情况来看，西部地区每个省份拥有从业人员数最多，平均0.32万人，中部地区最少，平均0.08万人。省级行政区水利社会团体法人单位2011年从业人员学历情况见附表A42。

五、乡镇水利管理单位

2011年年底，我国乡镇水利管理单位共有从业人员20.55万人。在乡镇水利管理单位从业人员中，具有中专及以上学历的从业人员有13.92万人，占67.8%；高中及以下学历的从业人员有6.63万人，占32.2%。

从区域分布看，黑龙江、四川等17个省区中专及以上学历从业人员比重均在70%～90%之间，其中黑龙江最高为89.7%；陕西、辽宁等11个省区中专及以上学历从业人员比重均在60%～80%之间；广东、新疆中专及以上学历从业人员比重相对较低，分别为45.8%、44.9%。省级行政区乡镇水利管理单位2011年从业人员学历情况见附表A43。

省级行政区水利法人单位和乡镇水利管理单位2011年从业人员数量见附表A44。

附录A 第一次全国水利普查成果表

附表A1 省级行政区河流数量与密度统计

省级行政区	流域面积 $50km^2$ 及以上河流				流域面积 $100km^2$ 及以上河流		
	河流数量	河流密度/(条/万 km^2)	河流总长/km	河网密度/(km/km^2)	河流数量	河流密度/(条/万 km^2)	河流总长/km
全国	45203	48	1508500	0.16	22909	24	1114600
北京	127	77	3731	0.23	71	43	2845
天津	192	163	3913	0.33	40	34	1714
河北	1386	74	40947	0.22	550	29	26719
山西	902	58	29337	0.19	451	29	21219
内蒙古	4087	36	144785	0.13	2408	21	113572
辽宁	845	57	28459	0.19	459	31	21587
吉林	912	48	32765	0.17	497	26	25386
黑龙江	2881	61	92176	0.2	1303	28	65482
上海	133	163	2694	0.33	19	23	758
江苏	1495	143	31197	0.3	714	68	19552
浙江	865	82	22474	0.21	490	46	16375
安徽	901	65	29401	0.21	481	34	21980
福建	740	60	24629	0.2	389	31	18051
江西	967	58	34382	0.21	490	29	25219
山东	1049	66	32496	0.21	553	35	23662
河南	1030	63	36965	0.22	560	34	27910
湖北	1232	66	40010	0.22	623	34	28949
湖南	1301	62	46011	0.22	660	31	33589
广东	1211	68	36559	0.2	614	34	25851
广西	1350	57	47687	0.2	678	29	35182
海南	197	57	6260	0.18	95	28	4397
重庆	510	62	16877	0.2	274	33	12727
四川	2816	58	95422	0.2	1396	29	70465
贵州	1059	60	33829	0.19	547	31	25386
云南	2095	55	66856	0.17	1002	26	48359
西藏	6418	53	177347	0.15	3361	28	131612
陕西	1097	54	38469	0.19	601	29	29342
甘肃	1590	38	55773	0.13	841	20	41932
青海	3518	51	114060	0.16	1791	26	81966
宁夏	406	79	10120	0.19	165	32	6482
新疆	3484	21	138961	0.09	1994	12	112338

附表A2　　典型河流基本情况

河流名称	河名备注	河流长度/km	流域面积/km²
黑龙江		1905	888711
松花江	南瓮河（二根河汇入断面以上）、嫩江（二根河汇入断面至第二松花江汇入断面）	2276	554542
辽河	西拉木伦河（老哈河汇入断面以上）、西辽河（老哈河汇入断面至东辽河汇入断面）、双台子河（养息牧河汇入断面以下）	1383	191946
永定河	源子河（朔城区神头镇马邑以上）、桑干河（洋河汇入断面以上）	869	47396
黄河		5687	813122
渭河		830	134825
淮河		1018	190982
长江	沱沱河（当曲汇入断面以上）、通天河（当曲汇入断面至称文细曲汇入断面）、金沙江（称文细曲汇入断面至岷江-大渡河汇入断面）	6296	1796000
雅砻江		1633	128120
汉江		1528	151147
钱塘江	龙田河（安徽境内）、马金溪、金溪（开化县华埠镇以上）、常山港（开化县华埠镇至衢州双港口）、衢江（衢州双港口至兰溪横山下）、兰江（兰溪至梅城）、富春江（梅城至闻家堰）、桐江（梅城至桐庐）、七里泷（梅城至桐庐）、之江（闻家堰至九溪）、杭州湾（九溪至芦潮港闸、外游山）	609	55491
闽江	水茜溪（泉湖溪汇入断面以上）、东溪（西溪汇入断面以上）、翠江（西溪汇入断面至安乐溪汇入断面）、龙津河（安乐溪汇入断面至梦溪汇入断面）、九龙溪（西溪汇入断面至安砂水库）、燕江（安砂水库至益溪汇入断面）、沙溪（富屯溪-金溪汇入断面以上）、西溪（沙溪口断面至建溪汇入断面）、闽江（建溪汇入断面以下）	575	60995
西江	南盘江（双江口以上）、红水河（双江口至三江口）、黔江（三江口至桂平市）、浔江（桂平市至梧州市）、西江（梧州市至思贤滘）	2087	340784
韩江	琴江（广东省河源市紫金县七星岽至广东省梅州市五华县水寨镇）、梅江（广东省梅州市五华县水寨镇至广东省梅州市大埔县三河镇）	409	29206
澜沧江		2194	164778
雅鲁藏布江		2296	345953
黑河	额济纳河（甘蒙省界至西河、东干渠出口）、东河（西河、东干渠出口至昂茨河出口）、一道河（昂茨河出口至东居延海入口）	861	80781
塔里木河	叶尔羌河（阿克苏河汇入断面以上）	2727	365902
怒江		2091	137026

附表 A3　**全国常年水面面积 500km² 及以上湖泊特征统计**

流　域	水　　系	湖泊	水面面积/km^2	咸淡水	湖泊容积①/亿 m^3	所在省（自治区、直辖市）	备　　注
内流区诸河	柴达木内流区水系	青海湖	4233	咸	785（对应国家 85 高程 3193.5m 水位容积）	青海	本次实测水面面积为 4244km^2
长江	鄱阳湖水系	鄱阳湖	2978②	淡	328.7（对应国家 85 高程 21m 水位容积）	江西	2010 年相关成果水面面积 3676km^2，国家 85 高程 21m 水位时容积 328.7 亿 m^3
长江	洞庭湖水系	洞庭湖	2579③	淡	206.4（对应国家 85 高程 33m 水位容积）	湖南	
长江	太湖水系	太湖	2341	淡	83.8（对应吴淞高程 4.66m 水位容积）	江苏 浙江	
内流区诸河	羌塘高原内流区水系	色林错	2209	咸	—	西藏	
内流区诸河	羌塘高原内流区水系	纳木错	2018	咸	1090（对应黄海高程 4722.84m 水位容积）	西藏	本次实测水面面积为 2020km^2
黑龙江	额尔古纳河水系	呼伦湖	1847	咸	119.2（1961—2002 年多年平均）	内蒙古	
淮河	淮河洪泽湖以上暨白马高宝湖区水系	洪泽湖	1525	淡	111.2（对应黄海高程 15.864m 水位容积）	江苏	
黑龙江	乌苏里江水系	兴凯湖	1068	淡	—	黑龙江	含国外部分的总面积为 4138km^2
淮河	沂沭泗水系	南四湖	1003	淡	55.1	山东 江苏	
内流区诸河	羌塘高原内流区水系	扎日南木错	998	咸	290.2（对应国家 85 高程 4611.20m 水位容积）	西藏	

续表

流　域	水　　系	湖泊	水面面积/km^2	咸淡水	湖泊容积[①]/亿 m^3	所在省（自治区、直辖市）	备　　注
内流区诸河	塔里木内流区水系	博斯腾湖	986	淡	—	新疆	
内流区诸河	羌塘高原内流区水系	当惹雍错	843	咸	—	西藏	
西南西北外流区诸河	额尔齐斯河水系	乌伦古湖	836	咸	—	新疆	
内流区诸河	羌塘高原内流区水系	阿牙克库木湖	807	淡	—	新疆	
长江	长江干流水系	巢湖	774	淡	55.1	安徽	
黄河	黄河干流水系	鄂陵湖	644	淡	—	青海	
淮河	淮河洪泽湖以上暨白马高宝湖区水系	高邮湖	634	淡	37.8	江苏 安徽	
西南西北外流区诸河	雅鲁藏布江-恒河水系	羊卓雍错	614	咸	129.5（对应国家85高程4435.36m水位容积）	西藏	
内流区诸河	柴达木内流区水系	哈拉湖	604	咸	—	青海	
内流区诸河	羌塘高原内流区水系	乌兰乌拉湖	577	咸	—	青海	
黄河	黄河干流水系	扎陵湖	528	淡	—	青海	
内流区诸河	羌塘高原内流区水系	昂拉仁错	516	咸	—	西藏	
内流区诸河	准噶尔内流区水系	艾比湖	502	咸	6.0（对应国家85高程194.82m水位容积）	新疆	本次实测水面面积为499km^2

① 湖泊水面面积根据多时相遥感影像数据提取并综合确定，个别水面面积变化大的湖泊还参考实测数据，湖泊容积数据除注明本次普查实测外均由各省（自治区、直辖市）提供。

② 鄱阳湖水面面积系列变化范围较大，本次普查参考已有成果的水面面积，选用2004年9月17日影像提取的数据。

③ 洞庭湖包括东洞庭湖区、南洞庭湖区、目平湖区、七里湖区和澧水洪道，湖泊水面面积系列变化范围较大，本次普查参考已有成果的水面面积，选用2007年8月7日影像提取的数据。

附表 A4　　省级行政区水库数量与总库容统计

省级行政区	合计		大型水库		中型水库		小型水库		山丘水库		平原水库	
	数量/座	总库容/亿 m³	数量/座	总库容/亿 m³	数量/座	总库容/亿 m³	数量/座	总库容/亿 m³	数量/座	总库容/亿 m³	数量/座	总库容/亿 m³
全国	97985	9323.77	756	7499.34	3941	1121.23	93288	703.20	70536	8588.25	27449	735.52
北京	87	52.17	3	46.33	17	4.96	67	0.88	81	51.26	6	0.91
天津	28	26.79	3	22.39	13	3.98	12	0.41	9	15.99	19	10.80
河北	1079	206.08	23	181.66	47	16.54	1009	7.88	874	183.04	205	23.03
山西	643	68.53	12	39.65	67	19.50	564	9.38	551	60.28	92	8.25
内蒙古	586	104.92	15	61.17	93	33.43	478	10.32	319	76.29	267	28.63
辽宁	921	375.33	36	343.40	77	21.86	808	10.07	681	362.67	240	12.65
吉林	1654	334.46	20	289.57	109	30.96	1525	13.93	160	282.15	1494	52.31
黑龙江	1148	277.90	30	225.47	103	35.05	1015	17.38	161	212.70	987	65.20
上海	4	5.49	1	5.27	1	0.12	2	0.10	0	0	4	5.49
江苏	1079	35.98	6	12.58	47	12.73	1026	10.66	531	20.09	548	15.89
浙江	4334	445.26	33	370.15	158	46.40	4143	28.71	4294	441.87	40	3.39
安徽	5826	324.78	16	263.20	113	31.13	5697	30.45	3111	186.37	2715	138.41
福建	3692	200.73	21	122.74	185	49.02	3486	28.98	3534	198.69	158	2.04
江西	10819	320.81	30	189.90	263	64.73	10526	66.18	6130	295.55	4689	25.26
山东	6424	219.18	37	129.15	207	53.46	6180	36.57	5997	159.11	427	60.06
河南	2650	420.17	25	363.98	123	35.30	2502	20.89	2232	373.92	418	46.25
湖北	6459	1262.35	77	1135.18	282	78.93	6100	48.23	3043	1230.89	3416	31.46
湖南	14121	530.72	47	361.75	372	98.33	13702	70.64	6903	479.13	7218	51.59
广东	8408	453.07	39	294.01	343	94.45	8026	64.60	6805	418.02	1603	35.05
广西	4556	717.99	61	601.55	231	68.05	4264	48.39	3602	698.65	954	19.34
海南	1105	111.38	10	76.46	76	22.45	1019	12.46	772	102.77	333	8.61
重庆	2996	120.63	16	75.39	97	26.73	2883	18.51	2996	120.63	0	0
四川	8146	648.78	50	537.85	219	63.96	7877	46.97	7799	645.96	347	2.82
贵州	2379	468.52	26	412.99	114	33.76	2239	21.77	2379	468.52	0	0
云南	6050	751.30	39	649.34	249	63.31	5762	38.65	5613	748.10	437	3.20
西藏	97	34.16	7	28.94	11	4.37	79	0.85	57	29.89	40	4.27
陕西	1125	98.98	13	55.51	85	31.18	1027	12.29	968	93.66	157	5.32
甘肃	387	108.52	9	86.91	44	15.28	334	6.34	243	103.13	144	5.39
青海	204	370.04	14	363.67	14	3.80	176	2.56	198	369.91	6	0.12
宁夏	323	30.39	4	13.95	44	10.42	275	6.02	279	27.61	44	2.77
新疆	655	198.38	33	139.23	137	47.03	485	12.12	214	131.39	441	66.99

附表 A5

省级行政区不同功能的水库数量与特征库容统计

省级行政区	有防洪任务的水库			有发电任务的水库			有供水任务的水库			有灌溉任务的水库			有航运任务的水库			有养殖任务的水库			有其他任务的水库		
	数量/座	总库容/亿 m³	已建水库防洪库容/亿 m³	数量/座	总库容/亿 m³	已建水库兴利库容/亿 m³	数量/座	总库容/亿 m³	已建水库兴利库容/亿 m³	数量/座	总库容/亿 m³	已建水库兴利库容/亿 m³	数量/座	总库容/亿 m³	已建水库兴利库容/亿 m³	数量/座	总库容/亿 m³	已建水库兴利库容/亿 m³	数量/座	总库容/亿 m³	已建水库兴利库容/亿 m³
全国	49849	7011.20	1600.97	7520	7179.19	3109.65	69446	4303.55	2103.85	88350	4163.59	2036.03	202	2316.16	847.31	30579	2768.72	1436.23	2369	1231.85	652.14
北京	81	52.05	12.25	8	46.43	37.42	67	49.91	39.75	48	48.06	38.71	0	0	0	5	1.83	1.42	6	1.21	0.57
天津	10	16.00	11.62	1	15.59	3.85	16	22.75	9.84	15	6.41	5.35	0	0	0	3	5.41	4.72	8	3.59	2.58
河北	982	194.47	52.11	38	107.12	53.27	637	198.30	81.30	974	168.82	60.38	0	0	0	114	58.22	10.42	15	2.95	1.65
山西	569	67.21	23.45	28	23.35	7.28	323	58.66	17.87	413	47.82	14.70	2	0.93	0.47	63	16.20	4.87	18	4.21	1.14
内蒙古	446	96.94	19.47	22	51.73	18.40	356	92.82	31.25	336	82.82	27.84	0	0	0	240	69.61	23.83	93	9.90	4.03
辽宁	843	365.92	46.27	51	312.05	153.25	378	204.95	95.16	703	165.23	77.24	1	34.60	8.20	447	311.01	156.07	31	18.64	9.46
吉林	1072	268.43	74.27	98	263.43	138.12	1091	85.30	31.56	1265	91.77	34.20	1	109.88	61.64	1082	259.13	126.74	37	1.78	0.87
黑龙江	855	204.15	52.99	36	203.70	109.97	145	143.46	84.64	926	188.08	107.17	1	86.10	59.68	665	230.01	126.70	72	27.32	13.84
上海	0	0	0	0	0	0	4	5.49	2.14	0	0	0	0	0	0	0	0	0	0	0	0
江苏	946	32.15	10.69	9	6.82	2.93	580	28.85	14.12	1024	33.00	16.73	0	0	0	434	21.13	10.31	15	8.42	4.28
浙江	1448	413.35	62.99	923	411.51	203.12	2228	142.51	79.09	3572	122.59	70.40	12	27.49	7.71	969	59.32	31.97	58	3.74	2.14
安徽	3178	302.49	54.31	258	146.08	66.95	5047	169.01	77.45	5635	290.74	78.24	9	4.93	2.72	2237	144.86	71.47	123	26.02	10.05
福建	743	114.34	16.44	1343	166.18	91.11	2130	57.09	38.48	2401	56.40	38.62	2	34.70	15.01	275	17.97	13.26	87	1.61	0.95
江西	5957	264.00	62.87	634	209.58	104.05	9040	259.58	139.84	10479	260.81	146.07	13	90.94	41.15	5356	185.35	101.23	126	15.67	8.04
山东	5772	198.29	52.90	44	71.23	35.59	3083	189.61	93.07	5350	196.59	95.68	1	0	0	1595	105.16	47.97	146	4.56	3.26

续表

省级行政区	有防洪任务的水库			有发电任务的水库			有供水任务的水库			有灌溉任务的水库			有航运任务的水库			有养殖任务的水库			有其他任务的水库		
	数量/座	总库容/亿 m^3	已建水库防洪库容/亿 m^3	数量/座	总库容/亿 m^3	已建水库兴利库容/亿 m^3	数量/座	总库容/亿 m^3	已建水库兴利库容/亿 m^3	数量/座	总库容/亿 m^3	已建水库兴利库容/亿 m^3	数量/座	总库容/亿 m^3	已建水库兴利库容/亿 m^3	数量/座	总库容/亿 m^3	已建水库兴利库容/亿 m^3	数量/座	总库容/亿 m^3	已建水库兴利库容/亿 m^3
河南	2155	414.52	159.86	65	332.08	107.32	1843	303.68	127.27	2286	296.14	123.77	4	16.33	7.79	986	101.95	41.74	166	142.84	57.24
湖北	94	1025.78	356.23	316	1110.80	527.21	5437	634.94	323.25	6172	600.92	307.56	18	882.95	425.31	2989	163.49	92.28	55	465.72	228.82
湖南	10050	460.96	100.09	737	427.26	211.53	13316	193.09	131.61	13692	191.84	130.48	50	183.34	81.50	6298	212.66	128.95	68	54.25	28.94
广东	3313	390.49	86.71	1075	364.90	180.98	3887	352.07	183.79	7397	235.07	133.40	21	39.23	6.46	774	41.70	23.27	240	27.50	5.49
广西	1768	411.04	123.00	394	426.54	125.42	2169	323.36	109.59	4307	326.75	128.32	24	249.03	25.05	1817	120.05	34.25	31	35.19	2.79
海南	2	4.82	1.56	34	70.10	44.19	1066	93.07	60.33	1068	99.26	60.12	1	33.45	20.83	107	38.57	23.30	10	0.09	0.05
重庆	1860	64.29	11.78	143	94.98	33.41	2577	47.46	26.28	2792	44.36	26.11	7	28.47	2.52	962	26.90	17.90	113	18.04	10.68
四川	6448	460.21	45.71	473	581.18	115.31	6274	197.99	70.97	7638	162.39	70.74	24	150.71	39.17	2623.5	145.69	63.95	535	21.45	9.80
贵州	105	106.47	7.38	344	442.26	217.54	735	63.83	24.21	2014	47.79	20.69	3	17.67	0	42	1.31	0.81	29	4.06	1.07
云南	432	450.13	18.40	167	659.90	167.91	5596	112.86	77.65	5779	116.36	75.76	5	265.33	0.01	191.5	66.92	16.31	53	2.02	1.11
西藏	39	18.78	2.33	30	14.00	3.92	60	24.46	3.31	71	24.73	3.50	0	0	0	0	0	0	4	0.09	0.02
陕西	31	42.45	7.38	79	60.11	31.34	735	48.46	21.57	815	42.49	18.92	2	3.10	0.60	210	24.68	7.52	169	10.40	4.72
甘肃	172	97.19	45.08	71	92.20	58.60	276	93.52	59.62	286	84.21	53.74	1	57.00	41.50	14	61.22	44.13	19	57.66	41.63
青海	35	322.56	59.65	48	363.43	214.15	11	32.33	3.53	135	5.71	3.90	0	0	0	8	257.51	193.81	27	257.63	193.81
宁夏	290	29.11	10.34	4	7.63	1.00	128	16.27	2.38	153	15.85	2.16	0	0	0	1	0.03	0.01	6	0.08	0.01
新疆	153	122.61	12.84	47	97.01	44.53	211	57.85	42.95	604	110.60	65.55	0	0	0	71	20.84	17.04	9	5.18	3.09

附表 A6　　省级行政区不同级别堤防长度统计　　单位：km

省级行政区	合计		1 级堤防		2 级堤防		3 级堤防		4 级堤防		5 级堤防	
	堤防长度	达标长度	堤防长度	达标长度	堤防长度	达标长度	堤防长度	达标长度	堤防长度	达标长度	堤防长度	达标长度
全国	275531	169773	10792	8801	27267	20390	32671	21263	95524	58077	109277	61242
北京	1408	1293	122	120	394	394	156	156	638	526	99	98
天津	2161	677	385	223	865	311	159	8	751	135	0	0
河北	10276	4079	625	244	2114	1252	1902	952	2494	805	3140	827
山西	5834	4171	161	145	381	307	499	426	2354	1544	2440	1749
内蒙古	5572	3687	283	228	1381	905	1578	1116	1599	1091	731	348
辽宁	11805	9353	737	729	1566	1465	482	418	2270	1586	6749	5155
吉林	6896	3556	186	172	1241	1103	776	136	3075	1227	1617	917
黑龙江	12292	3661	188	138	751	590	1210	234	5763	1734	4380	964
上海	1952	1628	841	602	62	62	458	399	549	542	42	23
江苏	49567	39193	1259	1158	3917	3630	5177	4076	12122	8773	27092	21556
浙江	17441	13804	277	269	750	689	2245	2002	10310	8201	3859	2644
安徽	21073	11823	1101	1054	1625	1537	2627	1899	7364	3914	8357	3418
福建	3751	2919	126	126	92	85	728	571	1677	1339	1128	799
江西	7601	3211	67	67	282	266	239	98	2831	1781	4182	999
山东	23239	15796	1337	1073	3330	2738	1543	1207	11661	7372	5368	3407
河南	18587	11741	933	786	784	556	326	285	6528	4540	10016	5574
湖北	17465	4696	542	295	2746	1020	2706	938	4013	1069	7458	1374
湖南	11794	3460	446	296	1734	774	2170	649	3121	784	4324	957
广东	22130	11962	563	487	2110	1739	5005	3377	8054	4605	6399	1754
广西	1941	1056	0	0	149	119	22	22	836	433	935	482
海南	436	375	30	30	5	5	47	43	186	169	166	128
重庆	1109	812	1	1	38	34	155	98	457	302	458	378
四川	3856	3298	84	84	94	89	568	522	1734	1465	1377	1136
贵州	1362	1240	104	104	71	65	96	89	346	309	744	673
云南	4702	3332	38	28	34	34	379	307	1242	994	3009	1967
西藏	693	574	13	13	65	64	373	316	95	85	148	96
陕西	3682	2707	255	241	242	165	614	561	1174	758	1397	983
甘肃	3192	2622	86	86	207	192	44	36	685	635	2170	1673
青海	592	514	0	0	127	103	89	66	287	261	89	83
宁夏	769	734	0	0	0	0	82	82	553	538	134	114
新疆	2353	1799	2	2	108	97	217	174	755	560	1271	966

附表 A7　　省级行政区不同类型堤防长度统计　　单位：km

省级行政区	合计		河（江）堤		湖堤		海堤		围(圩、圈)堤	
	堤防长度	达标长度	堤防长度	达标长度	堤防长度	达标长度	堤防长度	达标长度	堤防长度	达标长度
全国	275531	169773	229378	137702	5631	2371	10124	6950	30398	22750
北京	1408	1293	1408	1293	0	0	0	0	0	0
天津	2161	677	2045	677	0	0	116	0	0	0
河北	10276	4079	9789	3927	191	0	248	128	47	24
山西	5834	4171	5772	4129	60	40	0	0	2	2
内蒙古	5572	3687	5441	3686	126	0	0	0	5	1
辽宁	11805	9353	11270	8955	0	0	502	365	33	33
吉林	6896	3556	6804	3532	0	0	0	0	92	23
黑龙江	12292	3661	12184	3587	70	45	0	0	37	29
上海	1952	1628	1399	1314	30	30	524	284	0	0
江苏	49567	39193	26441	20397	1224	1023	959	832	20942	16941
浙江	17441	13804	13029	9580	61	61	2695	2568	1656	1595
安徽	21073	11823	17879	10350	981	358	0	0	2214	1115
福建	3751	2919	2356	1931	0	0	1392	985	3	3
江西	7601	3211	6232	2600	570	139	0	0	798	473
山东	23239	15796	22153	14980	210	210	649	507	227	98
河南	18587	11741	18444	11649	0	0	0	0	144	91
湖北	17465	4696	15107	4105	1272	223	0	0	1087	368
湖南	11794	3460	10341	3091	779	188	0	0	675	181
广东	22130	11962	17494	9334	0	0	2525	1018	2112	1610
广西	1941	1056	1358	855	0	0	379	136	205	65
海南	436	375	286	247	0	0	137	127	12	1
重庆	1109	812	1098	812	0	0	0	0	11	0
四川	3856	3298	3845	3288	7	7	0	0	4	4
贵州	1362	1240	1362	1240	0	0	0	0	0	0
云南	4702	3332	4651	3283	51	49	0	0	0	0
西藏	693	574	693	574	0	0	0	0	0	0
陕西	3682	2707	3682	2707	0	0	0	0	0	0
甘肃	3192	2622	3192	2622	0	0	0	0	0	0
青海	592	514	592	514	0	0	0	0	0	0
宁夏	769	734	741	707	0	0	0	0	28	28
新疆	2353	1799	2289	1735	0	0	0	0	64	64

附表 A8　　省级行政区不同规模水电站数量与装机容量统计

省级行政区	合计		大型水电站		中型水电站		小型水电站	
	数量/座	装机容量/万 kW	数量/座	装机容量/万 kW	数量/座	装机容量/万 kW	数量/座	装机容量/万 kW
全国	22179	32728.1	142	20664.0	477	5242.0	21560	6822.1
北京	29	103.7	1	80.0	2	17.3	26	6.5
天津	1	0.6	0	0	0	0	1	0.6
河北	123	183.7	1	100.0	2	44.0	120	39.8
山西	97	306.0	3	270.0	1	12.8	93	23.2
内蒙古	34	132.0	1	120.0	0	0	33	12.0
辽宁	116	269.3	2	151.5	7	82.0	107	35.9
吉林	188	441.7	2	280.3	6	97.0	180	64.4
黑龙江	70	130.0	1	55.0	3	37.6	66	37.4
上海	0	0	0	0	0	0	0	0
江苏	28	264.2	2	250.0	1	10.0	25	4.2
浙江	1419	953.4	7	543.5	6	61.4	1406	348.5
安徽	339	279.2	2	160.0	4	34.0	333	85.2
福建	2463	1184.2	5	380.0	21	182.4	2437	621.8
江西	1357	415.0	3	131.3	3	19.2	1351	264.5
山东	47	106.8	1	100.0	0	0	46	6.8
河南	200	413.1	3	341.0	3	32.0	194	40.1
湖北	936	3671.5	9	3181.5	19	169.0	908	321.0
湖南	2240	1480.1	7	585.3	36	371.4	2197	523.4
广东	3397	1330.8	4	643.5	13	119.5	3380	567.8
广西	1506	1592.1	8	930.7	25	253.1	1473	408.3
海南	204	76.1	0	0	3	40.0	201	36.1
重庆	704	643.5	4	315.0	13	115.3	687	213.2
四川	2736	7541.5	26	4778.7	136	1587.9	2574	1175.0
贵州	792	2023.9	15	1509.3	20	240.2	757	274.4
云南	1591	5694.9	16	3867.5	76	819.3	1499	1008.1
西藏	110	129.7	1	51.0	5	53.5	104	25.3
陕西	389	317.8	1	85.3	4	74.7	384	157.8
甘肃	572	877.4	5	274.6	35	329.5	532	273.3
青海	196	1563.7	8	1336.0	8	133.1	180	94.6
宁夏	3	42.6	1	30.2	1	12.0	1	0.4
新疆	292	559.5	3	112.9	24	294.1	265	152.5

附表 A9　　省级行政区 500kW 及以上水电站年发电量统计　单位：亿 kW·h

省级行政区	多年平均发电量			2011 年发电量
	合计	已建水电站	在建水电站	
全国	11566.35	7544.08	4022.27	6572.96
北京	5.84	5.84	0	4.36
天津	0.10	0.10	0	0.13
河北	15.87	15.40	0.47	12.21
山西	67.14	48.59	18.55	46.09
内蒙古	2.66	2.66	0	1.67
辽宁	65.35	45.77	19.58	43.06
吉林	83.50	78.05	5.45	80.25
黑龙江	27.96	19.23	8.73	15.34
上海	0	0	0	0
江苏	13.42	13.42	0	12.45
浙江	182.78	177.91	4.87	146.75
安徽	53.13	34.43	18.69	24.96
福建	353.78	353.45	0.33	266.66
江西	110.22	104.72	5.50	77.83
山东	2.50	2.42	0.09	3.04
河南	77.19	77.17	0.02	99.36
湖北	1347.35	1306.74	40.61	1177.85
湖南	462.45	419.02	43.43	316.05
广东	330.30	297.01	33.29	209.97
广西	584.31	560.08	24.23	412.87
海南	19.88	19.47	0.41	22.07
重庆	207.24	193.16	14.09	127.32
四川	3310.02	1414.57	1895.45	1304.76
贵州	714.90	608.90	106.00	355.58
云南	2371.74	1017.84	1353.90	969.04
西藏	27.12	21.10	6.02	19.26
陕西	100.10	86.11	13.99	89.19
甘肃	355.31	284.96	70.35	269.62
青海	492.99	217.95	275.04	331.28
宁夏	15.02	15.02	0	17.71
新疆	166.18	102.99	63.19	116.23

附表 A10　　省级行政区不同规模、不同类型水闸数量统计　　单位：座

省级行政区	合　计	不同规模水闸			不同类型水闸				
		大型水闸	中型水闸	小型水闸	引（进）水闸	节制闸	排（退）水闸	分（泄）洪闸	挡潮闸
全国	97022	860	6334	89828	10968	55133	17197	7920	5804
北京	632	9	64	559	82	403	102	45	0
天津	1069	13	55	1001	284	475	244	54	12
河北	3080	10	249	2821	487	1751	549	255	38
山西	730	3	53	674	128	438	98	66	0
内蒙古	1755	7	101	1647	479	942	60	274	0
辽宁	1387	22	265	1100	274	705	260	82	66
吉林	463	22	62	379	90	230	82	61	0
黑龙江	1276	6	67	1203	282	370	380	244	0
上海	2115	0	61	2054	0	1775	0	0	340
江苏	17457	36	474	16947	1283	14518	1128	266	262
浙江	8581	18	338	8225	212	4979	1414	263	1713
安徽	4066	57	337	3672	373	1716	1420	557	0
福建	2381	51	272	2058	108	471	674	419	709
江西	4468	26	230	4212	559	1770	1193	946	0
山东	5090	86	570	4434	877	2939	915	279	80
河南	3578	35	326	3217	551	1630	1232	165	0
湖北	6770	22	156	6592	1325	2910	1890	645	0
湖南	12017	151	1123	10743	862	9216	926	1013	0
广东	8312	146	732	7434	387	1485	3454	819	2167
广西	1549	49	143	1357	170	277	509	242	351
海南	416	3	26	387	64	187	28	71	66
重庆	29	3	14	12	15	10	0	4	0
四川	1306	49	102	1155	227	661	55	363	0
贵州	28	0	2	26	7	2	17	2	0
云南	1539	4	172	1363	132	1271	38	98	0
西藏	15	0	2	13	2	13	0	0	0
陕西	424	2	6	416	131	150	105	38	0
甘肃	1312	4	70	1238	188	897	66	161	0
青海	223	2	10	211	76	122	24	1	0
宁夏	367	0	16	351	60	185	102	20	0
新疆	4587	24	236	4327	1253	2635	232	467	0

附表A11 省级行政区不同规模、不同类型泵站数量统计 单位：处

省级行政区	合计	不同规模泵站			不同类型泵站		
		大型泵站	中型泵站	小型泵站	供水泵站	排水泵站	供排结合泵站
全国	88970	299	3714	84957	51708	28342	8920
北京	77	0	1	76	48	25	4
天津	1647	7	190	1450	469	569	609
河北	1345	3	102	1240	706	400	239
山西	1131	13	82	1036	1101	20	10
内蒙古	525	1	43	481	429	89	7
辽宁	1822	2	129	1691	704	894	224
吉林	626	5	39	582	406	186	34
黑龙江	910	6	73	831	545	333	32
上海	1796	12	191	1593	160	1634	2
江苏	17812	58	356	17398	6101	9329	2382
浙江	2854	10	128	2716	793	1700	361
安徽	7415	15	375	7025	3395	2961	1059
福建	433	4	72	357	260	152	21
江西	3087	3	115	2969	1672	956	459
山东	3080	12	121	2947	2314	130	636
河南	1401	1	42	1358	1223	140	38
湖北	10245	46	311	9888	5753	3471	1021
湖南	7217	14	267	6936	4377	1558	1282
广东	4810	40	476	4294	1158	3360	292
广西	1326	11	88	1227	1178	142	6
海南	78	0	2	76	72	2	4
重庆	1665	2	49	1614	1657	3	5
四川	5544	0	54	5490	5489	32	23
贵州	1411	1	39	1371	1401	7	3
云南	2926	0	29	2897	2649	141	136
西藏	57	0	0	57	57	0	0
陕西	1226	8	64	1154	1191	22	13
甘肃	2112	11	173	1928	2102	3	7
青海	562	0	3	559	561	1	0
宁夏	572	13	79	480	538	28	6
新疆	3258	1	21	3236	3199	54	5

附表A12　　省级行政区灌溉面积统计　　单位：万亩

省级行政区	灌溉面积	耕地灌溉面积	园林草地等非耕地灌溉面积	2011年实际灌溉面积	耕地实际灌溉面积	粮田实际灌溉面积	园林草地等非耕地实际灌溉面积
北京	347.89	231.99	115.90	257.50	182.34	137.08	75.16
天津	482.54	465.89	16.65	418.11	402.61	291.96	15.50
河北	6739.15	6397.07	342.07	5934.42	5710.62	5011.69	223.81
山西	1981.36	1917.41	63.95	1802.26	1748.40	1497.30	53.86
内蒙古	5083.05	4722.62	360.43	4357.34	4048.60	3120.42	308.74
辽宁	1993.98	1860.71	133.27	1536.11	1435.45	1181.55	100.66
吉林	2215.52	2177.91	37.61	1659.23	1626.60	1602.82	32.64
黑龙江	6687.06	6667.73	19.33	5645.93	5635.80	5449.23	10.13
上海	273.53	238.50	35.03	233.73	205.60	183.74	28.12
江苏	5611.29	5195.63	415.66	4903.33	4562.13	4012.67	341.20
浙江	2228.53	2018.76	209.77	1998.42	1830.33	1483.06	168.09
安徽	6447.28	6221.69	225.58	5722.81	5542.95	5192.56	179.86
福建	1772.14	1524.02	248.12	1604.85	1385.75	1172.41	219.11
江西	3063.53	2872.50	191.03	2837.01	2705.18	2535.79	131.83
山东	8196.46	7593.84	602.62	7310.69	6835.62	5875.50	475.07
河南	7661.29	7480.23	181.06	6808.83	6670.18	6309.71	138.66
湖北	4531.66	4262.20	269.46	3865.71	3671.70	3144.85	194.01
湖南	4686.34	4400.11	286.23	4001.12	3826.41	3428.98	174.72
广东	3073.88	2654.01	419.87	2819.14	2452.11	2033.10	367.03
广西	2449.02	2356.81	92.21	2072.95	2001.82	1735.25	71.13
海南	469.11	354.63	114.48	399.30	301.58	243.60	97.72
重庆	1038.90	975.80	63.09	716.06	678.15	603.15	37.91
四川	4093.73	3756.42	337.31	3317.80	3082.14	2608.37	235.66
贵州	1339.11	1318.42	20.68	944.47	932.95	864.82	11.52
云南	2484.55	2329.13	155.42	2148.07	2011.07	1534.05	137.00
西藏	504.12	302.86	201.27	488.15	292.86	247.65	195.29
陕西	1956.32	1792.18	164.15	1574.72	1452.37	1269.08	122.35
甘肃	2187.61	1892.09	295.52	1911.98	1668.50	956.09	243.47
青海	389.05	273.59	115.46	324.10	232.49	195.59	91.60
宁夏	862.48	739.06	123.42	809.74	693.70	615.65	116.04
新疆	9199.49	7188.95	2010.54	8555.97	6802.54	2300.27	1753.43
合计	100049.96	92182.76	7867.20	86979.86	80628.54	66837.99	6351.31

附表 A13　省级行政区不同规模灌区数量与灌溉面积统计

省级行政区	合计		30万亩及以上灌区		1万（含）～30万亩灌区		1万亩以下灌区（50亩及以上）			
							数量/处		灌溉面积/万亩	
	数量/处	灌溉面积/万亩	数量/处	灌溉面积/万亩	数量/处	灌溉面积/万亩		其中：纯井		其中：纯井
北京	15464	300.51	1	55.36	10	32.89	15453	15364	212.26	208.12
天津	8701	468.11	1	41.80	79	245.52	8621	8071	180.79	77.69
河北	341968	5171.08	21	1014.14	130	617.77	341817	338275	3539.17	3292.94
山西	43445	1861.97	11	477.33	184	595.67	43250	40455	788.97	608.76
内蒙古	162099	4435.79	14	1492.82	225	746.15	161860	160872	2196.82	2052.00
辽宁	45699	1329.55	11	485.73	70	224.98	45618	43164	618.84	482.94
吉林	76564	1565.62	10	228.76	127	352.51	76427	72099	984.35	795.57
黑龙江	145446	4572.88	25	570.01	361	825.53	145060	141916	3177.34	2898.97
上海	5891	237.37			1	4.00	5890		233.37	
江苏	25111	4391.30	35	1490.24	284	1950.75	24792	140	950.31	2.06
浙江	34920	1938.90	12	416.24	194	544.92	34714	214	977.74	3.29
安徽	161996	5094.47	10	1641.76	488	1373.82	161498	132484	2078.88	823.35
福建	40894	1420.68	4	95.79	143	263.80	40747	390	1061.10	2.32
江西	49593	2688.20	18	550.34	296	711.76	49279	729	1426.09	9.72
山东	148203	6643.65	53	3262.75	444	1353.81	147706	134552	2027.09	1167.53
河南	371582	6095.16	37	2742.68	296	914.47	371249	357074	2438.01	2055.19
湖北	13843	4289.74	40	2096.34	517	1633.49	13286	1315	559.91	12.27
湖南	73855	4207.97	22	745.34	661	1731.51	73172	253	1731.12	3.35
广东	32888	2783.43	3	187.24	485	1061.52	32400	1897	1534.67	31.87
广西	48762	2210.10	11	308.37	341	691.58	48410	932	1210.16	21.29
海南	4017	411.95	1	65.43	67	171.40	3949	563	175.12	7.75
重庆	25933	912.29			123	225.83	25810		686.46	
四川	54963	3396.93	10	1289.93	360	661.62	54593	135	1445.38	1.61
贵州	29703	927.85			116	140.17	29587	93	787.68	4.42
云南	25759	2228.60	12	360.05	319	794.70	25428	278	1073.85	5.88
西藏	6315	470.80	1	19.71	61	130.76	6253	144	320.32	4.84
陕西	40507	1688.23	12	817.65	168	357.13	40327	35661	513.45	323.48
甘肃	11167	2162.15	23	1063.48	208	771.34	10936	8773	327.33	179.88
青海	1542	378.77			89	254.56	1453	124	124.21	3.98
宁夏	2920	841.98	5	690.42	23	83.19	2892	2666	68.37	38.74
新疆	15922	9125.78	53	5614.13	423	2784.31	15446	14571	727.34	547.14
合计	2065672	84251.80	456	27823.83	7293	22251.45	2057923	1513204	34176.52	15666.92

附表 A14 省级行政区灌溉面积2000亩及以上灌区灌溉渠道及渠系建筑物统计

省级行政区	1m³/s及以上				0.2（含）～1m³/s			
	渠道条数/条	渠道长度/km	衬砌长度/km	渠系建筑物数量/座	渠道条数/条	渠道长度/km	衬砌长度/km	渠系建筑物数量/座
北京	16	83.9	43.5	113	54	56	51.5	75
天津	640	1370.1	92.3	2098	7367	5721.5	1296.3	3636
河北	1723	10088.2	2966.3	30393	18273	15752.5	1760.2	36500
山西	821	5580	2927.5	20214	12435	15348.5	5447.8	42499
内蒙古	3488	18545.7	2953.5	29341	31359	33192	5844.4	91523
辽宁	2705	6498.6	1124.4	14273	25581	14264.2	1973.7	24605
吉林	750	4558.5	1101.4	5980	3343	5717.1	830.7	6361
黑龙江	1163	7638.3	1142.9	10526	7766	12584.8	1105.2	13555
上海	18	42.9	42.9	25	486	327.9	299.3	486
江苏	4150	12805.7	2437.3	39680	117438	85319.9	19287.8	286470
浙江	372	2768.8	1920.6	11725	18680	11147.7	7760.3	34916
安徽	2166	12314	1413.4	55370	27209	33733.8	2647	92746
福建	305	2912.8	1397.7	6642	1946	5846.3	2289.9	7804
江西	1132	8025.4	1905.2	23231	27678	33111	3803.5	77708
山东	3414	14889.1	5258.3	44146	34701	30140.2	4314.9	56264
河南	1738	13877	4557	44280	17177	19692.4	5630.8	63141
湖北	3676	23604.5	3821.1	62906	76737	71816.3	11152.2	181463
湖南	4110	25057.8	8309.9	89197	67605	79136.4	14190.9	194182
广东	1633	11131.4	2782.6	27919	21193	28100.8	4838.8	45113
广西	1095	10867.6	4582	25838	15253	26968.2	5754.7	39448
海南	242	2599.7	2054.9	6002	2804	4674.7	2668.5	13118
重庆	283	3013.2	2317.4	7075	1857	6680.3	3302.6	8194
四川	975	12722.2	7859.5	46647	18565	38410.4	14251.8	77624
贵州	191	2380.1	1952.2	3923	1483	6932.4	4850.4	7104
云南	842	10050.6	7033.2	23859	9250	23875.7	11027.5	31188
西藏	118	1271.4	693.5	2821	1048	2298.5	1314.8	4235
陕西	689	6351.7	4729.1	25777	8034	14045.2	7811.7	47921
甘肃	3071	14598.8	11548.1	58599	90647	61966.3	22925	317955
青海	162	2177	1721.3	7477	2648	6967.8	3655.3	15160
宁夏	882	5680.4	3088.7	19212	12918	11966.5	5354	52499
新疆	7273	54919.5	29954.4	110415	98300	134058.6	39871.6	378658
合计	49843	308424.9	123732.1	855704	779835	839853.9	217313.1	2252151

附表 A15 省级行政区灌溉面积2000亩及以上灌区灌排结合渠道及建筑物统计

省级行政区	1m³/s 及以上				0.2（含）~1m³/s			
	渠道条数/条	渠道长度/km	衬砌长度/km	渠系建筑物数量/座	渠道条数/条	渠道长度/km	衬砌长度/km	渠系建筑物数量/座
北京	125	647.7	35.7	1089	306	344.7	31.5	633
天津	1911	4708.7	42.0	5871	6632	4272.3	27.3	3973
河北	1092	5679.3	483.2	9472	4611	4661	77.6	5129
山西	85	701.0	356.2	2489	290	288	111.9	834
内蒙古	132	872.9	67.2	912	857	1195.9	320.4	1957
辽宁	341	1269.9	88.6	6542	2934	1677.7	162.9	2379
吉林	270	1142.9	245.2	2033	1012	1150.1	121.3	1562
黑龙江	203	1247.8	85.4	1576	3783	6338.7	56.5	4494
上海	0	0	0	0	0	0	0	0
江苏	6117	17509.6	401.0	30666	44805	28020.1	2132.7	72047
浙江	2117	5481.6	1853.5	10828	11814	7482.3	3794.5	12697
安徽	3586	12063.9	495.4	30885	29153	26553.7	767.2	64851
福建	268	1578.7	777.2	3499	2985	3394.2	1290.1	4490
江西	845	6205.6	1135.0	22328	16087	22790	2119.7	43614
山东	4388	17166.4	1118.0	28228	32091	33635.9	696.3	53843
河南	1128	9829.0	1059.3	18391	17347	17254.0	397.8	31490
湖北	10793	30803.4	1377.4	71389	86569	58982.4	4392.2	156943
湖南	7659	23544	2907.6	77838	73992	60555.5	7494.4	177332
广东	2430	9084.4	1961.1	23120	24891	21545.8	3014.6	31657
广西	335	3097.8	1176.4	10847	7206	5503.7	681.9	5250
海南	11	90.7	69.7	325	637	844.2	448.0	1878
重庆	15	117.9	93.4	406	105	292.3	140.2	311
四川	1162	8748.2	5181.4	34984	18609	22881.6	7754.0	55832
贵州	9	33.5	17.9	46	99	285.6	170.9	297
云南	1014	4141.8	2026.4	12453	15440	13767.4	6480.1	43258
西藏	5	82.9	66.8	313	81	119.1	22.7	201
陕西	105	762.5	462.9	3374	1440	2061.3	630.2	9243
甘肃	21	166.6	133.9	596	201	239.7	28.1	778
青海	3	15.7	6.7	33	0	0	0	0
宁夏	0	0	0	0	0	0	0	0
新疆	71	972.5	403.1	1925	1796	2486.6	1153.4	4681
合计	46241	167766.9	24127.6	412458	405773	348623.8	44518.4	791654

附表 A16 省级行政区灌溉面积 2000 亩及以上灌区排水沟道及建筑物统计

省级行政区	$3m^3/s$ 及以上			0.6（含）～$3m^3/s$		
	沟道条数/条	沟道长度/km	渠系建筑物数量/座	沟道条数/条	沟道长度/km	渠系建筑物数量/座
北京	107	327.2	705	390	389.7	931
天津	646	1766.6	2210	12329	6662.2	3826
河北	501	2926.5	4212	4375	3448.2	2881
山西	116	751.0	1247	1541	1784.5	1935
内蒙古	84	1203.5	543	1542	3391.7	3220
辽宁	708	2835.5	3912	13251	8646.4	8239
吉林	264	1552.4	894	1040	2227.5	1251
黑龙江	681	4991.2	2448	2806	5659.4	3184
上海	21	53.6	16	495	332.6	260
江苏	9842	28082.5	51205	155748	96607.2	204435
浙江	347	798.1	2021	7773	4673.6	7567
安徽	2752	12554.2	23268	16850	16224	28858
福建	205	704.5	1547	588	578.1	668
江西	984	4086.4	10850	9886	17635.7	26141
山东	2749	9683.3	15573	37251	33751.1	47555
河南	1233	8737.3	10589	8192	10797.9	19169
湖北	4088	13039	26641	50209	52606.1	104901
湖南	4068	17693.6	39299	25109	27528.5	56981
广东	1600	5637.7	8915	5631	6959.3	8937
广西	247	1041.8	1195	2472	1994.8	1562
海南	112	370.1	607	1411	1827.8	4108
重庆	0	0	0	0	0	0
四川	289	1747.3	3594	2348	9837.1	4618
贵州	28	64.6	87	57	85.8	108
云南	214	1302.8	2406	525	748.8	1033
西藏	44	134.2	192	42	56.9	125
陕西	237	1066.7	1933	502	1115.4	1797
甘肃	69	236.3	377	540	686.4	988
青海	0	0	0	0	0	0
宁夏	228	2141.0	2350	8612	7541.3	12733
新疆	338	3545.5	1863	11084	16658.8	10079
合计	32802	129074.4	220699	382599	340456.8	568090

附表 A17　　省级行政区河湖取水口数量统计　　单位：个

省级行政区	合计	不同取水水源			规模以上	规模以下
		河流	湖泊	水库		
全国	638816	539912	7456	91448	121796	517020
北京	343	268	4	71	165	178
天津	1996	1943	0	53	1619	377
河北	3636	2948	19	669	1537	2099
山西	2614	2323	1	290	807	1807
内蒙古	1469	1161	5	303	942	527
辽宁	3329	2889	2	438	1413	1916
吉林	6855	5722	0	1133	1356	5499
黑龙江	3229	2624	21	584	1318	1911
上海	6715	6715	0	0	5162	1553
江苏	61356	59615	596	1145	24118	37238
浙江	58841	54642	523	3676	10000	48841
安徽	21938	16573	800	4565	7271	14667
福建	52377	49892	13	2472	2041	50336
江西	32538	21823	309	10406	5244	27294
山东	11045	6856	89	4100	4689	6356
河南	7040	4921	2	2117	1862	5178
湖北	28352	17005	3956	7391	10016	18336
湖南	63558	48250	669	14639	10817	52741
广东	45271	37733	0	7538	6514	38757
广西	48181	43600	0	4581	4277	43904
海南	3307	2128	0	1179	724	2583
重庆	16828	12187	0	4641	1960	14868
四川	35934	27513	31	8390	3913	32021
贵州	28154	25938	0	2216	1299	26855
云南	70520	62721	382	7417	8021	62499
西藏	5776	5647	9	120	444	5332
陕西	8950	8247	1	702	897	8053
甘肃	3125	2918	0	207	887	2238
青海	3034	2925	21	88	603	2431
宁夏	412	306	1	105	183	229
新疆	2093	1879	2	212	1697	396

附表A18　　省级行政区地下水取水井数量统计　　单位：眼

省级行政区	合计	机电井						人力井
		规模以上			规模以下			
		小计	灌溉	供水	小计	灌溉	供水	
全国	97479799	4449325	4066050	383275	49368162	4413174	44954988	43662312
北京	80532	48657	31943	16714	13988	889	13099	17887
天津	255553	32053	22544	9509	144516	5349	139167	78984
河北	3910828	901323	845054	56269	2563238	162365	2400873	446267
山西	508829	106186	84705	21481	289173	13664	275509	113470
内蒙古	2845110	343046	318660	24386	1561957	284951	1277006	940107
辽宁	5014449	143519	121701	21818	3690937	705622	2985315	1179993
吉林	3517338	132687	121025	11662	2430107	494883	1935224	954544
黑龙江	3272567	211390	188381	23009	1955866	566853	1389013	1105311
上海	500758	262	0	262	0	0	0	500496
江苏	5696957	22476	9568	12908	1239965	77010	1162955	4434516
浙江	2364313	3025	669	2356	845745	10363	835382	1515543
安徽	9792410	179573	172221	7352	5027701	422912	4604789	4585136
福建	1167442	4051	941	3110	711327	81858	629469	452064
江西	4778872	7167	3354	3813	1542777	47079	1495698	3228928
山东	9195997	825870	772581	53289	3959226	587377	3371849	4410901
河南	13554632	1105313	1071245	34068	6510763	361752	6149011	5938556
湖北	4118800	9973	6185	3788	1686453	80063	1606390	2422374
湖南	6225650	11228	2746	8482	3756112	78666	3677446	2458310
广东	3526326	12356	6630	5726	1221253	90796	1130457	2292717
广西	2545289	13705	3536	10169	853147	31048	822099	1678437
海南	675566	4316	1413	2903	279603	23635	255968	391647
重庆	1203966	480	4	476	928079	2301	925778	275407
四川	8791611	12660	6056	6604	6659483	82814	6576669	2119468
贵州	30286	2280	158	2122	15758	886	14872	12248
云南	910920	6314	3348	2966	247309	80411	166898	657297
西藏	28015	683	434	249	1682	97	1585	25650
陕西	1436791	146177	127777	18400	810917	54304	756613	479697
甘肃	501309	51845	44293	7552	154047	11783	142264	295417
青海	74930	1307	422	885	14333	224	14109	59290
宁夏	338612	9981	7690	2291	114773	23732	91041	213858
新疆	615141	99422	90766	8656	137927	29487	108440	377792

附表 A19

省级行政区农村供水工程数量和受益人口统计

省级行政区	总工程数量/处	总受益人口/万人	集中式供水工程												分散式供水工程	
			小计		水源类型				工程类型							
					地表水		地下水		城镇管网延伸		联村		单村			
			工程数量/处	受益人口/万人	工程数量/处	受益人口/万人	工程数量/处	受益人口/万人	工程数量/处	受益人口/万人	工程数量/处	受益人口/万人	工程数量/处	受益人口/万人	工程数量/处	受益人口/万人
全国	58870477	80922.6	918402	54630.6	473668	27534.2	444734	27096.4	14921	11231.6	32104	16100.6	871377	27298.4	57952075	26292.0
北京	5582	685.5	3689	684.0	100	13.5	3589	670.5	47	21.4	133	139.9	3509	522.7	1893	1.5
天津	13564	453.3	2636	448.8	62	97.2	2574	351.6	54	103.5	92	85.4	2490	259.9	10928	4.5
河北	2030360	5064.8	44146	4013.3	1559	57.6	42587	3955.7	618	138.0	1149	744.9	42379	3130.4	1986214	1051.5
山西	285698	2399.0	25559	2223.1	6496	268.9	19063	1954.2	142	159.6	1554	618.2	23863	1445.3	260139	175.9
内蒙古	1437412	1401.8	16228	807.7	231	20.3	15997	787.4	203	85.6	503	157.5	15522	564.6	1421184	594.1
辽宁	3141884	2240.5	17576	1108.0	1202	113.4	16374	994.6	313	110.6	489	208.1	16774	789.3	3124308	1132.5
吉林	2277211	1529.4	12892	694.3	1643	93.7	11249	600.6	263	51.7	476	61.5	12153	581.1	2264319	835.1
黑龙江	2144675	2018.7	18381	1149.5	303	39.4	18078	1110.1	383	82.6	346	60.5	17652	1006.4	2126294	869.2
上海	23	37.2	23	37.2	19	25.4	4	11.8	0	0	18	35.2	5	2.0	0	0
江苏	1120404	4673.6	5723	4256.0	465	2037.3	5258	2218.7	213	1736.1	1984	1747.0	3526	772.9	1114681	417.6
浙江	217378	3114.3	31333	2976.7	25016	2853.2	6317	123.5	761	1417.4	909	668.0	29663	891.3	186045	137.6
安徽	6389063	4359.7	13717	1915.8	8816	1331.1	4901	584.7	707	540.3	1013	783.1	11997	592.4	6375346	2443.9
福建	759269	2183.6	34036	1706.4	29338	1596.1	4698	110.3	410	481.1	614	318.5	33012	906.8	725233	477.2
江西	3084059	2534.9	44431	1058.4	18938	787.9	25493	270.5	794	197.7	970	288.7	42667	572.0	3039628	1476.5
山东	2983280	6656.5	42274	5537.8	3932	1105.8	38342	4432.0	1587	1039.9	2957	2033.4	37730	2464.5	2941006	1118.7

续表

省级行政区	总工程数量/处	总受益人口/万人	集中式供水工程												分散式供水工程	
			小计		水源类型				工程类型							
					地表水		地下水		城镇管网延伸		联村		单村			
			工程数量/处	受益人口/万人	工程数量/处	受益人口/万人	工程数量/处	受益人口/万人	工程数量/处	受益人口/万人	工程数量/处	受益人口/万人	工程数量/处	受益人口/万人	工程数量/处	受益人口/万人
河南	8110813	6278.8	53118	2842.2	6197	241.2	46921	2601.0	213	110.1	1764	1175.1	51141	1557.0	8057695	3436.6
湖北	2786628	3167.7	20825	2000.2	14337	1601.4	6488	398.8	1009	793.9	1255	751.9	18561	454.4	2765803	1167.5
湖南	5089698	4147.1	66745	1810.6	31267	1252.7	35478	557.9	753	387.6	1844	647.7	64148	775.3	5022953	2336.5
广东	1919729	5269.3	42619	4095.8	30721	3729.1	11898	366.7	1047	1748.9	1892	1198.9	39680	1148.0	1877110	1173.5
广西	2144184	3936.0	76903	2532.1	53196	1632.4	23707	899.7	1257	366.5	1559	514.0	74087	1651.6	2067281	1403.9
海南	528074	609.9	11468	323.2	4233	116.4	7235	206.8	105	67.3	220	49.8	11143	206.1	516606	286.7
重庆	1137917	1223.6	37850	813.3	25574	751.8	12276	61.5	465	117.3	879	254.6	36506	441.4	1100067	410.3
四川	7041383	5472.0	79099	2270.3	41232	1756.1	37867	514.2	1367	729.2	1971	590.5	75761	950.6	6962284	3201.7
贵州	434314	2338.9	66414	1979.6	58856	1694.8	7558	284.8	413	128.9	1314	389.4	64687	1461.3	367900	359.3
云南	939912	3066.4	86039	2596.1	78523	2466.3	7516	129.8	939	231.2	2245	454.8	82855	1910.1	853873	470.3
西藏	20456	197.6	7469	161.6	6641	144.0	828	17.6	38	4.8	101	5.8	7330	151.0	12987	36.0
陕西	1078703	2470.2	39990	1930.0	18317	566.0	21673	1364.0	414	160.1	1237	412.0	38339	1357.9	1038713	540.2
甘肃	1213564	1665.5	10379	1140.2	4041	516.0	6338	624.2	185	56.1	900	626.2	9294	457.9	1203185	525.3
青海	54966	310.5	2056	283.9	1144	205.2	912	78.7	89	31.9	379	158.0	1588	94.0	52910	26.6
宁夏	362027	364.4	1478	235.0	767	87.0	711	148.0	21	23.0	283	186.3	1174	25.7	360549	129.4
新疆	118247	1051.9	3306	999.5	502	333.0	2804	666.5	111	109.3	1054	735.7	2141	154.5	114941	52.4

附表 A20　　省级行政区塘坝和窖池工程数量与总容积统计

省级行政区	塘坝工程		窖池工程	
	工程数量/处	总容积/万 m^3	工程数量/处	总容积/m^3
全国	4563417	3008928.3	6892795	251417649
北京	379	567.5	5075	277731
天津	160	2477.1	1746	73192
河北	4555	9869.8	174655	4618681
山西	1581	4263.4	267012	9408459
内蒙古	1307	4005.2	47634	1684313
辽宁	5318	11230.1	2289	121049
吉林	7094	14036.5	1	12
黑龙江	14155	27136.6	0	0
上海	0	0	0	0
江苏	175868	104281.3	354	61738
浙江	88201	75599.1	9559	1371048
安徽	617226	481923.3	1001	166476
福建	13738	21514.6	19911	1345279
江西	229726	289085.2	8402	682547
山东	51476	123012.0	78981	3895609
河南	146383	119749.9	314904	7747391
湖北	838113	415677.7	202836	8412354
湖南	1663709	738788.8	46031	3697985
广东	40140	86679.3	7997	604018
广西	40904	61047.2	235274	13397076
海南	1831	6981.6	16	960
重庆	147955	73875.9	153244	16633008
四川	400042	251970.2	702262	52710804
贵州	19785	19658.8	478782	17901756
云南	38142	49486.5	1784255	44057402
西藏	2655	1818.3	1580	237660
陕西	9603	7846.0	374250	8512067
甘肃	2338	2704.5	1545277	40174639
青海	448	673.3	77152	1921211
宁夏	229	2016.5	352293	11701827
新疆	356	952.1	22	1357

附表 A21　　省级行政区河湖取水口 2011 年取水量统计　　单位：亿 m³

省级行政区	小计	不同取水水源			规模以上	规模以下
		河流	湖泊	水库		
全国	4551.03	3445.23	71.61	1034.19	3923.41	627.62
北京	8.15	3.87	0.47	3.8	8.11	0.03
天津	10.59	10.44	0	0.15	9.49	1.1
河北	44.56	19.78	0	24.78	43.23	1.33
山西	33.94	22.18	0	11.76	32.16	1.79
内蒙古	109.79	105.98	0.7	3.11	109.17	0.62
辽宁	75.48	55.37	0.05	20.07	71.77	3.71
吉林	85.18	64.45	0	20.72	78.21	6.97
黑龙江	154.12	123.65	3.79	26.68	142.82	11.31
上海	118.96	118.96	0	0	118.14	0.82
江苏	444.38	409.16	26.83	8.39	418.53	25.85
浙江	171.16	110.72	0.35	60.1	128.38	42.79
安徽	195.25	159.02	7.7	28.53	183.19	12.06
福建	183.8	145.2	0.56	38.04	104.83	78.98
江西	242.63	141.63	4.04	96.96	176.91	65.72
山东	128.49	105.71	0.79	21.99	125.81	2.69
河南	105.85	79.63	0.01	26.21	102.99	2.85
湖北	261.3	180.75	12.14	68.4	244.13	17.16
湖南	270.17	162.63	6.65	100.9	217.3	52.87
广东	427.71	303.43	0	124.28	344.85	82.86
广西	259.07	165.98	0	93.1	170.38	88.69
海南	38.48	8.28	0	30.2	33.26	5.22
重庆	61.17	45.08	0	16.1	51.37	9.80
四川	191.36	161.54	0.45	29.38	165.87	25.49
贵州	48.74	31.54	0	17.2	23.72	25.02
云南	116.28	70.81	4.37	41.1	77.57	38.7
西藏	22.51	21.08	0.1	1.34	12.05	10.46
陕西	48.57	28.66	0	19.9	43.17	5.4
甘肃	96	67.93	0	28.07	93.3	2.7
青海	26.3	19.36	2.52	4.41	23.86	2.44
宁夏	68.02	23.68	0.09	44.24	67.91	0.11
新疆	503.02	478.73	0	24.29	500.93	2.09

附表 A22

省级行政区 2011 年地下水开采量统计

单位：万 m^3

省级行政区	合计	按取水井类型分			按地貌类型分		按地下水类型分		按取水用途分			
		规模以上机电井	规模以下机电井	人力井	山丘区	平原区	浅层地下水	深层承压水	城镇生活	乡村生活	工业	农业灌溉
全国	10812483	8275120	2102020	435343	2122223	8690260	9869200	943283	853262	1695313	735870	7528038
北京	164127	162915	1174	38.5	15841	148286	163811	317	73500	30049	10421	50158
天津	58902	58743	159	0	5612	53290	27042	31861	3967	14947	11188	28800
河北	1463808	1412948	47796	3065	193551	1270258	1127891	335917	84435	110562	116236	1152575
山西	358412	350991	5678	1744	121323	237088	358412	0	55604	39550	67972	195286
内蒙古	855845	735024	106608	14213	264791	591054	852660	3186	53654	69376	48491	684324
辽宁	562656	335832	216732	10092	158287	404369	556269	6387	91061	88779	53590	329225
吉林	423511	186621	225182	11708	92488	331023	352449	71062	17730	98372	17613	289796
黑龙江	1489605	789519	691963	8122	98849	1390756	1423004	66600	45516	51332	27337	1365419
上海	1292	1292	0	0	0	1292	0	1292	665	437	190	0
江苏	130502	90576	16020	23906	8198	122304	55091	75411	20223	77973	21120	11186
浙江	46143	13488	19678	12977	34894	11248	45393	750	2504	34336	4172	5131
安徽	337904	182856	113232	41816	32045	305859	272820	65084	25170	112867	46107	153760
福建	62527	14937	40830	6759	48192	14335	62527	0	5427	41493	5469	10138
江西	121893	22089	51138	48665	73036	48856	121893	0	4932	84949	3657	28355
山东	893195	795181	75406	22607	196178	697017	830030	63165	66477	133651	90851	602216

续表

省级行政区	合计	按取水井类型分			按地貌类型分		按地下水类型分		按取水用途分			
		规模以上机电井	规模以下机电井	人力井	山丘区	平原区	浅层地下水	深层承压水	城镇生活	乡村生活	工业	农业灌溉
河南	1136991	981499	111338	44154	97188	1039803	1048144	88847	57764	151887	48323	879017
湖北	92465	37650	31573	23243	48371	44094	92288	177	4698	52079	9137	26552
湖南	161658	44497	77470	39690	130987	30670	161394	263	17397	119944	6296	18020
广东	133844	41850	52389	39605	74461	59383	121488	12357	8263	71083	5447	49051
广西	124166	55733	37031	31402	111257	12909	117563	6602	14077	78384	5305	26399
海南	33819	13641	15087	5091	13231	20588	27694	6126	2532	17278	1051	12958
重庆	12644	1486	8463	2694	12644	0	12644	0	567	11507	395	174
四川	183312	61124	94150	28038	108853	74459	183272	40	25896	112636	12141	32639
贵州	10117	7963	1510	643	10117	0	10117	0	3172	3904	2021	1019
云南	29652	18766	5996	4890	29652	0	28987	665	5981	10274	3763	9635
西藏	13470	12226	664	580	12901	568	13470	0	5790	861	4333	2486
陕西	259379	225020	30711	3648	41935	217444	176649	82730	34856	33568	27336	163619
甘肃	331181	325296	4101	1784	53438	277743	329072	2110	23561	13229	15808	278584
青海	31183	30507	309	368	6935	24248	29912	1271	16147	986	11576	2474
宁夏	59521	55434	2789	1299	12851	46670	38456	21065	19641	4271	14186	21422
新疆	1228760	1209414	16843	2503	14116	1214644	1228760	0	62053	24750	44339	1097618

附表 A23　　省级行政区 2011 年供水量及其组成统计

省级行政区	供水量 /亿 m^3				供水组成 /%		
	地表水	地下水	其他	合计	地表水	地下水	其他
全国	5029.22	1081.25	86.61	6197.08	81.2	17.4	1.4
北京	9.90	16.41	8.74	35.05	28.3	46.8	24.9
天津	19.03	5.89	1.04	25.96	73.3	22.7	4.0
河北	36.07	146.38	4.44	186.90	19.3	78.3	2.4
山西	32.60	35.84	6.22	74.66	43.7	48.0	8.3
内蒙古	105.01	85.58	5.10	195.69	53.7	43.7	2.6
辽宁	79.53	56.27	3.33	139.13	57.2	40.4	2.4
吉林	86.17	42.35	0.31	128.84	66.9	32.9	0.2
黑龙江	184.78	148.96	0.69	334.44	55.3	44.5	0.2
上海	124.39	0.13	0	124.52	99.9	0.1	0
江苏	537.28	13.05	3.16	553.49	97.1	2.4	0.6
浙江	196.76	4.61	0.61	201.99	97.4	2.3	0.3
安徽	255.03	33.79	0.57	289.39	88.1	11.7	0.2
福建	189.01	6.25	0.77	196.04	96.4	3.2	0.4
江西	279.48	12.19	0.62	292.29	95.6	4.2	0.2
山东	134.23	89.32	7.90	231.45	58.0	38.6	3.4
河南	122.75	113.70	2.91	239.36	51.3	47.5	1.2
湖北	316.01	9.25	3.04	328.29	96.3	2.8	0.9
湖南	335.08	16.17	0.19	351.44	95.3	4.6	0.1
广东	457.78	13.38	1.29	472.45	96.9	2.8	0.3
广西	273.83	12.42	5.08	291.33	94.0	4.3	1.7
海南	41.53	3.38	0	44.91	92.5	7.5	0
重庆	77.74	1.26	0.21	79.21	98.1	1.6	0.3
四川	209.85	18.33	9.88	238.06	88.1	7.7	4.2
贵州	66.44	1.01	7.12	74.57	89.1	1.4	9.5
云南	132.38	2.97	2.78	138.13	95.8	2.2	2.0
西藏	27.60	1.35	0.78	29.72	92.9	4.5	2.6
陕西	54.36	25.94	2.12	82.42	65.9	31.5	2.6
甘肃	94.32	33.12	1.68	129.12	73.0	25.7	1.3
青海	26.82	3.12	0.02	29.96	89.5	10.4	0.1
宁夏	68.32	5.95	0.62	74.89	91.2	8.0	0.8
新疆	455.15	122.88	5.36	583.39	78.0	21.1	0.9

附表 A24

省级行政区 2011 年毛用水量与人均综合用水量统计

省级行政区	毛用水量/亿 m³												人均综合用水量/m³
	居民生活			生产							生态环境	合计	
	城镇	农村	小计	农业			工业	建筑业	第三产业	小计			
				农业灌溉	畜禽养殖	小计							
全国	297.64	176.01	473.65	4057.81	110.41	4168.22	1202.99	19.90	242.12	5633.23	106.41	6213.29	461
北京	6.73	1.79	8.51	8.65	0.27	8.92	4.97	0.33	6.42	20.65	6.08	35.25	175
天津	2.97	0.52	3.49	12.70	0.23	12.93	4.94	0.25	2.12	20.24	2.46	26.19	193
河北	9.11	6.85	15.96	130.02	4.07	134.09	28.06	0.58	6.78	169.51	2.86	188.34	260
山西	6.34	2.99	9.32	42.97	1.82	44.79	14.15	0.44	2.67	62.04	3.42	74.78	208
内蒙古	3.34	1.68	5.02	155.47	4.56	160.03	17.60	0.39	3.31	181.34	9.78	196.14	790
辽宁	9.54	3.69	13.24	85.83	5.45	91.28	24.36	0.58	5.74	121.97	4.17	139.38	318
吉林	5.42	2.30	7.72	81.49	3.38	84.87	23.98	0.54	3.56	112.95	7.51	128.18	466
黑龙江	6.15	3.31	9.46	281.23	5.10	286.34	30.71	0.59	3.50	321.13	7.04	337.63	881
上海	12.41	1.06	13.48	16.52	0.27	16.80	83.51	0.19	8.76	109.26	0.55	123.29	525
江苏	24.59	10.08	34.66	293.59	2.98	296.57	200.12	1.59	13.68	511.96	8.33	554.94	703
浙江	17.90	8.29	26.19	92.68	1.68	94.36	58.51	1.79	14.45	169.12	6.55	201.85	369
安徽	9.34	11.39	20.73	169.49	3.87	173.36	80.39	1.12	11.57	266.44	2.98	290.16	486
福建	12.14	6.10	18.24	112.10	1.65	113.74	53.13	0.71	8.05	175.63	3.82	197.69	531
江西	10.60	8.30	18.91	221.17	2.69	223.86	39.20	0.55	10.38	274.00	1.06	293.97	655
山东	11.64	10.00	21.64	153.60	5.83	159.42	34.29	1.05	8.50	203.27	7.56	232.47	241

续表

省级行政区	毛用水量/亿 m^3												人均综合用水量/m^3
	居民生活			生产							生态环境	合计	
	城镇	农村	小计	农业			工业	建筑业	第三产业	小计			
				农业灌溉	畜禽养殖	小计							
河南	10.97	10.75	21.72	137.25	8.31	145.56	57.77	1.30	9.02	213.65	5.07	240.44	256
湖北	13.22	9.62	22.83	195.54	5.10	200.63	86.32	0.95	17.63	305.53	2.02	330.38	574
湖南	15.33	14.30	29.63	209.95	7.62	217.57	83.05	1.15	16.63	318.40	1.80	349.83	530
广东	46.92	14.74	61.67	267.35	4.34	271.69	106.30	1.18	27.68	406.85	5.78	474.29	452
广西	10.96	9.27	20.23	210.71	4.79	215.50	42.64	0.54	12.22	270.90	1.07	292.20	629
海南	2.46	1.93	4.39	34.76	0.51	35.28	2.45	0.08	2.44	40.25	0.48	45.12	514
重庆	9.18	3.58	12.77	22.54	2.98	25.52	34.58	0.92	5.73	66.75	0.53	80.05	274
四川	15.21	12.26	27.47	141.34	12.30	153.64	31.48	0.91	20.82	206.86	3.30	237.63	295
贵州	5.26	4.44	9.71	47.07	2.73	49.81	10.51	0.29	4.07	64.68	0.19	74.58	215
云南	6.65	7.00	13.65	99.46	5.52	104.98	12.61	0.48	6.01	124.10	1.06	138.80	300
西藏	0.38	0.36	0.74	26.25	1.65	27.90	0.57	0.04	0.28	28.79	0.05	29.57	975
陕西	5.46	3.67	9.13	55.39	2.66	58.05	10.47	0.52	3.65	72.69	0.98	82.79	221
甘肃	2.46	2.23	4.68	107.72	3.15	110.88	9.11	0.27	2.31	122.57	1.30	128.56	501
青海	0.71	0.41	1.12	21.99	1.19	23.17	4.68	0.09	0.80	28.74	0.16	30.02	528
宁夏	0.78	0.37	1.15	67.10	0.32	67.41	4.41	0.10	0.70	72.62	1.21	74.99	1173
新疆	3.46	2.74	6.19	555.90	3.37	559.26	8.12	0.35	2.62	570.35	7.23	583.77	2643

附表 A25　　　　省级行政区河流治理及达标情况统计

省级行政区	河流治理总体情况						中小河流治理情况					
	有防洪任务河段		已治理河段		治理达标河段		有防洪任务河段		已治理河段		治理达标河段	
	长度/km	占总河长比例/%	长度/km	治理比例/%	长度/km	治理达标比例/%	长度/km	占中小河流总长比例/%	长度/km	治理比例/%	长度/km	治理达标比例/%
全国	373933	33.5	123407	33.0	64479	52.2	225879	25.6	54020	23.9	26276	48.6
北京	2418	85.0	908	37.6	713	78.4	1580	84.9	460	29.1	379	82.5
天津	1159	67.6	865	74.7	367	42.4	169	97.4	101	59.8	74	73.6
河北	17959	67.2	7592	42.3	1965	25.9	8251	54.7	2488	30.2	683	27.5
山西	9716	45.8	3237	33.3	1808	55.8	7082	43.2	2007	28.3	1022	50.9
内蒙古	18231	16.1	4011	22.0	2081	51.9	9557	10.7	957	10.0	479	50.0
辽宁	13181	61.1	6242	47.4	3887	62.3	8946	53.9	4122	46.1	2178	52.8
吉林	13931	54.9	5227	37.5	2701	51.7	8900	44.7	2214	24.9	959	43.3
黑龙江	20340	31.1	7964	39.2	2865	36.0	9465	20.7	2582	27.3	671	26.0
上海	681	99.7	517	75.9	498	96.4	—	—	—	—	—	—
江苏	15831	72.3	10184	64.3	8041	79.0	1633	81.0	865	53.0	669	77.3
浙江	10603	64.7	4980	47.0	3282	65.9	6517	62.2	2755	42.3	1723	62.6
安徽	14030	63.8	7814	55.7	3158	40.4	9430	53.1	4477	47.5	1484	33.1
福建	7247	40.1	1599	22.1	1011	63.3	5468	33.9	1097	20.1	670	61.1
江西	17749	64.1	2764	15.6	1499	54.2	12942	61.5	1183	9.1	507	42.8
山东	18259	77.2	9481	51.9	5169	54.5	8490	65.8	2787	32.8	1875	67.3
河南	18335	59.5	8675	47.3	4391	50.6	12702	55.4	5324	41.9	2363	44.4
湖北	20392	60.6	10553	51.7	2372	22.5	11024	50.1	4025	36.5	684	17.0
湖南	22222	57.0	5215	23.5	2090	40.1	14911	52.3	2323	15.6	1002	43.1
广东	18373	71.1	6392	34.8	3752	58.7	13131	62.3	3368	25.6	1326	39.4
广西	12178	34.6	1044	8.6	788	75.5	8768	29.2	538	6.1	401	74.5
海南	533	12.1	173	32.4	155	89.6	395	10.2	124	31.3	111	89.8
重庆	3551	27.9	593	16.7	297	50.1	2601	24.9	375	14.4	211	56.2
四川	17612	25.0	2965	16.8	1875	63.2	10821	19.8	1345	12.4	958	71.2
贵州	6537	25.7	807	12.3	639	79.2	5235	23.7	676	12.9	527	77.9
云南	12757	26.4	2978	23.3	1889	63.4	8836	23.3	2115	23.9	1299	61.4
西藏	10323	7.8	633	6.1	427	67.5	8309	7.2	336	4.0	184	54.9
陕西	10841	36.9	3947	36.4	2565	65.0	7509	31.1	2591	34.5	1676	64.7
甘肃	18248	43.5	2314	12.7	1633	70.6	12757	37.1	1372	10.8	982	71.6
青海	4455	5.4	419	9.4	354	84.5	2845	4.1	234	8.2	218	93.1
宁夏	2855	44.0	767	26.9	683	88.9	1615	31.4	260	16.1	249	95.7
新疆	13387	11.9	2547	19.0	1525	59.9	5992	6.2	921	15.4	713	77.4

注　治理比例＝已治理河段长度/有防洪任务河段长度×100％；治理达标比例＝治理达标河段长度/已治理河段长度×100％。

附表 A26 省级行政区地表水水源地情况统计

省级行政区	水源地数量/处				2011年供水量/亿 m^3			
	合计	河流	湖泊	水库	合计	河流	湖泊	水库
全国	11656	7104	169	4383	595.78	338.08	18.84	238.86
北京	11	3	0	8	7.19	1.52	0	5.67
天津	3	0	0	3	12.16	0	0	12.16
河北	27	8	1	18	21.10	0.29	0	20.82
山西	76	49	0	27	3.81	1.15	0	2.66
内蒙古	32	26	0	6	2.08	1.97	0	0.11
辽宁	84	35	0	49	15.05	1.99	0	13.06
吉林	109	65	0	44	9.55	2.80	0	6.75
黑龙江	67	38	0	29	7.66	1.58	0	6.08
上海	3	3	0	0	26.46	26.46	0	0
江苏	271	180	25	66	53.57	36.65	14.86	2.06
浙江	531	164	1	366	55.48	19.01	0.09	36.39
安徽	816	561	75	180	17.41	10.93	0.66	5.82
福建	723	445	1	277	25.17	12.54	0.52	12.11
江西	590	465	17	108	16.01	12.79	0.51	2.71
山东	277	48	0	229	17.66	3.82	0	13.84
河南	124	33	2	89	12.70	5.13	1.37	6.20
湖北	805	473	27	305	31.52	24.73	0.30	6.49
湖南	740	433	3	304	33.24	22.33	0.03	10.88
广东	1035	507	0	528	132.67	94.98	0	37.69
广西	509	346	0	163	14.92	11.93	0	2.99
海南	77	39	0	38	5.26	2.30	0	2.96
重庆	777	427	0	350	18.25	13.35	0	4.90
四川	1472	1013	3	456	21.07	17.12	0.04	3.91
贵州	844	611	1	232	9.51	3.17	0	6.34
云南	839	482	12	345	9.98	2.54	0.43	7.00
西藏	56	54	1	1	0.18	0.14	0.04	0
陕西	333	256	0	77	7.63	1.83	0	5.80
甘肃	171	135	0	36	3.24	2.55	0	0.69
青海	96	86	0	10	0.49	0.38	0	0.11
宁夏	26	16	0	10	0.22	0.04	0	0.18
新疆	132	103	0	29	4.54	2.07	0	2.47

附表 A27

省级行政区规模以上地下水水源地数量及供水量统计

省级行政区	地下水水源地数量/处					地下水水源地供水量/万 m^3				
	合计	按日供水规模分				合计	按日供水规模分			
		15 万 m^3/d 及以上	5 万（含）~15 万 m^3/d	1 万（含）~5 万 m^3/d	0.5 万（含）~1 万 m^3/d		15 万 m^3/d 及以上	5 万（含）~15 万 m^3/d	1 万（含）~5 万 m^3/d	0.5 万（含）~1 万 m^3/d
全国	1841	17	136	864	824	859053	63695	214928	423482	156948
北京	83	5	7	36	35	59797	29273	13644	13945	2936
天津	5	0	3	2	0	3765	0	2123	1642	0
河北	179	4	15	84	76	89602	7402	23119	41763	17318
山西	140	1	10	52	77	67157	5458	19174	27078	15448
内蒙古	183	0	5	84	94	63318	0	6625	38748	17945
辽宁	146	1	21	72	52	112215	12716	43721	46944	8834
吉林	38	0	3	17	18	16999	0	2708	10117	4175
黑龙江	103	0	2	51	50	40065	0	4655	26551	8858
上海	0	0	0	0	0	0	0	0	0	0
江苏	27	0	2	9	16	11956	0	4342	5267	2347
浙江	3	0	0	0	3	659	0	0	0	659
安徽	47	0	2	28	17	25918	0	4440	18007	3471
福建	24	0	0	9	15	4101	0	0	2088	2013
江西	13	0	0	8	5	2613	0	0	2272	341
山东	212	1	12	116	83	84352	431	15492	53242	15186

续表

省级行政区	地下水水源地数量/处					地下水水源地供水量/万 m^3				
	合计	按日供水规模分				合计	按日供水规模分			
		15 万 m^3/d 及以上	5 万（含）～15 万 m^3/d	1 万（含）～5 万 m^3/d	0.5 万（含）～1 万 m^3/d		15 万 m^3/d 及以上	5 万（含）～15 万 m^3/d	1 万（含）～5 万 m^3/d	0.5 万（含）～1 万 m^3/d
河南	160	1	11	79	69	57222	153	11195	31451	14423
湖北	5	0	0	1	4	698	0	0	40	658
湖南	40	0	0	20	20	10513	0	0	8095	2417
广东	20	0	0	10	10	4144	0	0	3091	1053
广西	18	0	3	8	7	9094	0	5332	2803	958
海南	0	0	0	0	0	0	0	0	0	0
重庆	0	0	0	0	0	0	0	0	0	0
四川	67	0	2	40	25	22832	0	1843	17373	3616
贵州	4	0	0	0	4	452	0	0	0	452
云南	9	0	0	5	4	2674	0	0	1887	787
西藏	7	0	0	4	3	9179	0	0	4312	4867
陕西	87	1	4	26	56	35142	1486	5978	15130	12548
甘肃	40	0	3	17	20	19987	0	4745	11181	4060
青海	41	1	7	15	18	24793	1440	12653	6138	4562
宁夏	29	0	4	15	10	16256	0	6806	7973	1477
新疆	111	2	20	56	33	63552	5336	26335	26345	5536

附表 A28　　省级行政区入河湖排污口数量统计　　单位：个

省级行政区	合计	规模以上	规模以下	规模以上不同废污水来源				
				工业企业	生活	城镇污水处理厂	市政	其他
全国	120617	15489	105128	6878	3586	2765	1591	669
东部地区	69474	6281	63193	2812	1222	1285	657	305
中部地区	20534	4758	15776	1981	1333	677	586	181
西部地区	30609	4450	26159	2085	1031	803	348	183
北京	2301	290	2011	45	152	57	20	16
天津	1257	93	1164	13	23	23	21	13
河北	1021	290	731	127	38	85	29	11
山西	1141	341	800	169	70	56	22	24
内蒙古	374	153	221	57	28	51	7	10
辽宁	1325	295	1030	75	75	73	46	26
吉林	743	180	563	63	35	42	36	4
黑龙江	667	260	407	79	77	40	57	7
上海	6862	169	6693	40	8	54	66	1
江苏	7333	1003	6330	531	76	328	33	35
浙江	24178	729	23449	492	82	109	20	26
安徽	2399	519	1880	185	146	100	42	46
福建	6845	577	6268	399	71	58	18	31
江西	1999	540	1459	248	115	101	67	9
山东	2165	535	1630	294	25	176	21	19
河南	2492	663	1829	324	140	133	30	36
湖北	4205	909	3296	284	278	85	259	3
湖南	6888	1346	5542	629	472	120	73	52
广东	15707	2214	13493	767	642	309	371	125
广西	4721	702	4019	305	224	77	56	40
海南	480	86	394	29	30	13	12	2
重庆	3942	915	3027	486	222	127	79	1
四川	11284	1011	10273	417	217	254	88	35
贵州	3408	394	3014	204	73	92	5	20
云南	3216	545	2671	337	74	75	21	38
西藏	230	15	215	0	4	1	10	0
陕西	2014	348	1666	132	94	56	48	18
甘肃	899	174	725	70	51	17	24	12
青海	233	63	170	18	30	11	3	1
宁夏	101	52	49	26	4	18	3	1
新疆	187	78	109	33	10	24	4	7

附表 A29　　省级行政区水力侵蚀面积及比例统计

省级行政区	侵蚀总面积/km²	轻度		中度		强烈		极强烈		剧烈	
		面积/km²	比例/%	面积/km²	比例/%	面积/km²	比例/%	面积/km²	比例/%	面积/km²	比例/%
全国	1293246	667597	51.6	351448	27.2	168687	13.0	76272	5.9	29242	2.3
北京	3202	1746	54.5	1031	32.2	341	10.7	70	2.2	14	0.4
天津	236	108	45.8	60	25.4	59	25.0	6	2.5	3	1.3
河北	42135	22397	53.2	13087	31.1	4565	10.7	1464	3.5	622	1.5
山西	70283	26707	38.0	24172	34.4	14069	20.0	4277	6.1	1058	1.5
内蒙古	102398	68480	66.9	20300	19.8	10118	9.8	2923	2.9	577	0.6
辽宁	43988	21975	50.0	12005	27.3	6456	14.6	2769	6.3	783	1.8
吉林	34744	17297	49.8	9044	26.0	4342	12.5	2777	8.0	1284	3.7
黑龙江	73251	36161	49.4	18343	25.0	11657	15.9	5459	7.5	1631	2.2
上海	4	2	50.0	2	50.0	0	0	0	0	0	0
江苏	3177	2068	65.1	595	18.7	367	11.5	133	4.2	14	0.5
浙江	9907	6929	69.9	2060	20.8	582	5.9	177	1.8	159	1.6
安徽	13899	6925	49.8	4207	30.2	1953	14.1	660	4.8	154	1.1
福建	12181	6655	54.6	3215	26.4	1615	13.3	428	3.5	268	2.2
江西	26497	14896	56.2	7558	28.6	3158	11.9	776	2.9	109	0.4
山东	27253	14926	54.8	6634	24.3	3542	13.0	1727	6.3	424	1.6
河南	23464	10180	43.4	7444	31.6	4028	17.2	1444	6.2	368	1.6
湖北	36903	20732	56.2	10272	27.7	3637	9.9	1573	4.3	689	1.9
湖南	32288	19615	60.8	8687	26.8	2515	7.8	1019	3.2	452	1.4
广东	21305	8886	41.7	6925	32.4	3535	16.6	1629	7.7	330	1.6
广西	50537	22633	44.8	14395	28.5	7371	14.6	4804	9.5	1334	2.6
海南	2116	1171	55.3	666	31.5	190	9.0	45	2.1	44	2.1
重庆	31363	10644	33.9	9520	30.4	5189	16.5	4356	13.9	1654	5.3
四川	114420	48480	42.4	35854	31.3	15573	13.6	9748	8.5	4765	4.2
贵州	55269	27700	50.1	16356	29.5	6012	10.9	2960	5.4	2241	4.1
云南	109588	44876	41.0	34764	31.6	15860	14.5	8963	8.2	5125	4.7
西藏	61602	28650	46.5	23637	38.4	5929	9.6	2084	3.4	1302	2.1
陕西	70807	48221	68.1	2124	3.0	14679	20.7	4569	6.5	1214	1.7
甘肃	76112	30263	39.8	25455	33.5	12866	16.9	5407	7.1	2121	2.7
青海	42805	26563	62.1	10003	23.4	3858	9.0	2179	5.1	202	0.4
宁夏	13891	6816	49.1	4281	30.8	2065	14.9	526	3.8	203	1.4
新疆	87621	64895	74.1	18752	21.4	2556	2.9	1320	1.5	98	0.1

附表A30　　省级行政区风力侵蚀面积及比例统计

省级行政区	侵蚀总面积/km²	轻度		中度		强烈		极强烈		剧烈	
		面积/km²	比例/%	面积/km²	比例/%	面积/km²	比例/%	面积/km²	比例/%	面积/km²	比例/%
全国	1655916	716016	43.2	217422	13.1	218159	13.2	220382	13.3	283937	17.2
河北	4961	3498	70.5	1310	26.4	153	3.1	0	0	0	0
山西	63	61	96.8	2	3.2	0	0	0	0	0	0
内蒙古	526624	232674	44.2	46463	8.8	62090	11.8	82231	15.6	103166	19.6
辽宁	1947	1794	92.2	117	5.9	1	0.1	25	1.3	10	0.5
吉林	13529	8462	62.6	3142	23.2	1908	14.1	17	0.1	0	0
黑龙江	8687	4294	49.4	3172	36.5	1214	14.0	7	0.1	0	0
四川	6622	6502	98.2	109	1.6	6	0.1	5	0.1	0	0
西藏	37130	14525	39.1	5553	15.0	17052	45.9	0	0	0	0
陕西	1879	734	39.1	154	8.1	682	36.3	308	16.4	1	0.1
甘肃	125075	24972	20.0	11280	8.9	11325	9.1	33858	27.1	43640	34.9
青海	125878	51913	41.2	20507	16.3	26737	21.2	19950	15.9	6771	5.4
宁夏	5728	2562	44.7	405	7.1	482	8.4	2094	36.6	185	3.2
新疆	797793	364025	45.6	125208	15.7	96509	12.1	81887	10.3	130164	16.3

附表A31　　省级行政区冻融侵蚀面积及比例统计

省级行政区	侵蚀总面积/km²	轻度		中度		强烈		极强烈		剧烈	
		面积/km²	比例/%	面积/km²	比例/%	面积/km²	比例/%	面积/km²	比例/%	面积/km²	比例/%
全国	660956	341846	51.72	188324	28.49	124216	18.79	6464	0.98	106	0.02
内蒙古	14469	13454	92.98	1015	7.02	0	0	0	0	0	0
黑龙江	14101	13295	94.29	806	5.71	0	0	0	0	0	0
四川	48367	17917	37.04	16011	33.10	14121	29.20	318	0.66	0	0
云南	1306	184	14.05	393	30.11	720	55.11	9	0.73	0	0
西藏	323230	138278	42.78	94108	29.12	84656	26.19	6082	1.88	106	0.03
甘肃	10163	7890	77.64	1848	18.18	425	4.18	0	0	0	0
青海	155768	99189	63.68	40273	25.85	16271	10.45	35	0.02	0	0
新疆	93552	51639	55.20	33870	36.20	8024	8.58	19	0.02	0	0

附表 A32　西北黄土高原区各省（自治区）侵蚀沟道数量与面积统计

省级行政区	沟道级别[①]	沟道数量/条			比例/%	沟道面积/km^2			比例/%
		丘陵沟壑区	高原沟壑区	总数		丘陵沟壑区	高原沟壑区	总数	
山西	500（含）～1000m	62588	29198	91786	13.8	14625	6255	20880	11.2
	1000m 及以上	11418	5704	17122	2.6	7718	3427	11145	6.0
	小计	74006	34902	108908	16.3	22343	9682	32025	17.1
内蒙古	500（含）～1000m	26988	0	26988	4.1	5790	0	5790	3.1
	1000m 及以上	12081	0	12081	1.8	8221	0	8221	4.4
	小计	39069	0	39069	5.9	14011	0	14011	7.5
河南	500（含）～1000m	30408	0	30408	4.5	5671	0	5671	3.0
	1000m 及以上	10533	0	10533	1.6	5893	0	5893	3.1
	小计	40941	0	40941	6.1	11564	0	11564	6.2
陕西	500（含）～1000m	83043	20610	103653	15.6	18400	4657	23057	12.3
	1000m 及以上	28449	8755	37204	5.6	16189	5587	21776	11.6
	小计	111492	29365	140857	21.1	34589	10244	44833	24.0
甘肃	500（含）～1000m	182761	36810	219571	32.9	27171	6384	33555	17.9
	1000m 及以上	39656	9217	48873	7.3	16362	4185	20547	11.0
	小计	222417	46027	268444	40.3	43533	10569	54102	28.9
青海	500（含）～1000m	36413	0	36413	5.4	8491	0	8491	4.5
	1000m 及以上	15384	0	15384	2.3	12358	0	12358	6.6
	小计	51797	0	51797	7.8	20849	0	20849	11.1
宁夏	500（含）～1000m	10932	0	10932	1.6	4197	0	4197	2.2
	1000m 及以上	5771	0	5771	0.9	5634	0	5634	3.0
	小计	16703	0	16703	2.5	9831	0	9831	5.3
合　计		556425	110294	666719	100	156720	30495	187215	100

① 侵蚀沟道级别用侵蚀沟道的长度表示。下同。

附表 A33 东北黑土区各省（自治区）侵蚀沟道数量与面积统计

省级行政区	侵蚀沟道类型		沟道数量		沟道面积		沟道长度/km	沟壑密度/(km/km²)
			数量/条	比例/%	面积/km²	比例/%		
内蒙古	发展沟	100（含）～200m	4447	1.5	6	0.2	751	0.38
		200（含）～500m	21232	7.2	90	2.5	8441	
		500（含）～1000m	18566	6.3	246	6.8	17751	
		1000（含）～2500m	14580	4.9	729	19.9	39962	
		2500（含）～5000m	3618	1.2	721	19.8	30071	
	稳定沟		7514	2.5	355	9.7	12786	
	小计		69957	23.6	2147	58.9	109762	
辽宁	发展沟	100（含）～200m	9832	3.3	13	0.4	1497	0.17
		200（含）～500m	20135	6.8	60	1.6	6504	
		500（含）～1000m	7272	2.6	50	1.4	4922	
		1000（含）～2500m	1750	0.6	25	0.7	2342	
		2500（含）～5000m	105	0	3	0.1	342	
	稳定沟		8099	2.7	48	1.2	5131	
	小计		47193	16	199	5.4	20738	
吉林	发展沟	100（含）～200m	22200	7.5	34	0.9	3354	0.13
		200（含）～500m	32287	10.9	146	4	9748	
		500（含）～1000m	5321	1.7	77	2.1	3489	
		1000（含）～2500m	1090	0.4	48	1.3	1535	
		2500（含）～5000m	183	0.1	39	1.1	774	
	稳定沟		1897	0.6	30	0.8	868	
	小计		62978	21.2	374	10.2	19768	
黑龙江	发展沟	100（含）～200m	23284	7.9	48	1.3	3668	0.12
		200（含）～500m	57495	19.5	327	9	18245	
		500（含）～1000m	15503	5.2	241	6.6	10236	
		1000（含）～2500m	3132	1.1	124	3.4	4291	
		2500（含）～5000m	146	0.1	10	0.3	462	
	稳定沟		15975	5.4	179	4.9	8343	
	小计		115535	39.2	929	25.5	45245	
合计			295663	100	3649	100	195513	0.21

附表 A34

省级行政区水土保持措施数量统计

省级行政区	措施面积/km²										淤地坝		坡面水系工程		小型蓄水保土工程	
	合计	基本农田			水土保持林		经济林	种草	封禁治理	其他	数量/座	淤地面积/km²	控制面积/km²	长度/km	点状/个	线状/km
		梯田	坝地	其他	乔木林	灌木林										
全国	988638	170120	3379	26798	297872	113981	112301	41131	210212	12844	58446	928	9220	154577	8620212	806507
北京	4630	99	0	454	1528	0	741	15	1794	0	0	0	0	0	42452	869
天津	785	17	10	0	601	28	121	0	8	0	0	0	0	0	9704	253
河北	45311	3814	45	475	18341	6811	7022	1447	7346	10	0	0	0	0	325461	19293
山西	50483	8194	1211	4843	16979	7166	4519	1225	6204	142	18007	258	0	0	213439	2658
内蒙古	104256	3338	243	1913	19134	41538	1130	9209	27577	174	2195	38	0	0	149797	24380
辽宁	41714	2420	4	2632	17398	2028	6859	976	8302	1095	0	0	276	5579	96019	114728
吉林	14954	332	0	467	8804	1001	629	329	3385	7	0	0	0	0	35191	13614
黑龙江	26564	871	0	681	11428	1171	596	1207	6854	3756	0	0	0	0	94120	28514
上海	4	0	0	0	3	1	0	0	0	0	0	0	0	0	0	0
江苏	6491	2362	0	0	2734	60	1046	1	288	0	0	0	0	0	195312	36632
浙江	36013	4122	0	0	10654	1153	4890	28	14193	973	0	0	568	5302	84143	20165
安徽	14927	2414	0	8	7782	42	1449	0	3232	0	0	0	0	0	66944	4868
福建	30643	8316	0	0	9433	532	3993	134	8235	0	0	0	0	0	59072	15786
江西	47109	10847	0	499	13391	1341	6459	389	13958	225	0	0	514	28504	118020	52226
山东	32797	8724	0	3062	12102	244	6673	48	1944	0	0	0	0	0	156375	18467

续表

省级行政区	措施面积/km²										淤地坝		坡面水系工程		小型蓄水保土工程	
	合计	基本农田			水土保持林		经济林	种草	封禁治理	其他	数量/座	淤地面积/km²	控制面积/km²	长度/km	点状/个	线状/km
		梯田	坝地	其他	乔木林	灌木林										
河南	31020	5205	831	2869	10073	3071	3597	62	4888	424	1640	31	0	0	329262	11326
湖北	50251	4435	0	169	11989	3366	4781	313	24312	886	0	0	2358	69136	542243	183934
湖南	29337	14569	0	0	9241	0	3248	0	2279	0	0	0	600	2417	1927534	45032
广东	13034	3299	0	0	5091	1025	1816	380	1403	20	0	0	69	1896	73427	8745
广西	16045	10590	0	0	2068	111	548	8	2720	0	0	0	0	0	5701	761
海南	663	41	0	0	482	0	0	6	102	32	0	0	21	387	1565	63
重庆	24264	6340	0	0	9657	420	2946	65	4836	0	0	0	0	0	175693	50054
四川	72466	16329	0	0	24889	7868	8765	3653	10896	66	0	0	2815	26051	660389	30812
贵州	53045	13927	0	527	17669	957	5954	1234	12777	0	0	0	0	0	329116	29817
云南	71816	10110	0	16	18538	4740	22217	1272	14778	145	0	0	1663	11023	984528	49394
西藏	1865	288	0	6	592	122	17	513	81	246	0	0	0	0	486	56
陕西	65059	8921	518	5288	16579	12467	8312	5205	7464	305	33252	557	186	3427	671576	12296
甘肃	69938	16510	319	2107	13337	9809	3303	7399	12908	4246	1571	24	90	799	943442	2169
青海	7637	1564	0	30	479	1041	193	2286	2039	5	665	1	0	0	83889	77
宁夏	15965	2122	198	752	1651	3565	477	1791	5409	0	1112	19	0	0	244198	29296
新疆	9551	0	0	0	5225	2303	0	1936	0	87	4	0	60	56	1114	222

附表A35　省级行政区水利法人单位和乡镇水利管理单位数量统计　　单位：个

省级行政区	水利法人单位					乡镇水利管理单位
	合计	机关法人	事业法人	企业法人	社团法人	
全国	52447	3586	32370	7676	8815	29416
北京	523	21	306	83	113	173
天津	376	17	219	134	6	156
河北	1680	171	1071	333	105	576
山西	1723	128	1358	209	28	1004
内蒙古	1507	128	972	172	235	476
辽宁	1404	116	986	263	39	1119
吉林	1298	73	1064	135	26	658
黑龙江	1625	300	1070	151	104	968
上海	401	22	210	156	13	108
江苏	2805	116	2134	442	113	1176
浙江	1557	106	1017	314	120	1065
安徽	1637	127	1191	249	70	1186
福建	2094	117	977	225	775	956
江西	1347	115	921	138	173	1385
山东	2536	160	1582	438	356	1700
河南	2176	176	1606	320	73	1971
湖北	2479	154	1523	454	348	985
湖南	3284	151	2333	458	342	2185
广东	2375	167	1584	550	74	1307
广西	2674	128	1474	346	726	1014
海南	224	23	148	45	8	217
重庆	992	61	580	281	70	898
四川	3331	224	1941	518	648	2573
贵州	1295	118	898	266	13	1359
云南	2168	160	1480	189	339	1347
西藏	190	84	17	42	47	0
陕西	2053	116	1361	368	208	957
甘肃	3632	107	979	152	2394	611
青海	501	47	274	77	103	142
宁夏	858	27	218	85	528	137
新疆	1703	126	876	83	618	1007

附表 A36　省级行政区水利机关法人单位 2011 年从业人员学历统计　　单位：人

省级行政区	合计	博士研究生	硕士研究生	大学本科	大专	中专	高中及以下
北京	1449	58	227	764	221	48	131
天津	701	5	55	346	130	68	97
河北	12252	2	79	2575	3728	2088	3780
山西	4717	3	40	1187	1843	738	906
内蒙古	4481	2	95	1654	1528	530	672
辽宁	2264	1	125	1081	820	108	129
吉林	1501	3	87	594	547	165	105
黑龙江	4379	9	105	1698	1629	593	345
上海	735	12	141	419	126	26	11
江苏	3842	14	194	1862	1087	240	445
浙江	3985	0	123	1866	1258	286	452
安徽	3275	2	81	1136	1198	378	480
福建	1984	8	48	890	659	176	203
江西	4400	6	67	969	1878	574	906
山东	10821	8	190	3747	3461	1752	1663
河南	8431	4	129	1986	2903	1397	2012
湖北	4193	6	125	1393	1778	364	527
湖南	9657	6	90	2473	3505	1481	2102
广东	6412	32	418	2698	2080	458	726
广西	1905	3	73	802	736	137	154
海南	728	1	23	217	272	55	160
重庆	2006	5	104	1047	639	111	100
四川	6707	6	94	1972	2703	866	1066
贵州	4200	1	25	1262	1863	570	479
云南	6597	4	72	2169	2619	741	992
西藏	1519	2	35	395	540	190	357
陕西	2481	2	73	784	948	325	349
甘肃	4127	5	46	1090	1516	478	992
青海	709	1	9	247	295	79	78
宁夏	1324	0	23	469	495	120	217
新疆	3394	1	54	1329	1250	397	363

附表 A37　省级行政区水利机关法人单位2011年从业人员年龄统计　单位：人

省级行政区	合计	56岁及以上	46～55岁	36～45岁	35岁及以下
北京	1449	133	456	436	424
天津	701	115	283	191	112
河北	12252	1149	2915	4299	3889
山西	4717	465	1502	1672	1078
内蒙古	4481	396	1732	1427	926
辽宁	2264	381	758	672	453
吉林	1501	228	601	463	209
黑龙江	4379	353	1655	1609	762
上海	735	98	239	249	149
江苏	3842	510	1365	1269	698
浙江	3985	405	1489	1204	887
安徽	3275	372	1248	1121	534
福建	1984	221	774	620	369
江西	4400	675	1620	1293	812
山东	10821	1079	3280	3874	2588
河南	8431	730	2581	3077	2043
湖北	4193	627	1705	1337	524
湖南	9657	1129	2850	3336	2342
广东	6412	590	1833	2405	1584
广西	1905	194	768	710	233
海南	728	82	239	267	140
重庆	2006	238	868	700	200
四川	6707	623	2271	2482	1331
贵州	4200	244	1338	1641	977
云南	6597	337	1837	2796	1627
西藏	1519	28	241	508	742
陕西	2481	339	933	863	346
甘肃	4127	356	1189	1524	1058
青海	709	50	220	297	142
宁夏	1324	100	363	569	292
新疆	3394	158	950	1500	786

附表A38 省级行政区水利事业法人单位2011年从业人员学历统计 单位：人

省级行政区	合计	博士研究生	硕士研究生	大学本科	大专	中专	高中及以下
北京	12518	489	941	3769	2845	1153	3321
天津	9806	23	312	3347	1681	991	3452
河北	31319	6	256	5392	7331	4987	13347
山西	30810	10	312	4952	7558	3782	14196
内蒙古	22106	16	250	4204	6476	2246	8914
辽宁	25886	34	482	5507	6258	2638	10967
吉林	23324	27	273	3564	5255	3816	10389
黑龙江	24644	11	292	4580	5869	3649	10243
上海	5718	21	233	1971	1358	382	1753
江苏	37657	148	710	6903	9199	3433	17264
浙江	14872	70	673	4411	3790	1303	4625
安徽	29209	21	382	3446	7213	4430	13717
福建	11748	3	153	2699	2851	1583	4459
江西	17817	20	197	2749	3787	2000	9064
山东	44966	34	725	13143	11104	7281	12679
河南	59337	73	644	9327	13416	7792	28085
湖北	45165	207	851	6009	10943	6647	20508
湖南	41166	9	301	4211	8369	7680	20596
广东	38014	136	924	5313	7683	5193	18765
广西	22250	11	300	3652	5690	3714	8883
海南	6414	1	19	395	763	383	4853
重庆	5618	2	85	1330	1944	554	1703
四川	27134	32	459	5541	8949	3516	8637
贵州	8351	4	72	2388	3093	1033	1761
云南	14766	5	108	3706	5505	1914	3528
西藏	483	1	8	111	158	76	129
陕西	40700	9	264	5347	10963	5751	18366
甘肃	29405	13	118	4867	8260	3760	12387
青海	3880	0	10	767	1450	623	1030
宁夏	7304	2	45	1549	2658	1011	2039
新疆	29468	3	176	5560	7454	4656	11619

附表 A39　省级行政区水利事业法人单位 2011 年从业人员年龄统计　　单位：人

省级行政区	合计	56 岁及以上	46～55 岁	36～45 岁	35 岁及以下
北京	12518	1274	3697	3436	4111
天津	9806	1246	3019	2371	3170
河北	31319	2254	7256	11678	10131
山西	30810	2074	6944	12092	9700
内蒙古	22106	1515	7243	9247	4101
辽宁	25886	1922	7027	9564	7373
吉林	23324	2010	6543	9129	5642
黑龙江	24644	1910	7409	9730	5595
上海	5718	678	1736	1576	1728
江苏	37657	4080	11017	14063	8497
浙江	14872	1443	4556	4926	3947
安徽	29209	1653	7948	13158	6450
福建	11748	948	3599	4616	2585
江西	17817	1572	4905	6598	4742
山东	44966	3678	13220	16657	11411
河南	59337	3367	13186	23353	19431
湖北	45165	4210	13574	17729	9652
湖南	41166	3186	9649	17389	10942
广东	38014	3478	10051	13563	10922
广西	22250	2018	5249	9230	5753
海南	6414	627	2046	2281	1460
重庆	5618	470	1463	2442	1243
四川	27134	2488	7152	10838	6656
贵州	8351	371	2056	3314	2610
云南	14766	702	3484	5912	4668
西藏	483	20	92	156	215
陕西	40700	3181	8388	15653	13478
甘肃	29405	1874	6877	12312	8342
青海	3880	311	971	1728	870
宁夏	7304	455	1842	3049	1958
新疆	29468	1343	7748	12147	8230

附表 A40 省级行政区水利企业法人单位 2011 年从业人员学历统计 单位：人

省级行政区	合计	博士研究生	硕士研究生	大学本科	大专	中专	高中及以下
北京	3504	80	459	1155	686	300	824
天津	7336	12	317	2668	1490	837	2012
河北	17971	0	56	1985	3955	2849	9126
山西	13277	4	68	1528	2863	1893	6921
内蒙古	19488	6	97	2698	4023	1943	10721
辽宁	20523	6	109	2582	4098	1636	12092
吉林	14332	19	196	2429	2298	1931	7459
黑龙江	15167	12	102	1917	3343	1776	8017
上海	7166	0	24	871	1489	902	3880
江苏	20467	43	230	2713	4549	2613	10319
浙江	12213	5	297	2419	3261	1436	4795
安徽	13150	7	179	1960	2571	2507	5926
福建	11976	3	52	1260	1937	1582	7142
江西	14274	0	37	1233	2321	1943	8740
山东	47459	15	258	6378	9951	8522	22335
河南	29773	46	613	5552	6128	4269	13165
湖北	34239	83	670	5822	8531	5479	13654
湖南	32574	1	97	3856	7905	6728	13987
广东	39579	40	560	4708	7333	5144	21794
广西	27775	1	120	1904	7682	5939	12129
海南	4805	1	14	385	584	397	3424
重庆	11504	0	69	1240	3324	1415	5456
四川	17574	1	75	1567	4520	2626	8785
贵州	7321	2	48	890	1716	1460	3205
云南	7308	1	37	1335	2204	1231	2500
西藏	1571	0	4	52	149	138	1228
陕西	17662	14	79	1511	3526	3048	9484
甘肃	7948	6	49	1158	1591	1424	3720
青海	2685	0	3	531	895	395	861
宁夏	5236	0	34	1113	1563	661	1865
新疆	3475	1	19	504	789	489	1673

附表A41 省级行政区水利企业法人单位2011年从业人员年龄统计 单位：人

省级行政区	合计	56岁及以上	46～55岁	36～45岁	35岁及以下
北京	3504	200	693	974	1637
天津	7336	654	1660	1891	3131
河北	17971	1499	3337	6405	6730
山西	13277	424	2364	5312	5177
内蒙古	19488	1803	4728	7811	5146
辽宁	20523	1986	5817	7148	5572
吉林	14332	913	4446	4961	4012
黑龙江	15167	995	3748	5853	4571
上海	7166	804	2389	2110	1863
江苏	20467	1579	4416	8017	6455
浙江	12213	844	2617	4215	4537
安徽	13150	608	3140	4944	4458
福建	11976	580	2546	3943	4907
江西	14274	682	2410	5044	6138
山东	47459	2357	10340	18181	16581
河南	29773	1327	5760	9854	12832
湖北	34239	2527	7909	14206	9597
湖南	32574	2020	6436	13580	10538
广东	39579	2950	8974	13979	13676
广西	27775	1284	5483	11519	9489
海南	4805	246	1133	2112	1314
重庆	11504	590	1959	5052	3903
四川	17574	1023	3453	8104	4994
贵州	7321	320	1526	2960	2515
云南	7308	301	1393	2871	2743
西藏	1571	24	187	602	758
陕西	17662	748	2905	6547	7462
甘肃	7948	351	1442	3072	3083
青海	2685	35	410	1084	1156
宁夏	5236	269	887	1993	2087
新疆	3475	91	641	1574	1169

附表A42　省级行政区水利社会团体法人单位2011年从业人员学历统计　单位：人

省级行政区	合计	大学本科及以上	大专及以下	省级行政区	合计	大学本科及以上	大专及以下
北京	1232	216	1016	湖北	1843	415	1428
天津	16	14	2	湖南	619	61	558
河北	592	107	485	广东	211	149	62
山西	305	113	192	广西	964	101	863
内蒙古	1618	137	1481	海南	116	9	107
辽宁	46	19	27	重庆	194	100	94
吉林	272	28	244	四川	2694	347	2347
黑龙江	768	79	689	贵州	299	60	239
上海	45	25	20	云南	2889	477	2412
江苏	88	41	47	西藏	327	42	285
浙江	185	105	80	陕西	2230	167	2063
安徽	1076	537	539	甘肃	15345	422	14923
福建	2954	114	2840	青海	1697	182	1515
江西	1257	171	1086	宁夏	3428	60	3368
山东	3976	929	3047	新疆	6368	886	5482
河南	506	120	386				

附表A43　省级行政区乡镇水利管理单位2011年从业人员学历统计　单位：人

省级行政区	合计	中专及以上	高中及以下	省级行政区	合计	中专及以上	高中及以下
北京	2094	1273	821	湖北	6054	3644	2410
天津	1045	662	383	湖南	12135	6666	5469
河北	2727	1957	770	广东	12951	5884	7067
山西	4287	2458	1829	广西	5270	4023	1247
内蒙古	3878	3232	646	海南	2596	1663	933
辽宁	7879	5049	2830	重庆	10869	9229	1640
吉林	3407	2134	1273	四川	15307	12572	2735
黑龙江	7996	6898	1098	贵州	4272	3526	746
上海	897	656	241	云南	5635	4347	1288
江苏	12121	6258	5863	西藏	0	0	0
浙江	9436	7813	1623	陕西	4391	2894	1497
安徽	6743	4833	1910	甘肃	5344	3265	2079
福建	5505	4558	947	青海	741	571	170
江西	6959	4142	2817	宁夏	936	732	204
山东	9062	7027	2035	新疆	17927	8670	9257
河南	17043	12597	4446				

附表 A44　　省级行政区水利法人单位和乡镇水利管理单位2011年从业人员数量统计

单位：人

省级行政区	水利法人单位					乡镇水利管理单位
	合计	机关法人	事业法人	企业法人	社团法人	
总计	1390523	125176	721855	489332	54160	205507
北京	18703	1449	12518	3504	1232	2094
天津	17859	701	9806	7336	16	1045
河北	62134	12252	31319	17971	592	2727
山西	49109	4717	30810	13277	305	4287
内蒙古	47693	4481	22106	19488	1618	3878
辽宁	48719	2264	25886	20523	46	7879
吉林	39429	1501	23324	14332	272	3407
黑龙江	44958	4379	24644	15167	768	7996
上海	13664	735	5718	7166	45	897
江苏	62054	3842	37657	20467	88	12121
浙江	31255	3985	14872	12213	185	9436
安徽	46710	3275	29209	13150	1076	6743
福建	28662	1984	11748	11976	2954	5505
江西	37748	4400	17817	14274	1257	6959
山东	107222	10821	44966	47459	3976	9062
河南	98047	8431	59337	29773	506	17043
湖北	85440	4193	45165	34239	1843	6054
湖南	84016	9657	41166	32574	619	12135
广东	84216	6412	38014	39579	211	12951
广西	52894	1905	22250	27775	964	5270
海南	12063	728	6414	4805	116	2596
重庆	19322	2006	5618	11504	194	10869
四川	54109	6707	27134	17574	2694	15307
贵州	20171	4200	8351	7321	299	4272
云南	31560	6597	14766	7308	2889	5635
西藏	3900	1519	483	1571	327	0
陕西	63073	2481	40700	17662	2230	4391
甘肃	56825	4127	29405	7948	15345	5344
青海	8971	709	3880	2685	1697	741
宁夏	17292	1324	7304	5236	3428	936
新疆	42705	3394	29468	3475	6368	17927

附录B　第一次全国水利普查成果图

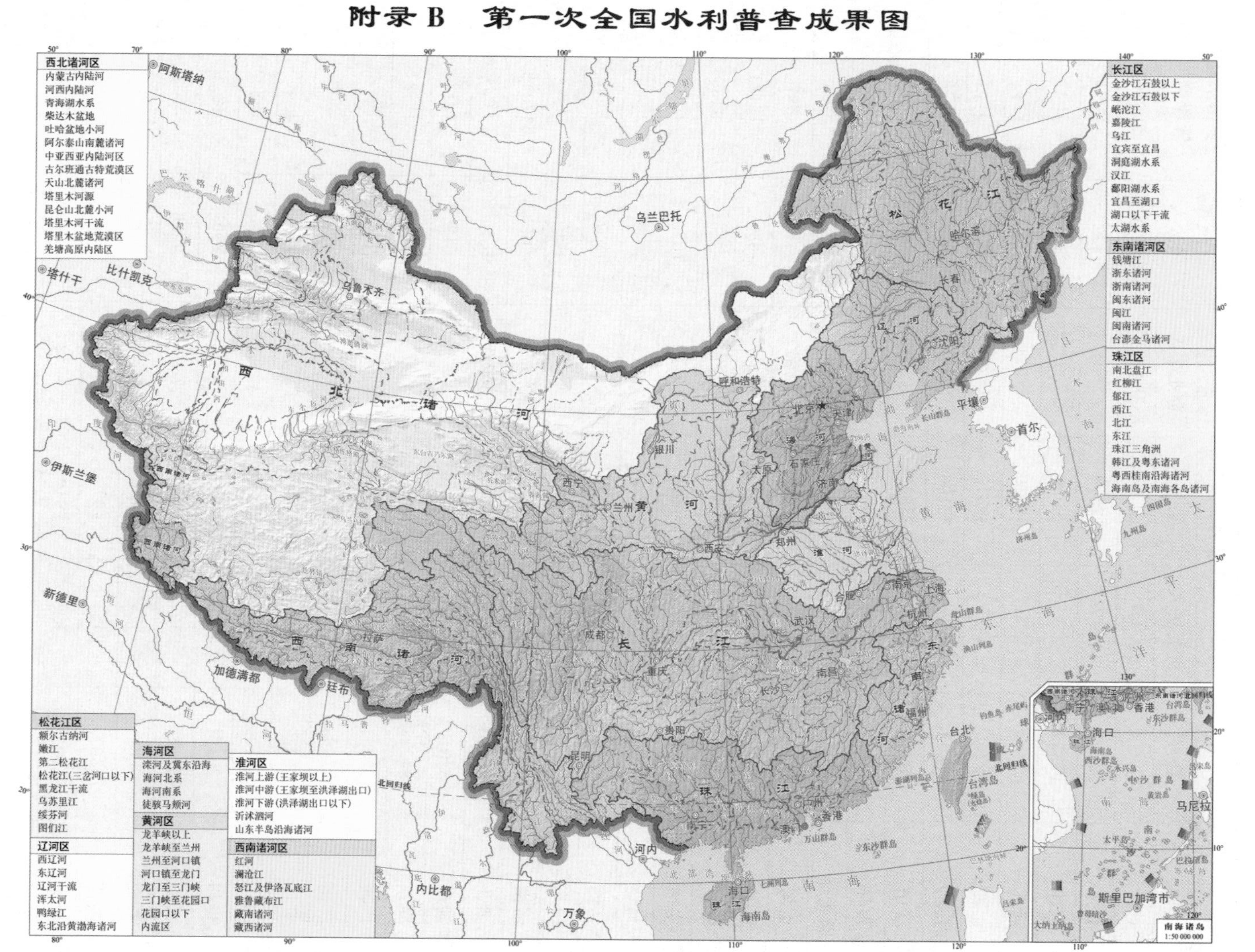

附图 B1　全国水资源分区示意图

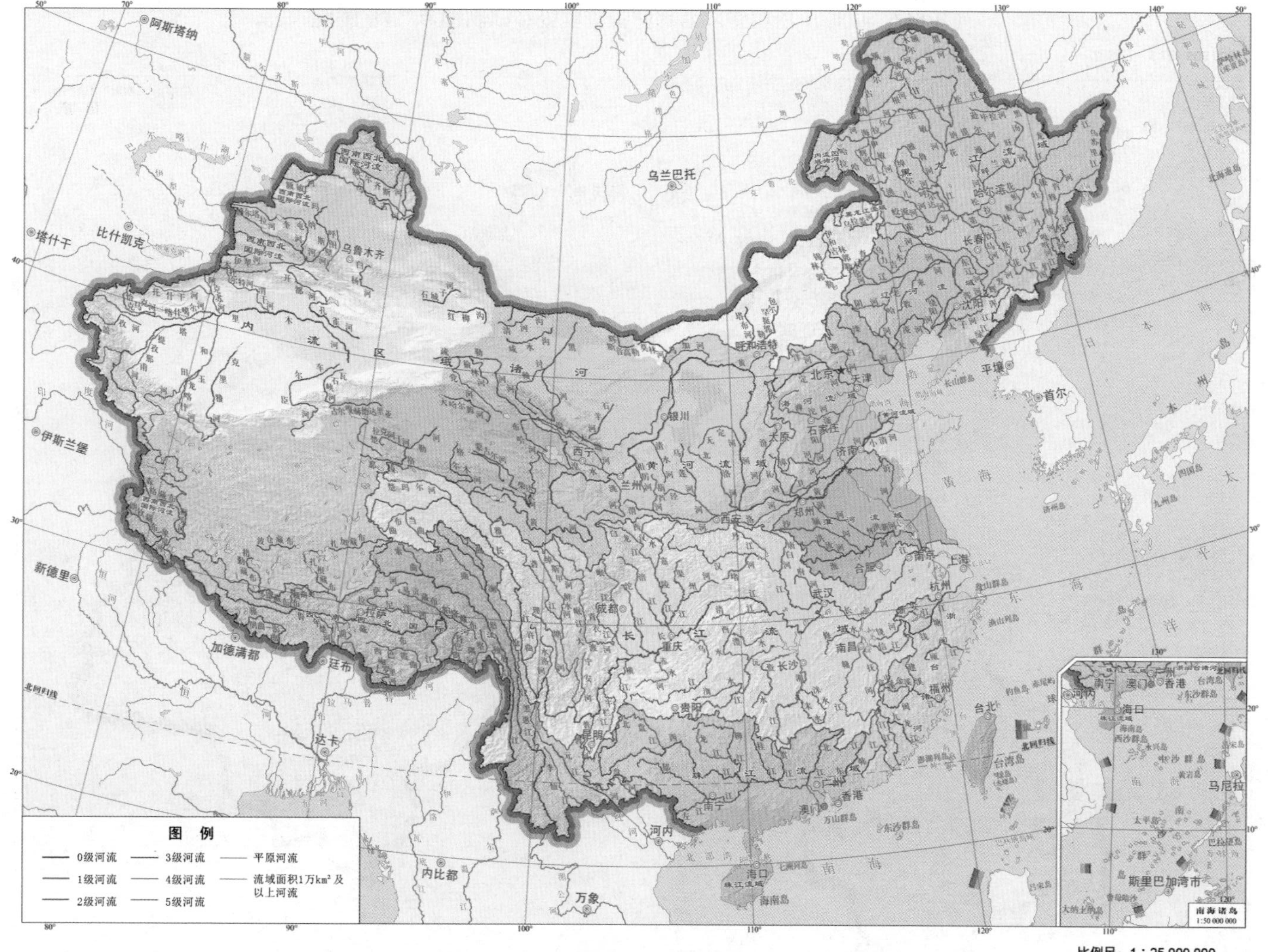

附图 B2 全国水系分布示意图（流域面积 1 万 km^2 及以上河流）

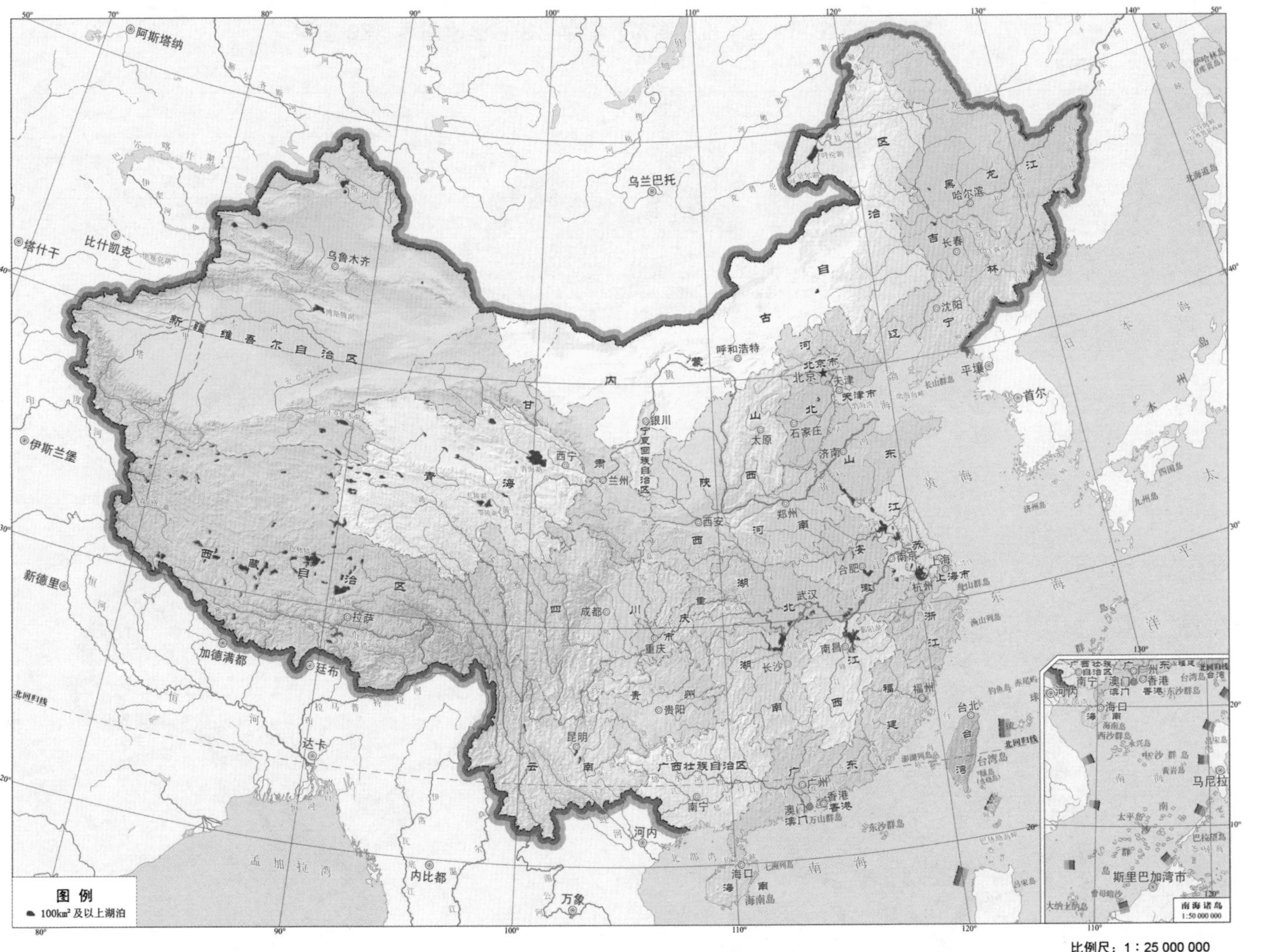

附图 B3　全国湖泊分布示意图（常年水面面积 100km² 及以上）

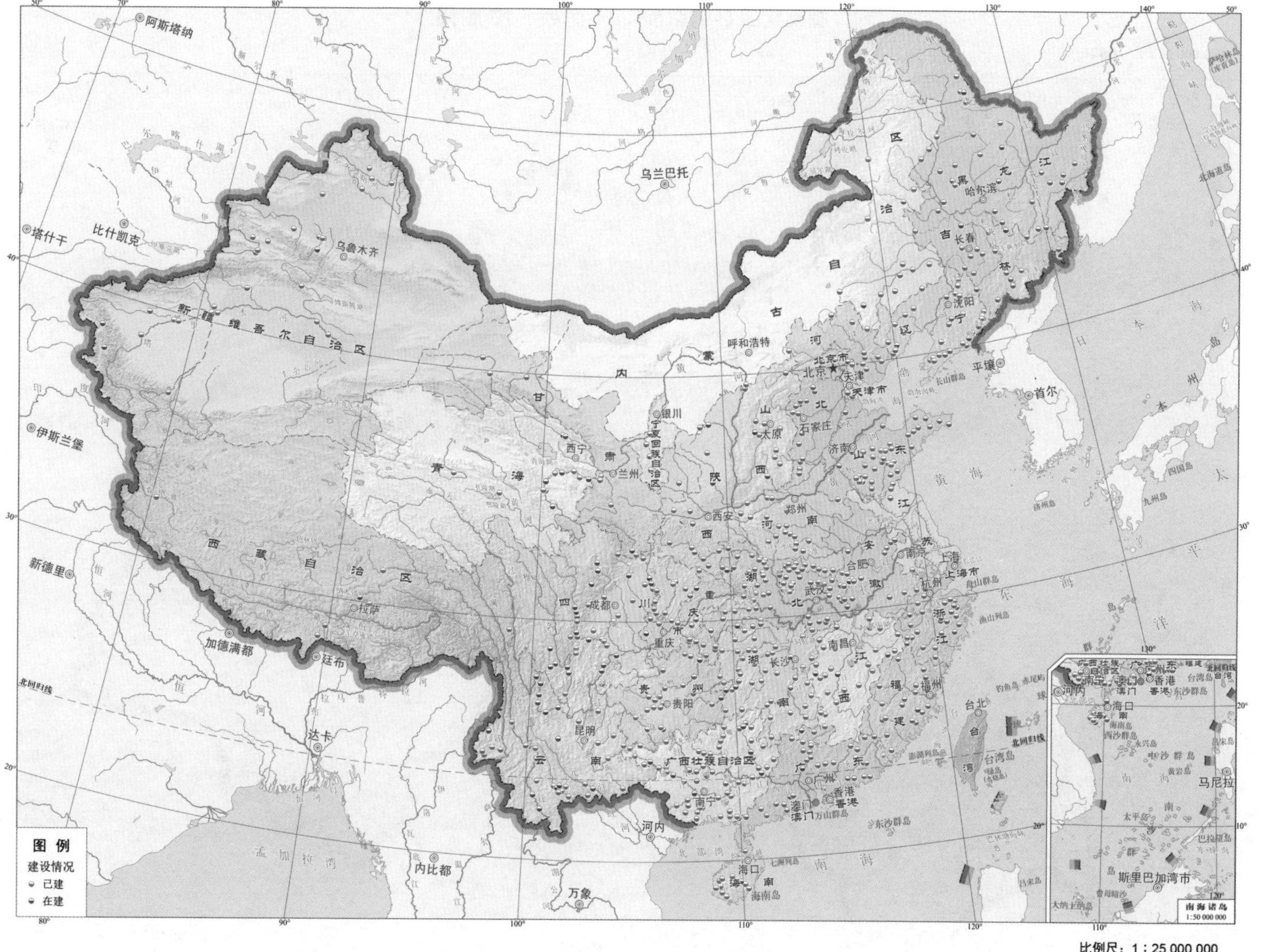

附图 B4　全国大型水库分布示意图

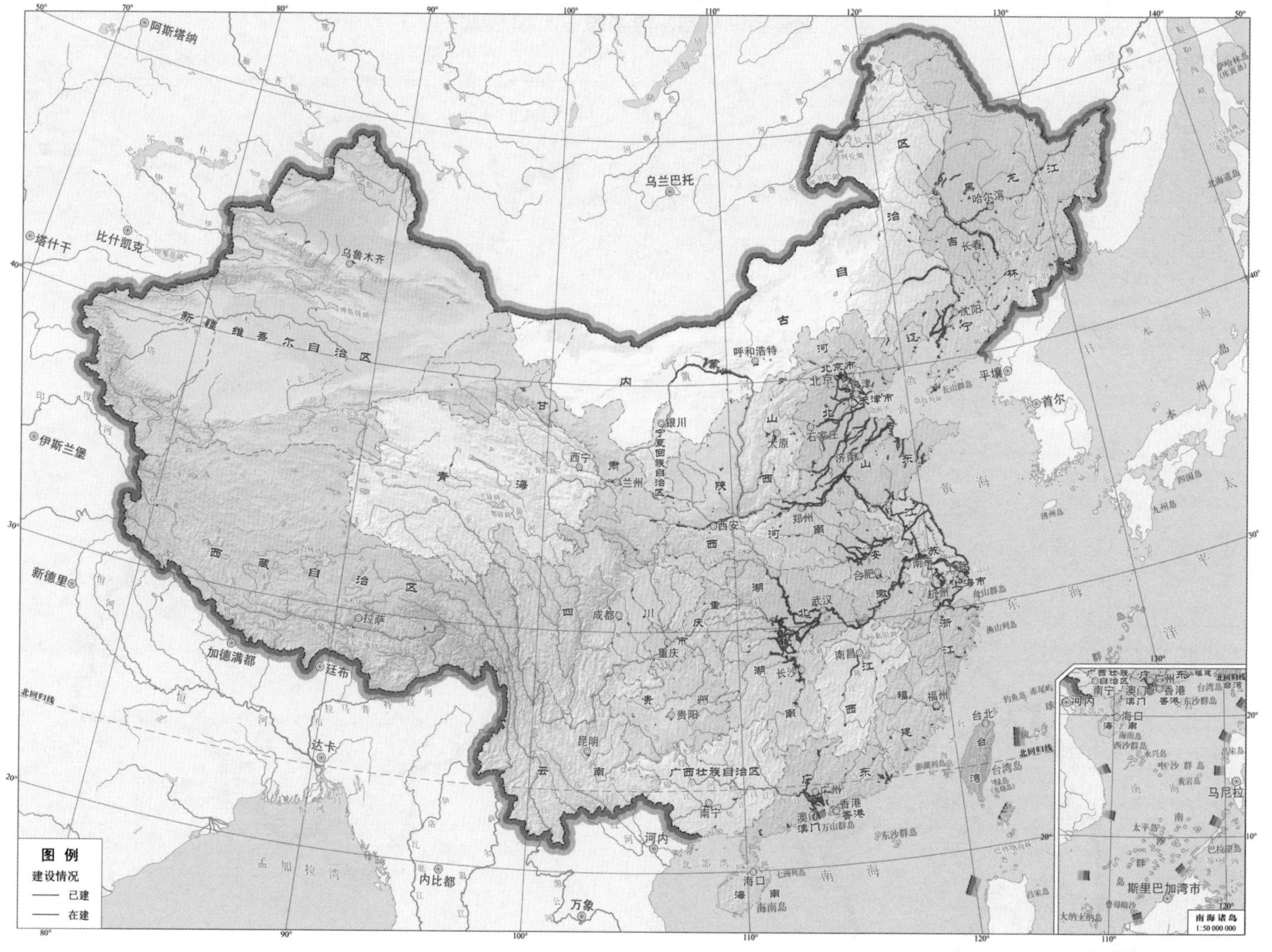

附图 B5 全国 1、2 级堤防分布示意图

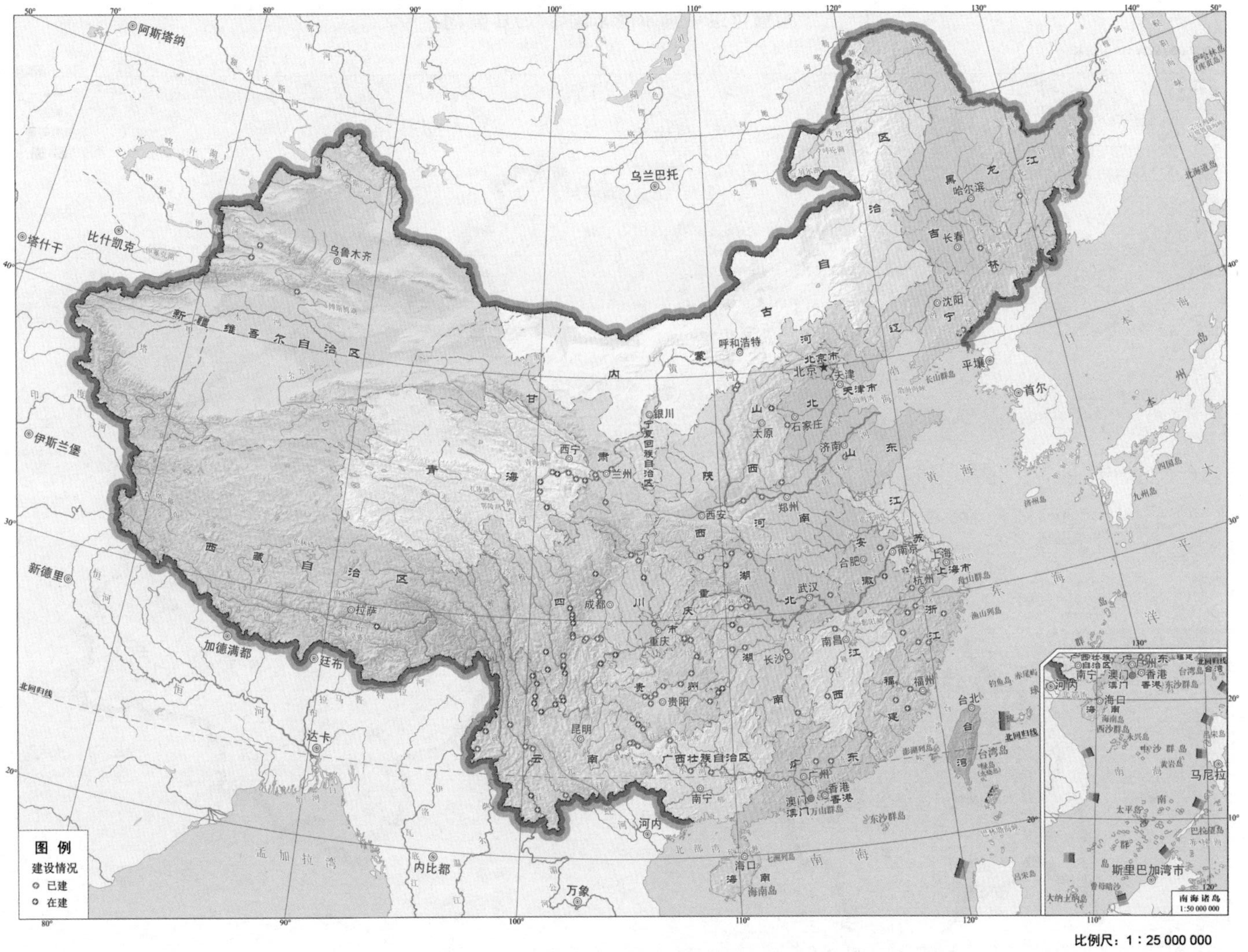

比例尺：1：25 000 000

附图 B6　全国大型水电站分布示意图

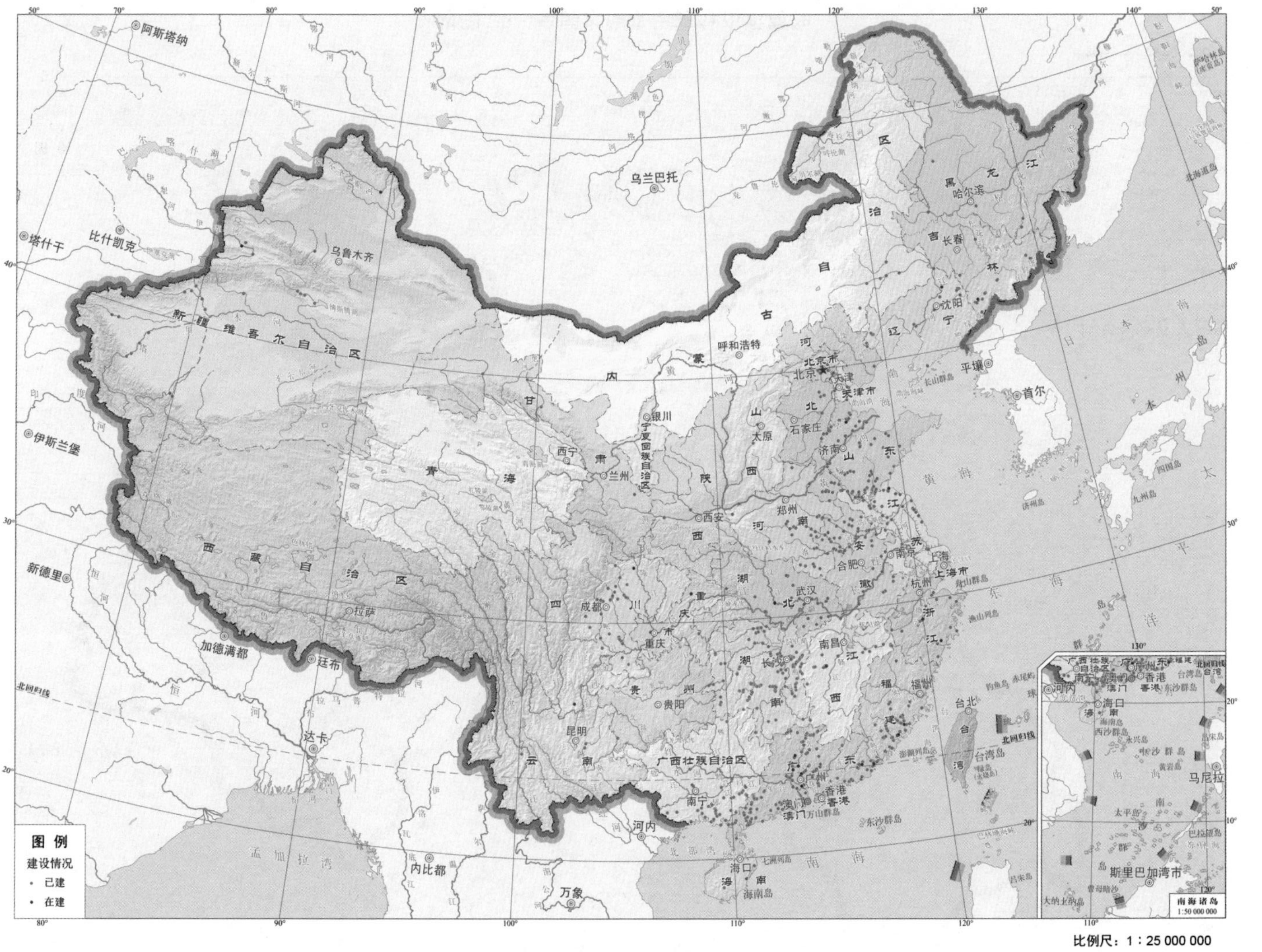

附图 B7　全国大型水闸分布示意图

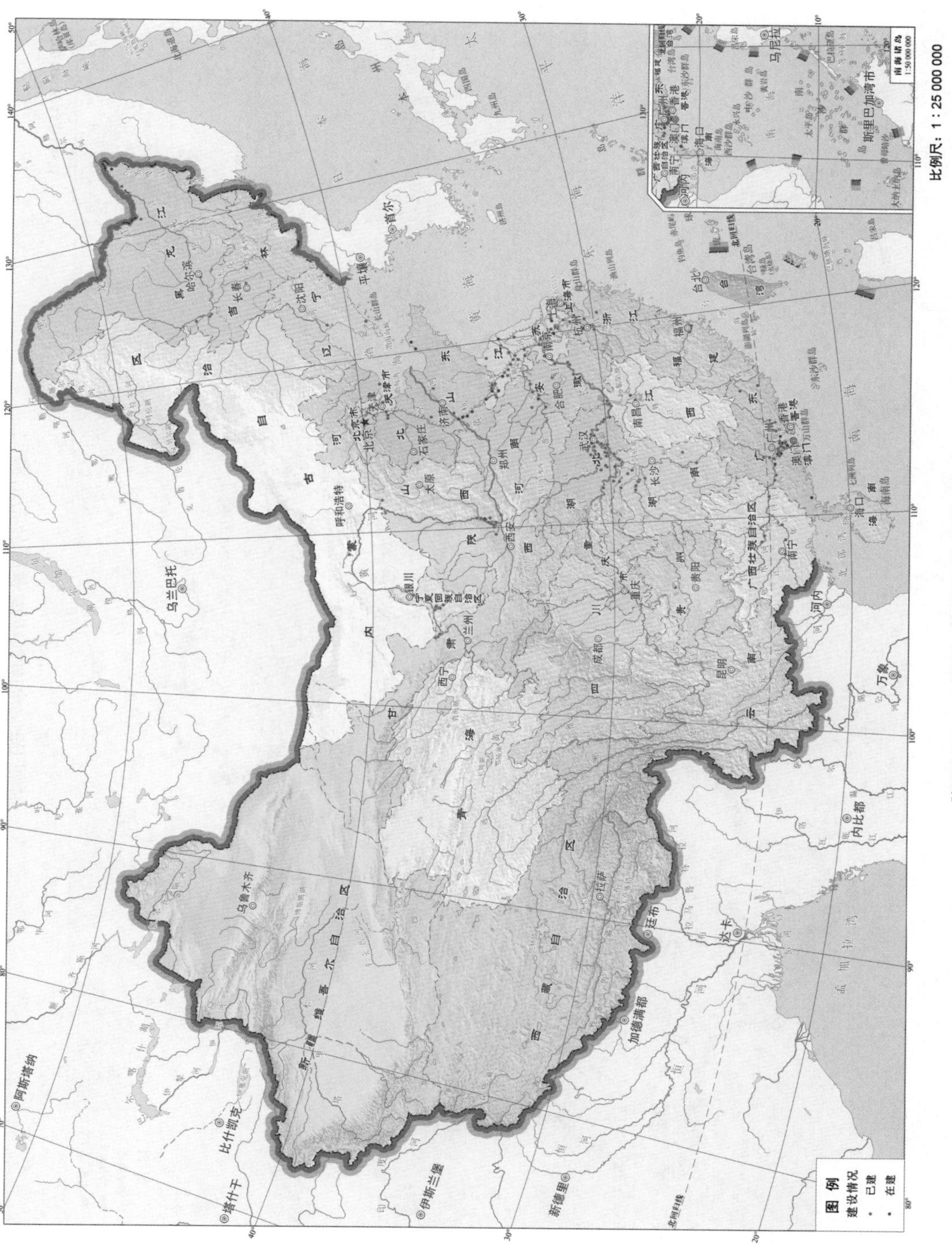

附图 B8 全国大型泵站分布示意图

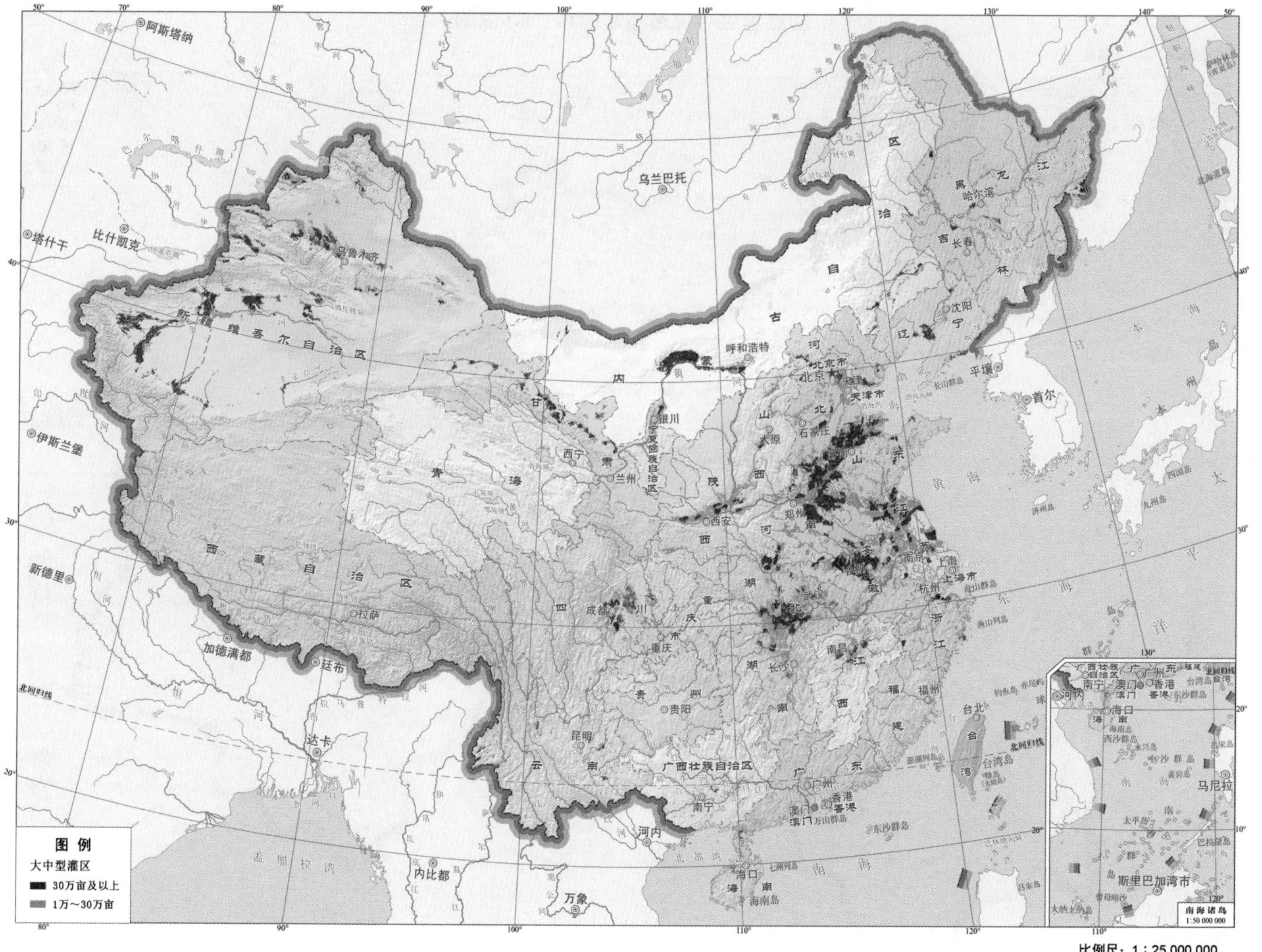

附图 B9　全国大中型灌区分布示意图

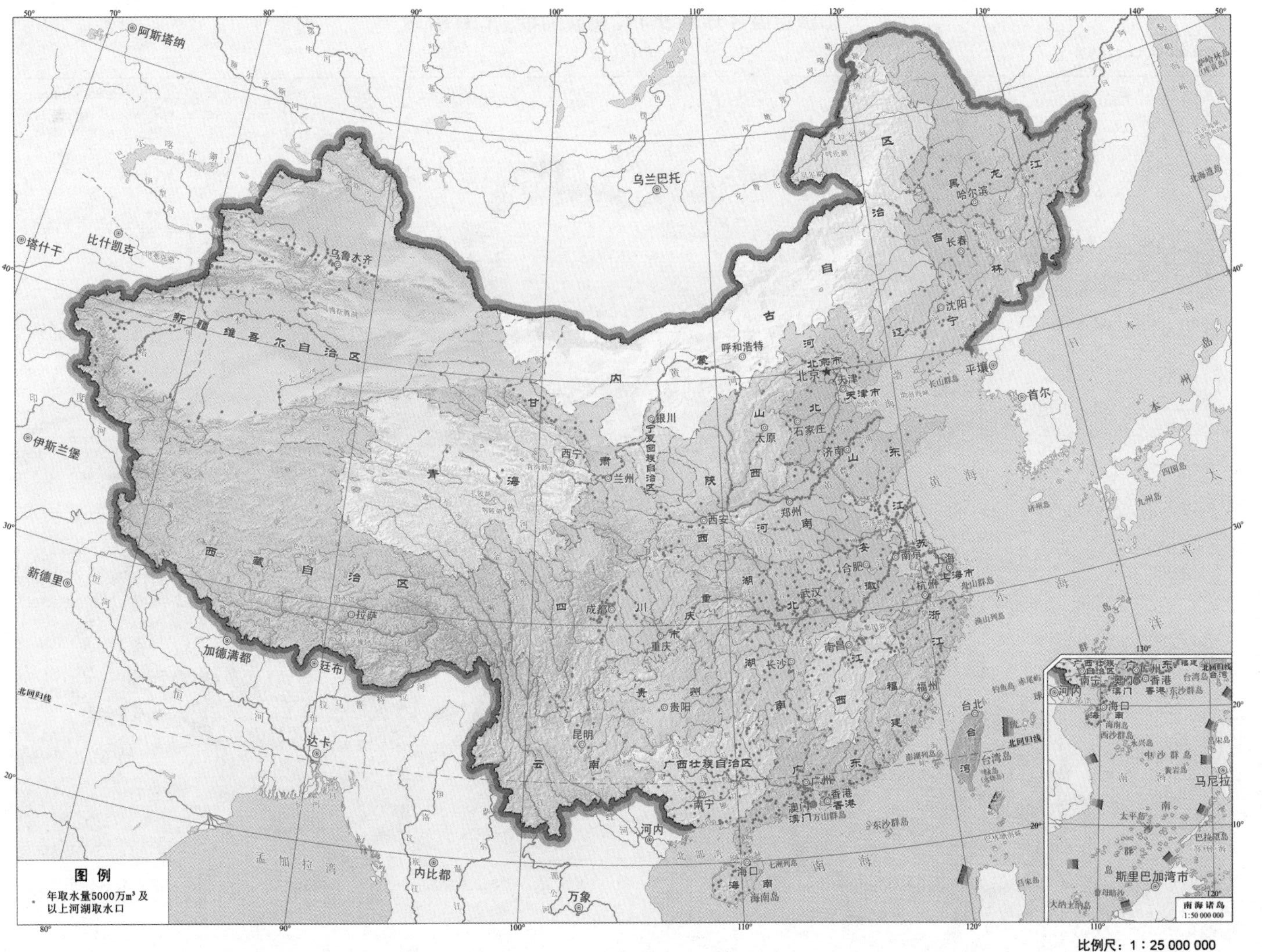

附图 B10　全国重点河湖取水口分布示意图（年取水量 5000 万 m^3 及以上）

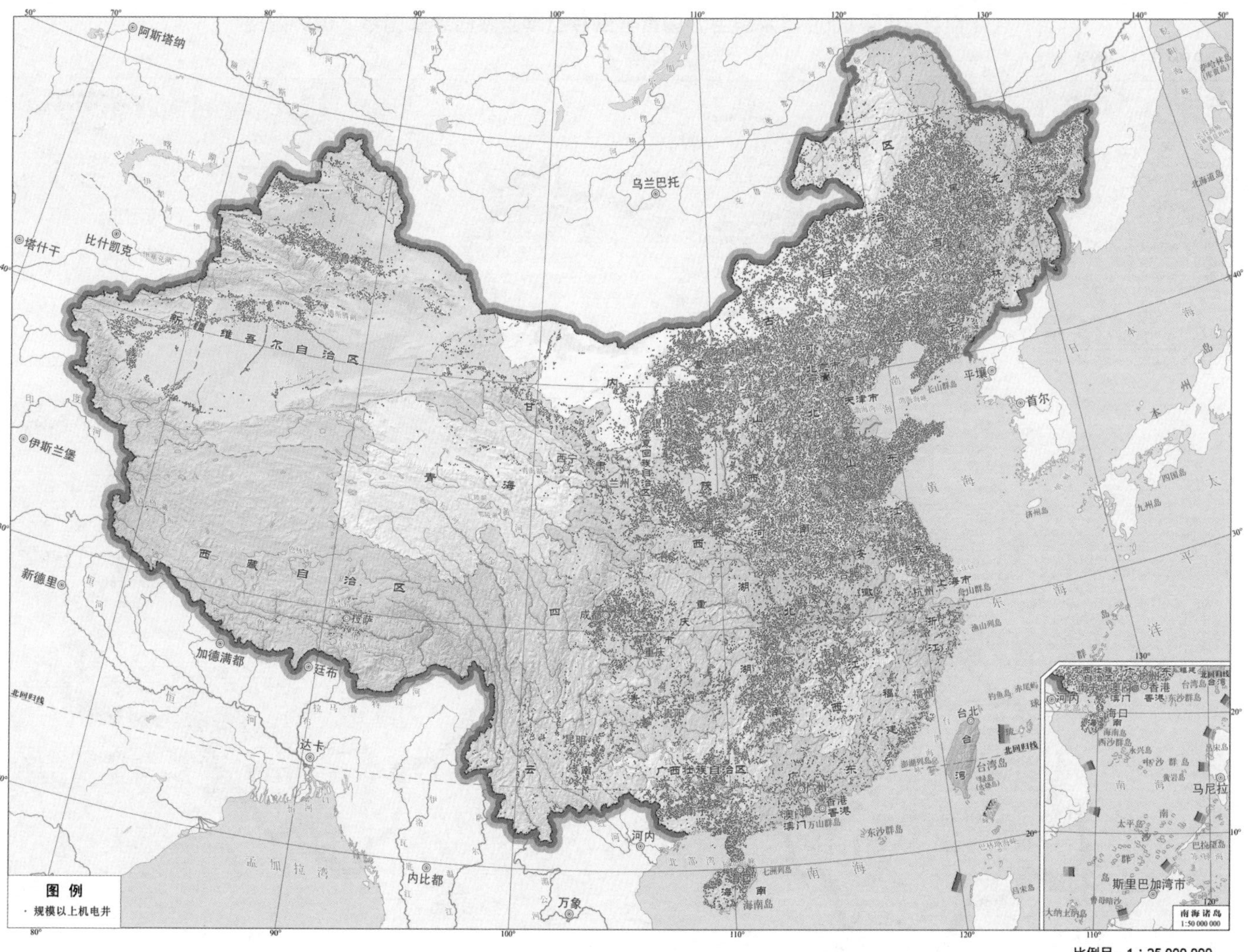

附图 B11 全国规模以上机电井分布示意图

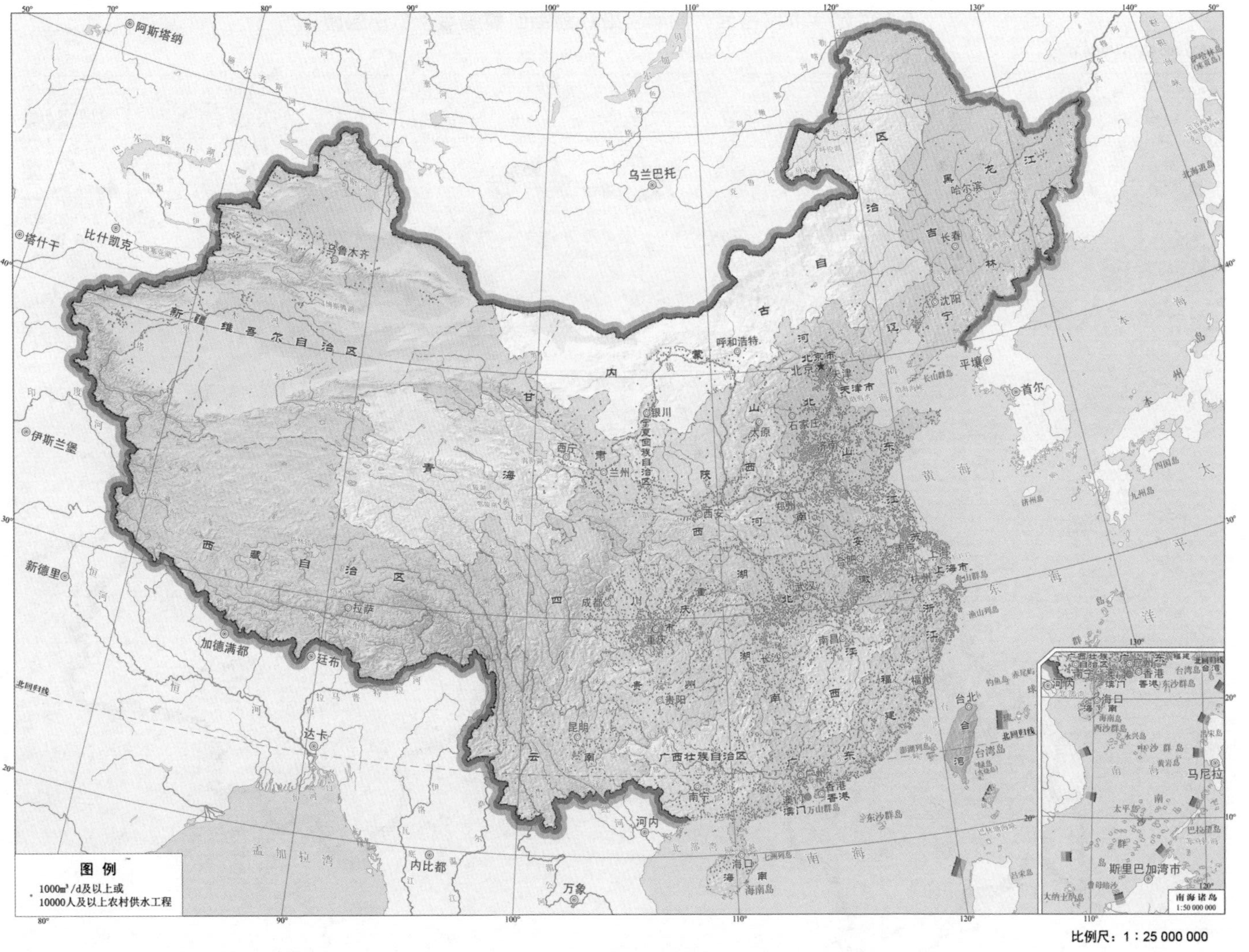

比例尺：1：25 000 000

附图 B12　全国千吨万人及以上农村集中式供水工程分布示意图

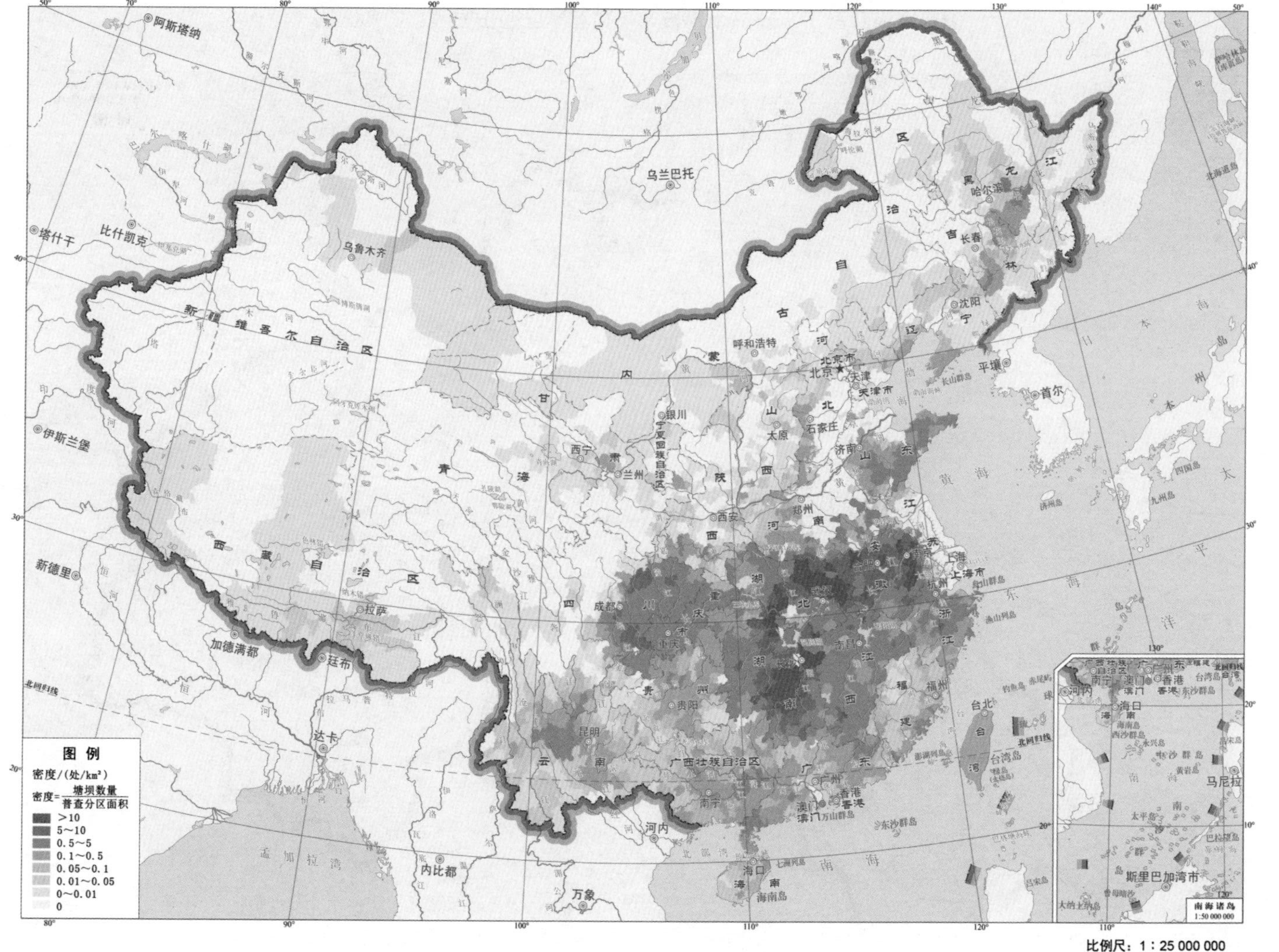

附图 B13　全国塘坝密度分布示意图（容积 500m³ 及以上）

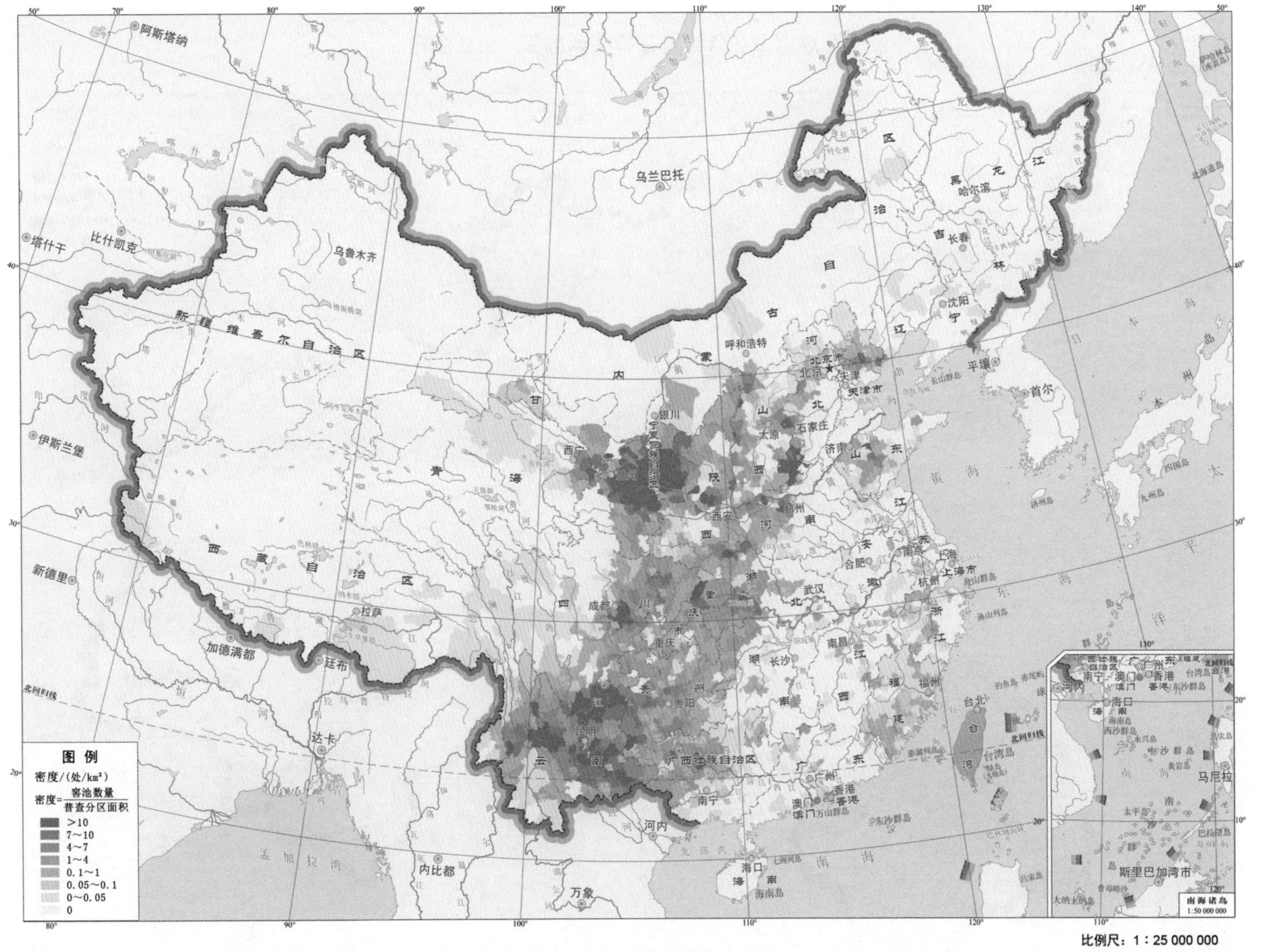

附图 B14　全国窖池密度分布示意图［容积 10（含）～500m³］

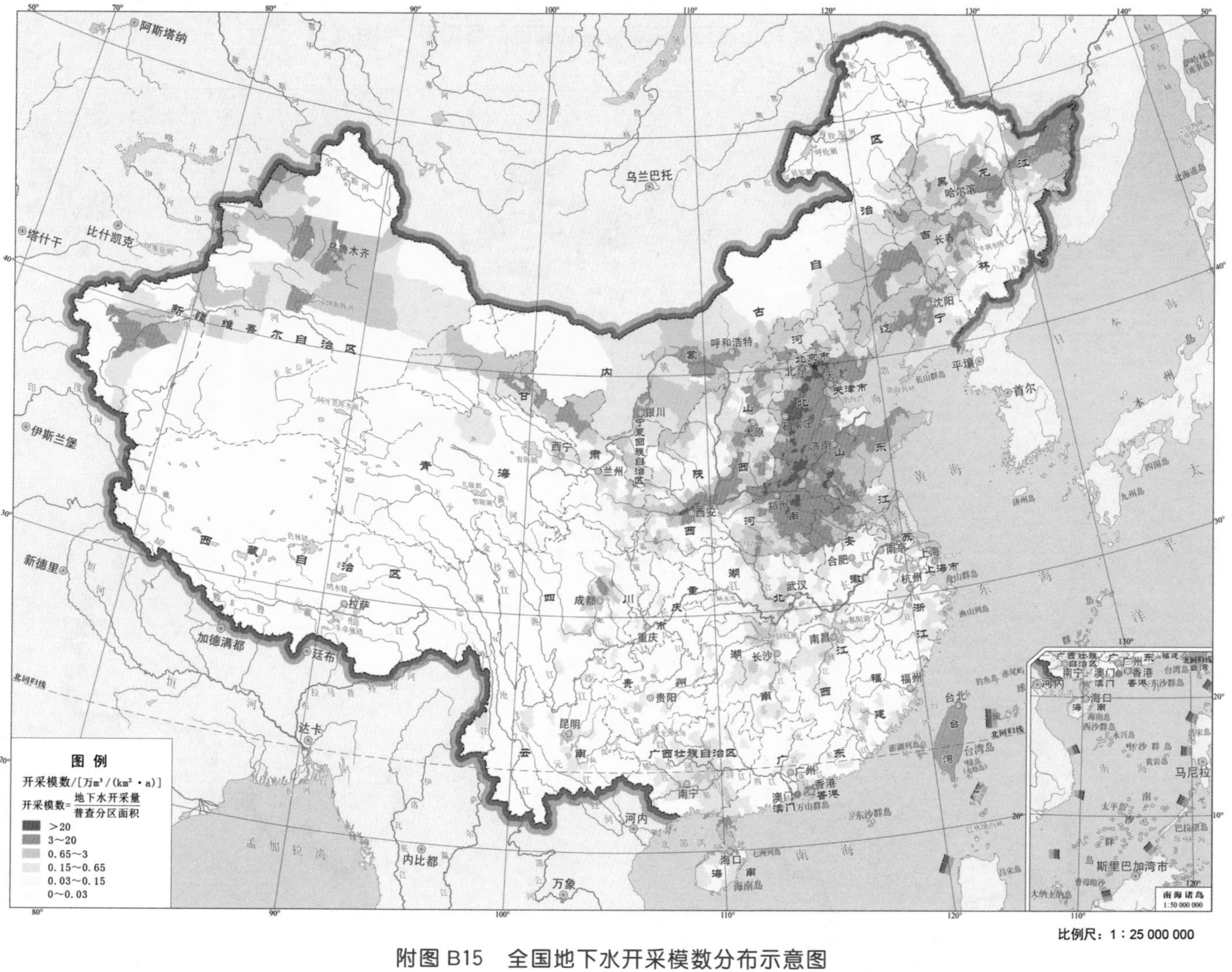

附图 B15　全国地下水开采模数分布示意图

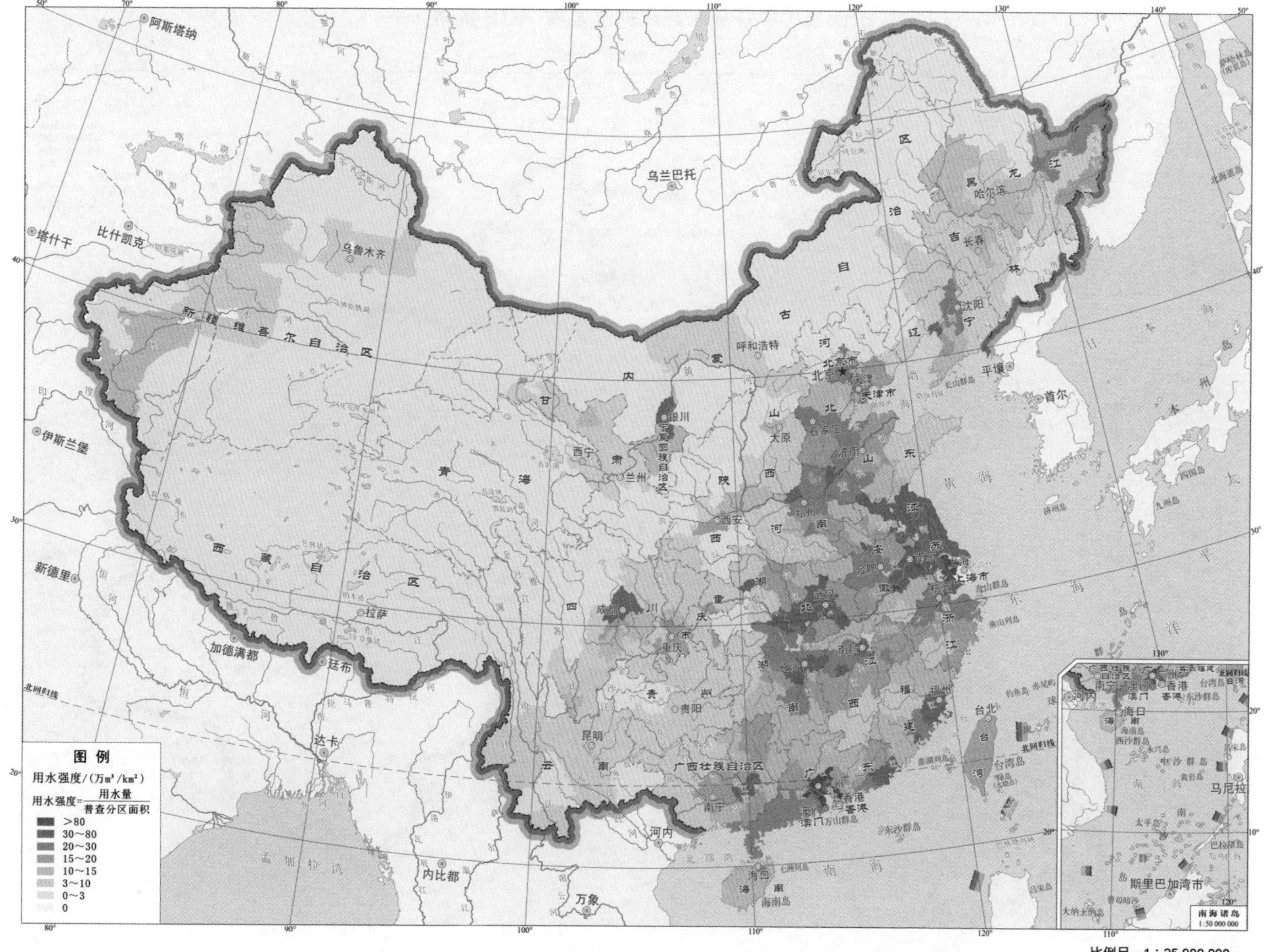

附图 B16　全国单位面积经济社会用水量分布示意图

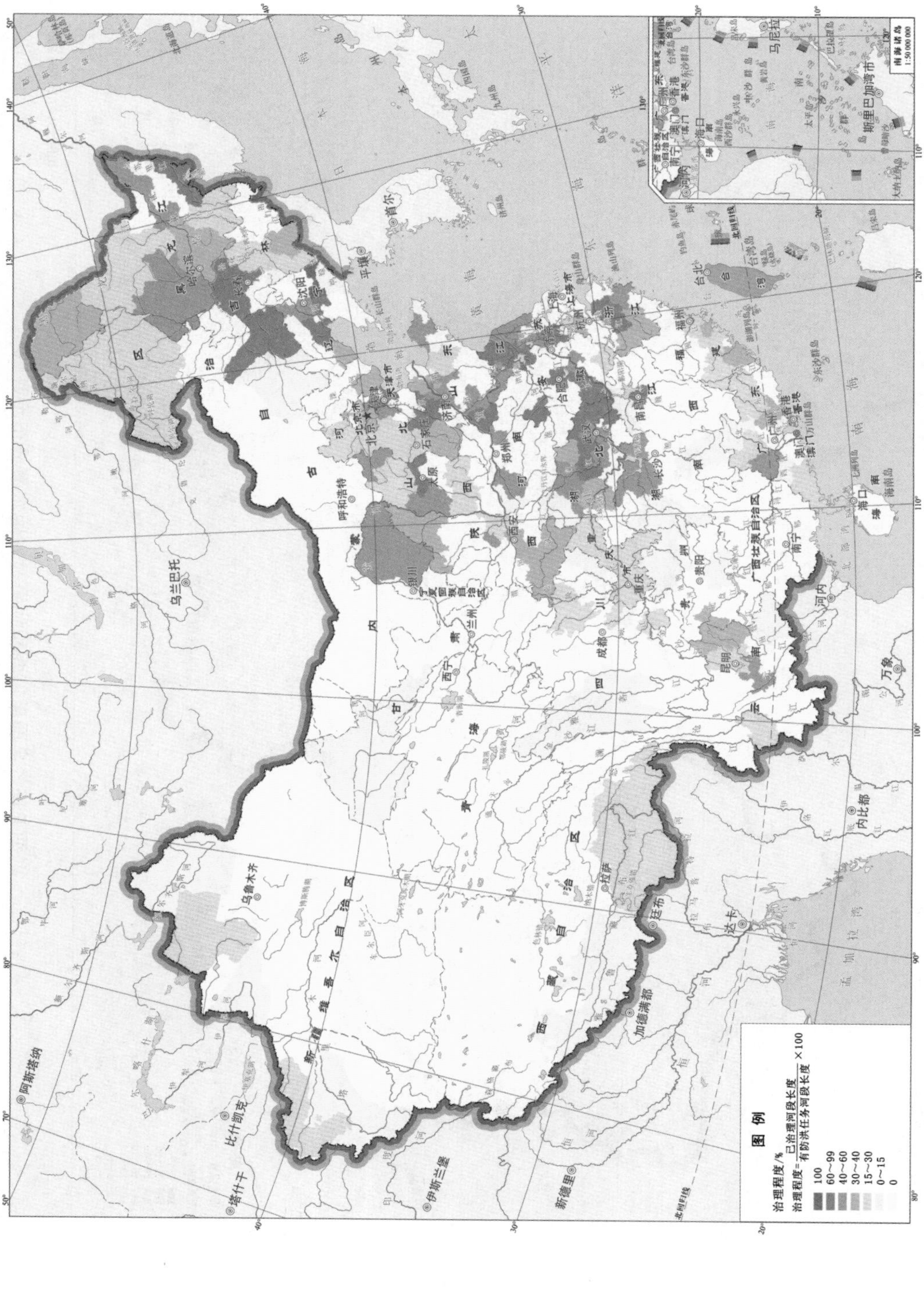

比例尺：1：25 000 000

图例

治理程度/%

- 100
- 60～99
- 40～60
- 30～40
- 15～30
- 0～15
- 0

治理程度=$\frac{\text{已治理河段长度}}{\text{有防洪任务河段长度}}\times 100$

附图B17 全国河流治理程度分布示意图

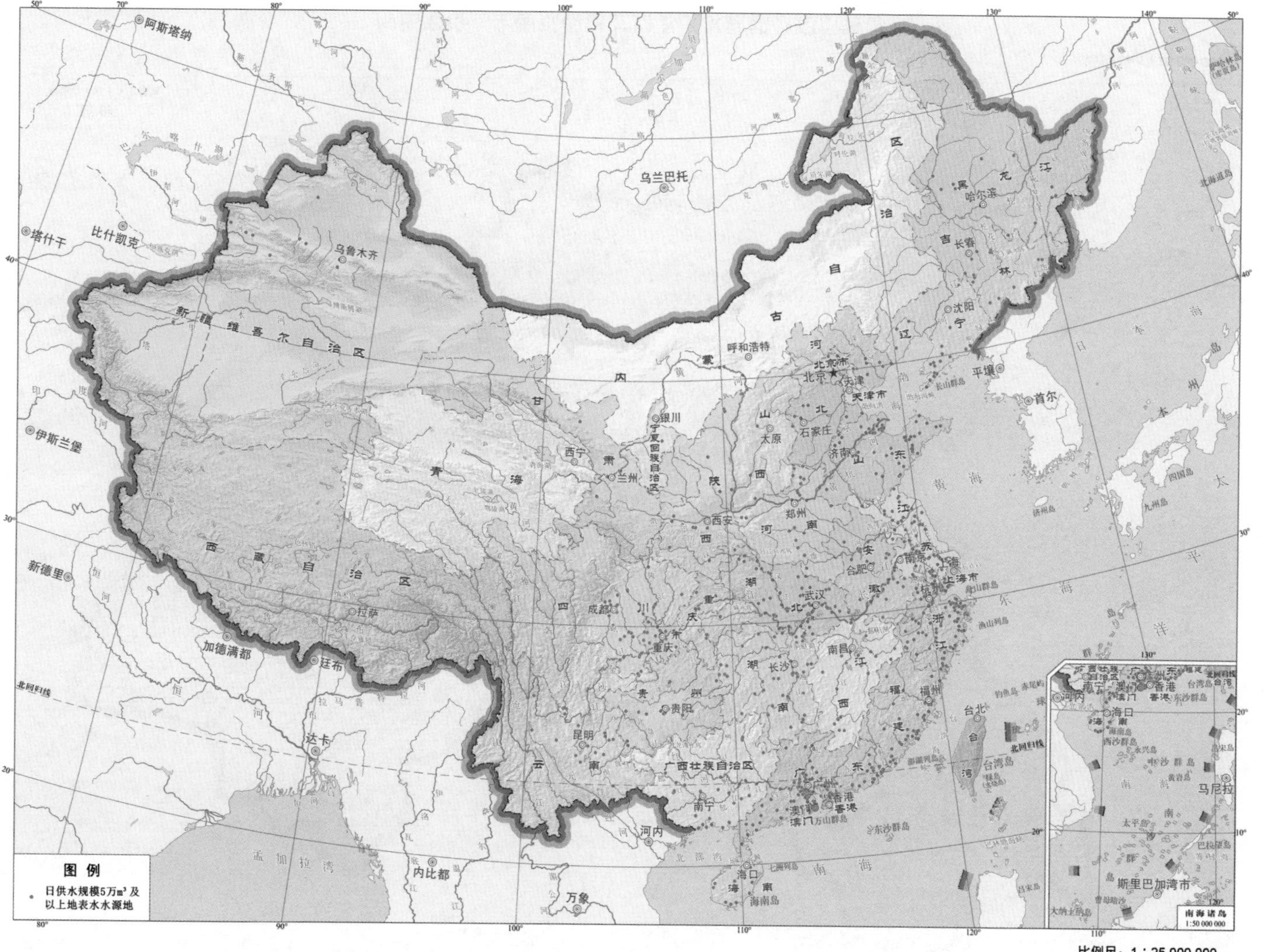

附图 B18　全国重点地表水水源地分布示意图（日供水规模 5 万 m^3 及以上）

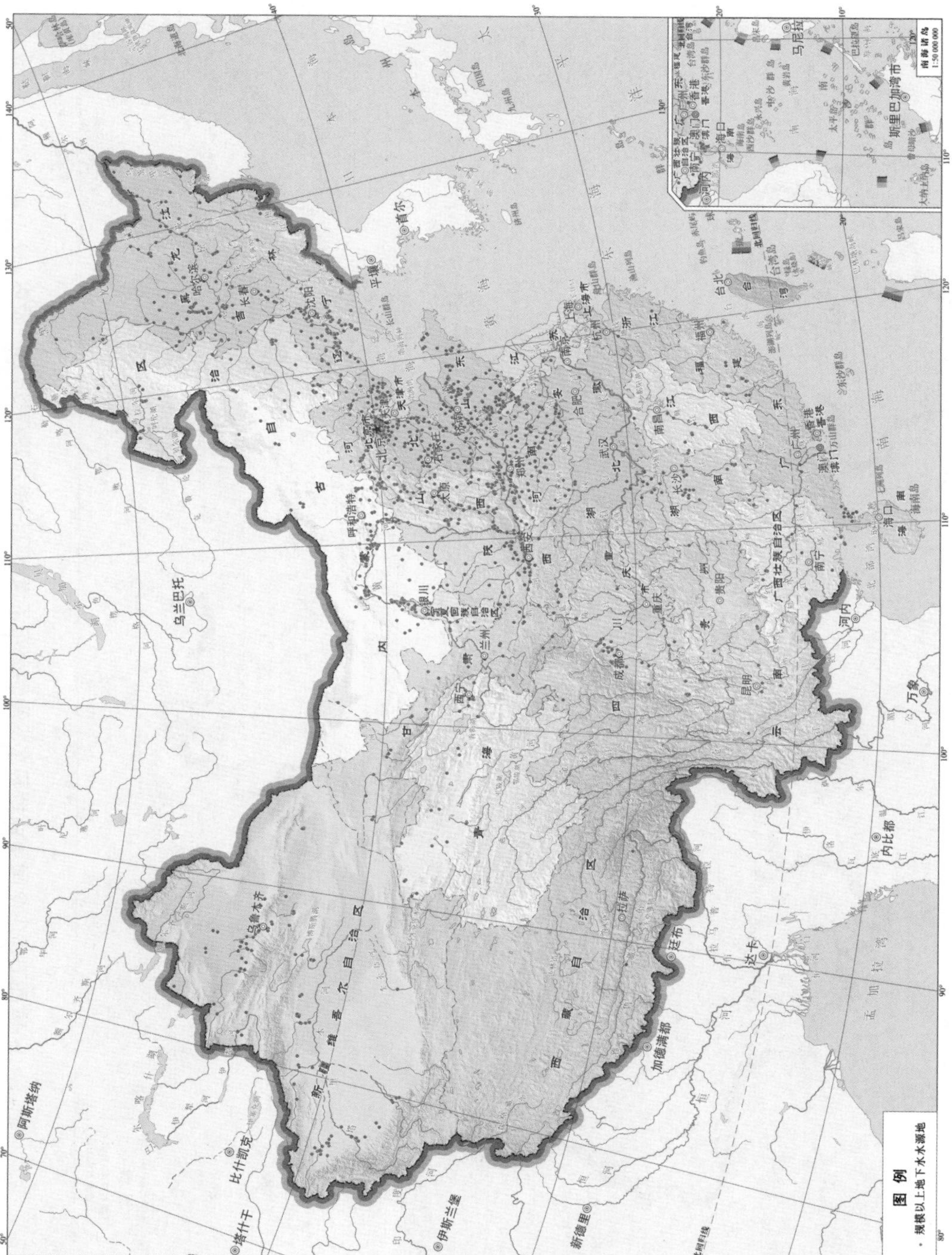

附图 B19　全国规模以上地下水水源地分布示意图

比例尺：1：25 000 000

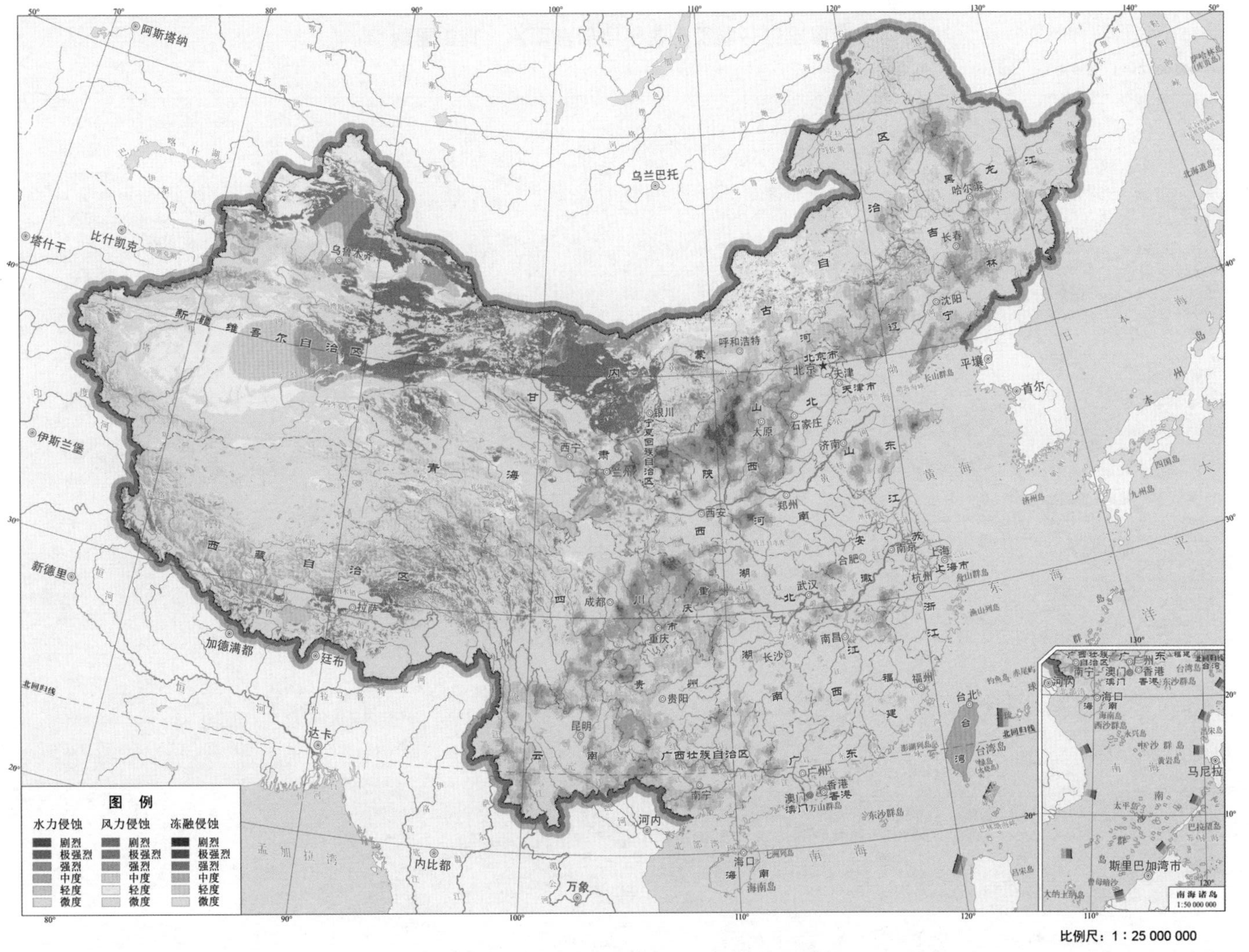

附图 B20　全国土壤侵蚀类型和强度分布示意图

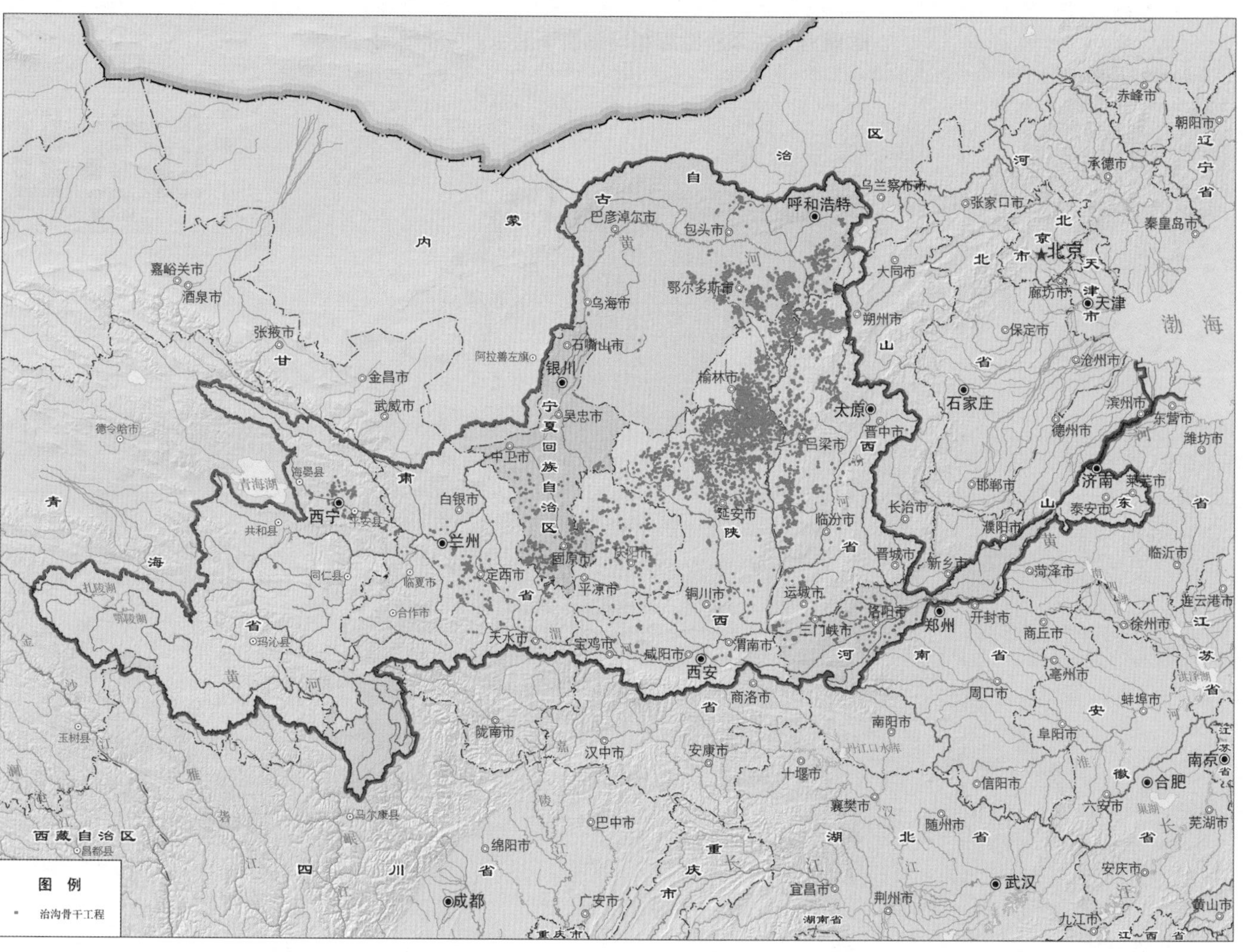

附图 B21　水土保持治沟骨干工程分布示意图

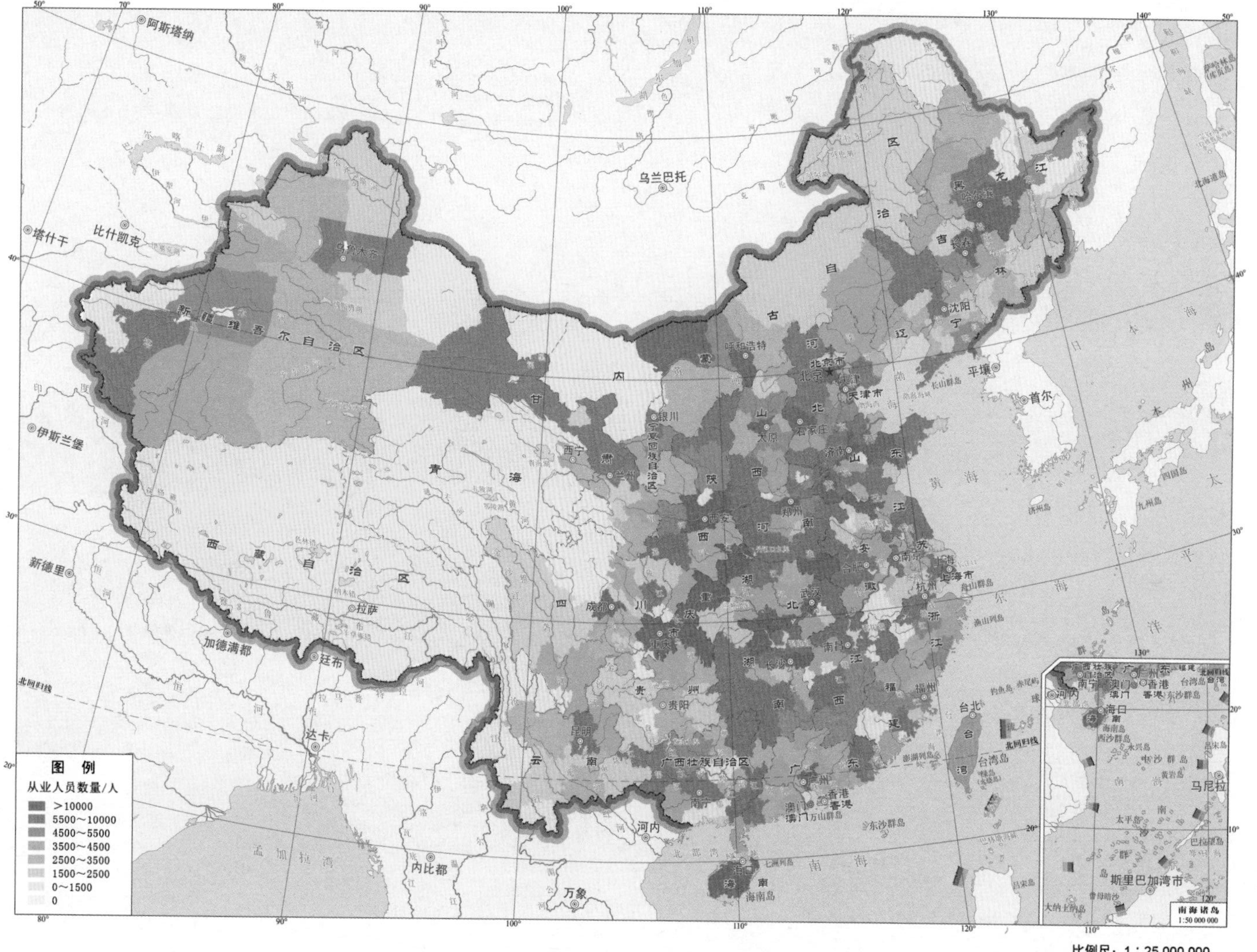

附图 B22　全国水利从业人员数量分布示意图